シリーズ〈環境の世界〉1

自然環境学の創る世界

東京大学大学院
新領域創成科学研究科
環境学研究系
................［編］

朝倉書店

執　筆　者（執筆順．＊は本巻編集者）

＊小松　幸生（こまつ　こうせい）	海洋資源環境学分野（海洋生態系）〔1章〕
穴澤　活郎（あなざわ　かつろう）	自然環境構造学分野（地球・環境化学）〔2.1〕
斎藤　馨（さいとう　かおる）	自然環境形成学分野（森林風致計画）〔2.2.1〕
高橋　鉄哉（たかはし　てつや）	海洋生物圏環境学分野（沿岸海洋学）〔2.2.2〕
川幡　穂高（かわはた　ほだか）	地球海洋環境学分野（地球化学，海洋地質学）〔3.1〕
山室　真澄（やまむろ　ますみ）	自然環境構造学分野（自然地理学）〔3.2〕
芦　寿一郎（あし　じゅいちろう）	地球海洋環境学分野（海洋地質学）〔3.3〕
須貝　俊彦（すがい　としひこ）	自然環境変動学分野（地理学）〔3.4〕
キクビツェ・ザール（KIKVIDZE ZAAL）	生物圏機能学分野（植物生態学）〔4.1.1〕
福田　健二（ふくだ　けんじ）	自然環境評価学分野（森林生態生理学，樹病学）〔4.1.2〕
白木原　国雄（しらきはら　くにお）	海洋資源環境学分野（水産資源解析学）〔4.2.1〕
木村　伸吾（きむら　しんご）	海洋生物圏環境学分野（水産海洋学，海洋環境学）〔4.2.2〕
北川　貴士（きたがわ　たかし）	海洋生物圏環境学分野（水産海洋学，魚類生態学）〔4.2.3〕
山本　博一（やまもと　ひろかず）	生物圏情報学分野（森林計画学）〔5.1〕
横張　真（よこはり　まこと）	自然環境形成学分野（緑地計画，都市環境保全計画）〔5.2〕

（所属：東京大学大学院新領域創成科学研究科自然環境学専攻）

シリーズ〈環境の世界〉
刊行のことば

　21世紀は環境の世紀といわれて，すでに10年が経過した．しかしながら，世界の環境は，この10年でさらに悪化の傾向をたどっているようにも思える．人口は69億人を超え，温暖化ガスの排出量も増加の一途をたどり，削減の努力にもかかわらず，その兆候も見えてこない．各国の利害が対立するなかで，人類が地球と共存するためには，様々な視点から人類の叡智を結集し，学融合を推進することによって解決策を模索することが必須であり，それこそが環境学である．

　21世紀を迎える直前の1999年に，東京大学では環境学専攻を立ち上げた．この10年の間に1000人を超える修士や博士を世の中に輩出するとともに，日本だけではなく世界の環境を改善すべく研究を進めてきた．環境学専攻は2006年に柏の新キャンパスに移転し，自然環境学，環境システム学，人間環境学，国際協力学，社会文化環境学の5専攻に改組した．その後，海洋技術環境学専攻が新設され，6専攻を持つ環境学研究系として，東京大学の環境学を先導してきている．学融合を旗印に，文系理系にとらわれず，東京大学の頭脳を集め，研究教育を推進している．

　先進国をはじめとする人間社会の活動が環境を悪化させ，地球の許容範囲を越えようとしている現在，何らかの活動を起こさなくてはならないことは明白である．例えば，社会のあり方を環境の視点から問い直すことや，技術と環境の関わりを俯瞰的にとらえ直すことなどが望まれている．これを〈環境の世界〉と呼んでも良いかもしれない．

　東京大学環境学研究系6専攻は，日本の環境にとどまらず，地球環境をより良い方向に導くため，活動を進めてきている．様々な境界条件のもと，数多くの壁をどのように乗り越えて〈環境の世界〉を構築することができるか，皆が感じているように，すでに時間はあまり多くはない．限られた時間のなかではあるが，われわれは環境学によって，世界を変えることができると考えている．

　本シリーズは，東京大学環境学10年の成果を振り返るとともに，10年後を見据えて，〈環境の世界〉を切り開くための東京大学環境学のチャレンジをまとめている．〈環境の世界〉を創り上げるため，最先端の環境学を進めていこうと考えている大学生や大学院生に，ぜひ，一読を薦める．われわれは世界を変えることができる．

東京大学環境学研究系・〈環境の世界〉出版WG主査・人間環境学専攻教授　　岡本　孝司

まえがき

　自然環境学は自然学ではない．環境学の一分野であり，まだまだ発展途上の新しい学問分野である．もちろん自然を研究対象とするが，あくまでも人間との関係性に着目して自然にアプローチしていくのがその本質的な特徴である．人間活動が自然にどのような影響を及ぼし，その結果，自然はどのように変わっていくのか．そして，そうした自然の変化が人間にどのように跳ね返ってくるのか．この素朴であるが，きわめて難しい問題に答えていくのが自然環境学である．

　この問題が難しいのは，自然が本来いろいろな時空間スケールで自律的に変化するものであり，しかもそれぞれの変化が複雑に相互作用している点にある．そのため，特定の変化が自然の自律的な変化に起因したものなのか，あるいは人間活動の影響に起因したものなのか，その変化の断片だけから判別することはまず不可能である．一例として，2007年の夏にサバの一種であるゴマサバが東北地方の三陸沿岸で大量に漁獲されたことがあった．ゴマサバは本来暖かい海域に分布する魚で，冷たい親潮の流れる三陸沿岸で漁獲されることは珍しい．ではこの異変はなぜ起こったのか？　地球温暖化が原因だろうか？　いや，太平洋には約20年周期で大きな水温の変動があるし，2007年は数年間隔で発生するラニーニャ現象の年でもあった．それに，年ごとの局所的な海流の変化も無視できない．そもそも，ゴマサバに限らず魚類の生態については不明な点が多い．

　地球上にはこのような事例が無数にあり，各々の現象に対する我々の理解もまだ十分ではない．しかしながら，近年の観測技術やコンピュータ及びネットワーク技術の発達，市民との協働，さらには様々な学問領域との融合によって自然環境学は変容し急速に進展している．本書では，東京大学環境学研究系自然環境学専攻による新しい取り組みを紹介する．

2011 年 2 月

第 1 巻編集者　小　松　幸　生

目　　次

1. 新しい自然環境学をめざして ……………………………………[小松幸生]…1
   1.1 自然環境学から見た環境とは……………………………………………1
   1.2 自然環境学における〈環境の世界〉創成とは…………………………3
      1.2.1 環境学の変容………………………………………………………3
      1.2.2 生態系概念の展開…………………………………………………4
      1.2.3 観測と数値シミュレーション技術の展開………………………6
      1.2.4 環境に対する人々の意識の変化 ………………………………12
      1.2.5 新しい自然環境学と〈環境の世界〉創成 ……………………13
   1.3 〈環境の世界〉創成実現へのアプローチ………………………………14
      1.3.1 市民参加型の環境モニタリングネットワークの構築 ………15
      1.3.2 地球表層システム理解の深化 …………………………………16
      1.3.3 主体的環境管理創成モデルの構築 ……………………………17

2. 自然環境の実態をとらえる………………………………………………19
   2.1 自然環境のモニタリングと評価 ……………………………[穴澤活郎]…19
      2.1.1 環境の健康診断と検診……………………………………………20
      2.1.2 環境試料の測定技術 ……………………………………………21
      2.1.3 測定値の信頼性……………………………………………………25
   2.2 参加型モニタリングネットワークの構築 ……………………………28
      2.2.1 サイバーフォレスト：映像による森林のモニタリングと
            インターネットによる映像共有 ………………………[斎藤　馨]…28
      2.2.2 海洋のモニタリング ……………………………………[高橋鉄哉]…39

3. 自然環境の変動メカニズムをとらえる…………………………………49
   3.1 サンゴ礁の危機と沿岸環境 ………………………………[川幡穂高]…49

- 3.1.1 サンゴ礁の危機 …………………………………………49
- 3.1.2 サ ン ゴ …………………………………………………50
- 3.1.3 サンゴ礁に生息する生物 ………………………………51
- 3.1.4 光合成・石灰化と炭素のやりとり ……………………51
- 3.1.5 サンゴ礁における炭素循環 ……………………………52
- 3.1.6 サンゴ礁劣化の原因 ……………………………………53
- 3.1.7 サンゴ礁周辺の危険化学物質による汚染 ……………55
- 3.2 沿岸生態系の機能と変動メカニズム ……………………[山室真澄]…63
  - 3.2.1 江戸時代における沿岸域の人工改変 …………………63
  - 3.2.2 アマモなど沈水植物を主要一次生産者とする「里うみ」システム
    ………………………………………………………………66
  - 3.2.3 沈水植物衰退による沿岸生態系機能の変化 …………69
  - 3.2.4 植物プランクトンが一次生産者として優占する沿岸生態系の近未来
    ………………………………………………………………72
- 3.3 海域のジオハザード ………………………………………[芦 寿一郎]…75
  - 3.3.1 海溝型巨大地震 …………………………………………76
  - 3.3.2 メタンハイドレートの分解による地すべり …………84
- 3.4 陸域における自然の恵みと猛威：沖積平野を舞台にして
  ………………………………………………………………[須貝俊彦]…89
  - 3.4.1 環境の長期変動を知る意義 ……………………………89
  - 3.4.2 沖積平野の生い立ち ……………………………………90
  - 3.4.3 文明を生み農業を支えてきた沖積平野 ………………97
  - 3.4.4 沖積平野における自然災害 ……………………………99
  - 3.4.5 沖積平野の災害脆弱性に影響を与える諸要因 ………102

4. 自然環境における生物 …………………………………………106
- 4.1 生物多様性へのアプローチ ………………………………………106
  - 4.1.1 動植物の多様性の調査・解析法 …………[キクビツェ・ザール]…107
  - 4.1.2 生態系における菌類の多様性評価 ………………[福田健二]…117
- 4.2 生物資源へのアプローチ …………………………………………124

4.2.1　生物資源管理：海洋生物資源を対象として………［白木原国雄］…124
　　　4.2.2　水産海洋学的アプローチ………………………………［木村伸吾］…134
　　　4.2.3　資源環境研究の視座から………………………………［北川貴士］…143

5. **都市の世紀：アーバニズムに向けて** ……………………………………152
　5.1　人間活動と調和した自然環境の管理………………………［山本博一］…152
　　　5.1.1　森林資源の特徴……………………………………………………153
　　　5.1.2　森林の文化的価値…………………………………………………154
　　　5.1.3　世界の森林資源……………………………………………………155
　　　5.1.4　日本の森林資源……………………………………………………158
　　　5.1.5　森林計画制度………………………………………………………160
　　　5.1.6　森林認証制度………………………………………………………161
　　　5.1.7　「公」による森林管理システム……………………………………162
　　　5.1.8　気候変動枠組条約…………………………………………………166
　5.2　都市に「農」を織り込む：都市化の世紀と食料・エネルギー
　　　　……………………………………………………………［横張　真］…168
　　　5.2.1　都市化の時代………………………………………………………168
　　　5.2.2　都市の「農」………………………………………………………169
　　　5.2.3　都市の農をだれが担うのか………………………………………170
　　　5.2.4　都市と里山…………………………………………………………176
　　　5.2.5　里山のバイオマスと二酸化炭素削減ポテンシャル ……………177
　　　5.2.6　様々な緑による二酸化炭素削減ポテンシャル …………………180
　　　5.2.7　都市と「農」が共鳴する社会へ…………………………………183

参 考 文 献 ………………………………………………………………………185

索　　　引 ………………………………………………………………………201

1 新しい自然環境学をめざして

1.1 自然環境学から見た環境とは

　自然環境学は自然環境を研究の対象とする．しかし，そもそも自然環境とは何だろうか．自然も環境もごくありふれた言葉であり，同じような意味で用いられる場合が多いが，厳密にいうと自然と環境は同義ではない．ここでは，まず自然と環境の違いを明確にする．その上で，自然環境について1つの定義を与える．そして，自然環境学が環境をどのように見ているのかを説明する．

　辞書によると，自然は，人為が加わっていない，あるがままの状態やおのずからそうなっている様子を意味し，一方，環境は，周囲の事物や四囲の外界，特に人間または生物をとりまきそれと相互作用を及ぼし合うものとして見た外界を意味するらしい（新村編，2008）．一般的に，自然が人工や人為と対立する概念として使われているのに対して（渡邊，1997），環境は固定的な実態を意味する概念ではなく，ある流動的な状況を説明するのに使われている（石，2002）．ここで重要なのは，自然が，主体が何であるかに関係しない概念である一方で，環境は，主体としての人間や生物に依拠した相対的な概念であることである．そのため，ある事象を環境としてとらえる場合は，必然的に事象を主体（多くの場合，人間を指す）との間の相互関係でとらえることになる（平凡社，1971；大森，2005）．

　このため，自然を研究対象とする自然学が，自然に対する理解をひたすら深めていくことを主な目的としているのに対して，環境を研究対象とする環境学では，環境と人間が及ぼし合う影響を解明することが主な目的となる（大森，2005）．ここで注意したいのは，環境学では対象を常に人間との影響関係でとらえるために，必然的にその影響の評価という一種の価値判断が要請されることである．そして，評価の結果，その影響が問題，すなわち環境問題と判断されれば，環境問題の解決が環境学の最終的な目的となる．したがって，従来の自然科学がデカルト（René Descartes, 1596-1650）以来の伝統として事実と価値を峻別し，事実の記述に特化してきたことと対比すると（藤沢，1980），環境学はもはや従来の自然科学の枠組みではおさまらない学問領域であることがわかる．

このような背景もあって，「環境学という独立の学問領域はあり得るのか」「環境研究は学問か運動か」といった議論が絶えることがない（Brough, 1992）．そもそもアメリカで専門的な環境研究が始まったのは19世紀末のことらしい．環境学は，その後の環境問題の世界的な関心の高まりを受けて，1972年の国連人間環境会議（ストックホルム会議）以降，近年急激に展開してきた学問領域である（石，2002）．一方の自然学は，アリストテレス（Aristotelēs；BC 384-BC 322）の『自然学』に代表されるように紀元前以来の伝統がある．このような歴史的背景を踏まえると，環境学が，自然学から派生した生物学や物理学とは異なり，明確な境界を持った学問領域として確立されていないのも当然といえる．

このような環境学の枠組みにおいて，自然を研究対象としてとらえるとき，自然は，自然環境と呼ぶ方がより正確であろう．そして，そのような視点で自然を研究対象とする環境学の一分野が自然環境学ということができる．つまり，自然環境とは「主体としての人間と影響を及ぼし合う状況（＝環境）としてとらえた本来的に非人為的な事象（＝自然）」と定義できるだろう．その意味で，自然環境は人工環境や社会環境とは明確に異なる概念である．さて，このときに重要になってくるのが人間の位置づけである．自然環境学が従来の自然学と異なる点は，人間をホモ・サピエンス・サピエンス（*Homo sapiens sapiens*）という特定の生物種というだけでなく，自己意識を備えた人間として扱う点であり（永田，2002），同時に，そのような人間と自然の両者を含むシステム全体を扱う点である（図1.1）．また，そのような視点でないと見えない新しい原理や法則を見出していくことが，新しい学問領域としての自然環境学の存在意義であり役割といえるだろう．以下では，自然環境学の今後を展望する．

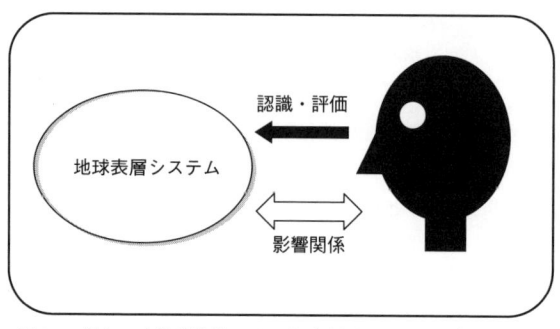

図1.1 新しい自然環境学では，地球表層システムと自己意識を備えた人間を含めたシステム全体を対象とする．

1.2 自然環境学における〈環境の世界〉創成とは

　新しい自然環境学は具体的に何を目指し，どのような役割を担うべきなのか．ここでは，まず，自然環境学がこれまでどのように展開し，また現在展開しつつあるか，環境学全体の変容とともに振り返りながらその具体的内容を探ってみる．そして，今後，新しい自然環境学が目指すべき方向性を展望する．

1.2.1 環境学の変容

　環境学は環境問題と密接に関係しているので，環境問題の様相の変転に応じて環境学も変容してきた．たとえば，レイチェル・カーソンの『沈黙の春』が出版され，多くの科学者が環境研究に参入した1962年当時では，環境学（研究）の主要なテーマは環境汚染の実態解明であり，汚染の原因となっている有害物質の特定であった．研究方法も化学分析が主体で，原因を除去することで問題（結果）の解決が図られた時代であった．研究対象の空間的な規模（スケール）は，有害物質の排出源（工場，農場など）の周辺地域としての森林，河川や沿岸海域，あるいは地方自治体であり，時間スケールは，地域内に汚染の影響が拡散する数時間からせいぜい数年であった．そして，重要な点として，この場合の環境を認識する主体（以下では環境当事者と呼ぶことにする）は，被害者と加害者といった地域内の利害関係者および関係する科学者に限定されていた．

　一方，2010年現在では，地球温暖化がもはや疑いようのない事実として全地球的な問題として認識されていることからもわかるように，環境学は，かつての地域レベルから全地球レベル（グローバルスケール）までをも含めた様々な空間スケールを対象とするようになっている．それに応じて，扱う時間スケールも多様化し，たとえば，100年後に地球温暖化がどの程度進行し，どのような問題が生じる可能性があるかといった議論が，気象学，海洋学，地理学といった地球科学をはじめ，生物学，農学，林学，水産学など多くの学問領域の科学者が参加して行われている（IPCC, 2007）．そして，温暖化を抑制するための方策として二酸化炭素の排出を具体的にどの程度削減していくべきか，あるいはどの程度なら実現可能か，といった議論が国際政治の主要な議題となっている．

　特に重要なのは，地球温暖化の問題では，環境当事者は全人類であり，かつてのように非当事者が環境問題を対岸の火事として見過ごすこともできた時代とは異なっている点である．つまり，現代は，全人類が環境問題への主体的な参加を求められる時代となっている．これを受けて，環境学は，自然科学だけではなく社会学，政治学，経済学をはじめとする社会科学，倫理学，哲学，宗教学をはじめとする人文科学をも含めた大き

な学問領域へと拡大している（石, 2002）.

環境学と同様に，その一分野である自然環境学も大きく変容している．逆にいうと，近年における自然環境学の急展開が，環境学の変容を促しているとさえいえる．そしてその急展開をもたらしたのが，自然環境学における ① 理論的枠組みとしての生態系概念の展開，② 研究手法としての観測と数値シミュレーション技術の進展，③ 外的要因としての環境に対する人々の意識の変化，である．これらは相互に連関して，自然環境学を新しい局面へと導いている．以下では，それぞれについて考察してみよう．

1.2.2 生態系概念の展開

生態系（エコシステム，ecosystem）とは生態学（エコロジー，ecology）における概念で，通常，生物群集とそれをとりまく非生物的環境が相互に機能し合っている系（システム，system）である（たとえば，Odum, 1983；宮下・野田, 2003）．最近では，エコライフやエコデザインなど「エコ」を冠した言葉が巷にあふれ，「環境に配慮した」といった意味で多用されている．英語のエコロジーは，もともとは，ギリシャ語の「家庭」を意味する *oikos* と「学」を意味する *logos* からの造語から派生したもので，20世紀に進展した比較的新しい学問領域である．生態学の特徴は，生物的要素を遺伝子，細胞，器官，個体，個体群，群集といったようにスケールごとに階層化し，それぞれの階層で生物的要素と非生物的要素とが構成する遺伝子系，細胞系，器官系，個体群系，生態系といった各システムが階層構造（後述）を形成しているととらえる点にある．そして，各システムを結びつけているのは，システム内およびシステム間を循環する物質とエネルギーであり（物質循環，エネルギー循環），生態学では物質循環やエネルギー循環から各階層の構造と機能を定量的に解明することが目標となる．

このような生態学の視点は，人間が自然に及ぼす影響，あるいは自然が人間に及ぼす影響の評価を主な目的の1つとする自然環境学にとって重要である．たとえば，人為起源のダイオキシンや有機水銀などの有害物質が，生態系における食物網を経て，海洋では高位捕食者のマグロなどに高濃度に蓄積することが知られているが（生物濃縮），その濃度を定量的に評価するためには，生態系の概念が不可欠である．そもそも，システム（系）とは，固有の機能を持つ多数の構成要素が，相互に依存し合って協働する統一的な全体といったような意味を持つものであり（Odum, 1983），自然現象をシステムとしてとらえる視点は，科学的手法として比較的新しいことに注意したい（たとえば，von Bertalanffy, 1968）．つまり，自然科学の伝統的手法としては，現象を線形理論（比例関係にある法則）で理解できる要素まで細分化する要素還元論が主流であり，その効用はデカルトの『方法序説』以来今も変わらないが，比例関係がすべてのスケールで成立するわけではなく，万能ではない（吉田, 2008）．特に自然環境のように，様々なスケ

ールの現象が複雑に絡み合った問題に対しては，文字通り木を見て森を見ずといったようなことにもなりかねない．その意味で，現象をシステムとしてとらえ，要素間の連関に着目するシステム論は現在では自然環境学の基盤となっている．

さらに，最近では，システムを構成する要素間の相互作用とシステム全体の変調に着目した非線形システム理論が，コンピュータを利用したシミュレーション技術の発達とあいまって急速に進展しており，複雑系 (complex system) やカオス (chaos) といった言葉は一般にも知られるようになっている（たとえば，Ruelle, 1991；Kauffman, 1995）．なお，前者は，要素間の相互作用があるために還元主義的な手法が適用できないシステムの総称であり，システム全体のふるまいに着目するホーリズム（全体論）の範疇に入る概念である．一方，後者は予測不可能性を表す言葉であり，特に，決定論的なシステム[*1]において数値積分[*2]した際に，初期値のわずかな誤差が増幅して事実上予測が不可能になる現象を表す．自然環境は，多種・多数の要素から構成された複雑系であると同時にカオスに満ちており，予測不可能である．天気予報が，予報期間が長くなるにつれて外れる頻度が高くなるのもそのためである．そもそも，広い地球を局所的な現象まで含めて観測することは不可能であり，初期値には誤差が不可避的に入り込んでしまうため，予測期間が長くなると誤差の影響は急激に増幅する（予測値の初期値に対するこのような鋭敏性はバタフライ効果として知られる）．こうした動向は，従来の生態学と数学が融合した数理生態学の発展を促し，種の大増殖や絶滅，遷移をはじめとする生態系のダイナミカルな挙動の理解が進んでいる（たとえば，寺本，1997；巌佐，1998）．

また，自然環境学における生態系研究の動向としてもう1つ重要な点は，従来の生物に重心を置いていた生態系研究から地球表層システム研究への展開がみられることである．これには，関連する生物学や化学さらには気象学，海洋学，地質学，地理学といった地球科学の進展とともに，対象とする環境問題の時空間的なスケールが拡大していることも起因している．地球表層システムとは，地圏 (geosphere．地殻・マントル・核で構成)，大気圏 (atmosphere．対流圏・成層圏・中間圏・熱圏で構成)，水圏 (hydrosphere．海洋・湖沼・河川で構成)，という3つのサブシステムにこれらを横断して分布する生物圏 (biosphere．生物が生息する領域もしくは生物の総計) を加えた4つのサブシステムで構成される（川幡，2008）．また，環境学の観点から見ると，これらサブシステムに人間（人間社会）を別個に加えてその影響を定量化することも重要になってくる．このような地球表層システム研究においては，各サブシステム内部およびサブシステム間の物質・エネルギー循環を生物地球化学循環 (biogeochemical cycle) と呼んで全球規模の循

[*1] 時間発展方程式に初期値を適用して時間方向に積分すれば，将来が一意に決定されるシステム．
[*2] 一般的には，コンピュータによる有限の時間幅による積分．

環過程を定量化する試みがなされている．

たとえば，現在最重要の環境問題の1つである地球温暖化問題では，各サブシステムにおける二酸化炭素の収支の見積もりが重要であるが，気候変動に関する政府間パネル（IPCC）では生物地球化学循環論にもとづいてその見積もりを行っている．その第四次報告書によると，化石燃料の燃焼とセメントの生成による人為的な二酸化炭素の年間排出量は1990年代の平均6.4 ± 0.4 GtC/y から2000～2005年の平均7.2 ± 0.3 GtC/yへと増加しており，そのうち海洋による吸収量は平均2.2 ± 0.5 GtC/y で1990年代から21世紀の最初の5年間にかけてほとんど変っていないことが示唆されている．また，大気中の二酸化炭素の増加率にみられる年々～数十年規模の変動では，気候変動に対する陸上生物圏の応答が支配的要因となっており，陸上生物圏による正味の吸収量は，1980年代では0.3 ± 0.9 GtC/y，1990年代では1.0 ± 0.6 GtC/y，2000～2005年では0.9 ± 0.6 GtC/y と推定されている（IPCC，2007）．

さらに，地圏における堆積物の生成過程も含む物質循環は地質学的物質循環（geological cycle）と呼ばれ，先の生物地球化学循環とは区別される（須貝，2005）．生物地球化学循環が太陽エネルギーで駆動されるのに対して，地質学的物質循環は地球の内部エネルギーで駆動される，より長周期の循環である．

1.2.3 観測と数値シミュレーション技術の進展

前項では，自然環境学の理論的枠組み，すなわちパラダイム（Kuhn，1962）となっている生態系概念の展開について述べた．ここでは，理論と並んで科学のもう1つの柱である観測（実験），そして最近第3の科学（研究手法）と呼ばれるコンピュータ・シミュレーション（数値シミュレーション）について，それらの技術の進展が自然環境学に与えた影響を考察する．

環境学の最終的な目的は環境問題の解決であると述べた．ここで，注意する必要があるのは，環境という言葉の定義を思い出すとわかるように，環境問題は人間との関係性の中で生じるものだという点である．したがって，人間が問題と認識しないかぎり環境問題は存在しない．最近では，環境問題の新たな枠組みとして，環境問題のそもそもの発生から問題解決後の見通しまで，循環的な段階を踏んだ問題の本質が解明されて，はじめて本当の解決がある，とする提起（石，2002）もなされている．その新しい枠組みによると，環境学の目的は，図1.2の各段階の移行過程の研究と教育にあるとされる．環境学の一分野である自然環境学において，観測と数値シミュレーションが各段階で果たしてきた役割について図1.2を見ながら説明してみよう．

1.2 自然環境学における〈環境の世界〉創成とは

環境状況	⇔	環境変化	⇔	環境問題	⇔	問題解決	⇔	新たな環境状況
		(1)		(2)		(3)		(4)

図1.2 環境学の枠組み（石，2002より）
新しい自然環境学では (3) と (4) へのさらなる貢献が求められる．

a. 環境状況から環境変化への認知

　自然環境学で対象とする環境状況とは，主に気象，森林，海洋，河川湖沼，土，水，大気，動植物や，これらが複合した自然景観といった自然に関わる状況である．ただし，農牧地，庭園，公園，道路や町並みといった社会文化に関わる状況や，山村や漁村のように自然状況と文化状況が混然となっている状況も対象とする．こういった環境状況は常に変動しており，その変化を認知する手段が観測である．そして，環境変化を的確に認知するためには，一定期間，十分な精度で観測を行う必要がある．認知能力の向上において観測技術の向上が果たしてきた役割は大きい．特に近年は，高精度な現場観測，衛星リモートセンシングによる広域連続観測，ボーリングコアや樹木年輪，サンゴなどを利用した古環境復元，また最新のコンピュータ技術や情報通信技術（IT）を駆使したGIS（地理情報システム）の進展を受けて，より長期の，より広範囲の，より精度の高い観測値が得られるようになっている．

　たとえば，地球温暖化の原因とされる全球規模での大気中の二酸化炭素濃度の上昇（環境変化）は，都市大気の影響を直接受けていない場所（ハワイ島マウナロア観測所）で高感度の分析機器（非分散型赤外分析計）を用いて1957年以降連続して計測することによってはじめてわかったことである (http://scrippsco2.ucsd.edu/home/index.php；野崎，1994；Graedel and Crutzen, 1995の解説参照）．

　人工衛星によるリモートセンシングでは，気温，降雨量，海面水温，海面水位，海上風といった物理量をはじめ，植物の現存量や一次生産量などの生物量が全球規模で連続的に，しかもほぼ一定の精度で把握できる．これにより，たとえばアマゾンで森林伐採がどの程度の速度で進んでいるか，気候条件から推定した潜在自然植生分布（人間の干渉がなくなった場合，その土地に自然に再生する植生の分布）と現存植生分布との対比から人間活動が地球本来の植生分布をどう変えたか，といった広域の環境変化を認知することができる（村井ほか編，1995）．また，このような衛星リモートセンシングから得られたデータを現場観測などによる他のデータと組み合わせてコンピュータ上で管理し，地理情報を参照できる表示・検索機能を持ったシステムとしてGISが開発されている．一例として，森林GISでは，過去の林種などの記録をデータベース化することで，森林環境の変化を容易に識別することができる（斎藤，2005）．

　また，最近では海底コアおよび南極やグリーンランドの氷床コアに含まれる安定同位

体元素の分析によって，数十万年スケールの古環境の変動を高い精度で復元できるようになってきた（須貝，2005；川幡，2008）．前述の大気中の二酸化炭素濃度（分圧）は，氷期・間氷期スケールの過去40万年については氷床コアから正確に求められており，二酸化炭素濃度はこの間大きく変動し，最終間氷期に極大値として約280〜300 ppm，最終氷期最盛期に極小値として180 ppm以下となったことがわかっている（Graedel and Crutzen, 1995；川幡，2008の解説参照）．ちなみに，ハワイ・マウナロアの観測結果は，観測の始まった1957年が年平均で316 ppm，2009年が年平均で385 ppmである．人為的影響のない古環境の復元は，地球本来の変動の周期性やメカニズムの解明，とりわけ環境変化に対する人為的影響を評価する上で不可欠である．以上のような結果を受けて，IPCCでは二酸化炭素濃度の増加は主に化石燃料の使用に起因するものと報告している（IPCC, 2007）．

b. 環境変化から環境問題の抽出

観測技術の進歩と一定期間以上の継続的な観測データの蓄積などによって，われわれの環境変化に対する認知能力は大きく向上した．次のステップは，認知した環境変化から環境問題を「抽出」する作業である．ここで「検出」ではなく「抽出」という言葉を用いているのは，多種多様な「変化」の中から「問題」となる部分を選択して抜き出すプロセスが入るからである．そして，そのプロセスの中でまず重要になるのが，変化の原因が人為的であるか否かである．ただし，工場排水による海域の汚染のように原因が特定しやすい場合を除いて，多くの環境変化においてその原因が人為的であるのか否かを判断するのは容易ではない．それは，前述のように自然環境が多種多様なスケールと構成要素からなる複雑系であることに起因する．ただし，最近は，その人為的影響を条件付きながら定量的に推定できるようになってきた．その有力な手法が，コンピュータを利用した数値シミュレーションの技術である．

シミュレーション（simulation）は，複雑な事象・システムを定式化して行う模擬実験といった意味であり，現実世界を模した世界をコンピュータ上に構築し，そのふるまいを調べることをコンピュータ・シミュレーション（数値シミュレーション）という．数値シミュレーションの効用の1つは，条件（初期条件，境界条件，各種パラメータ値など）の設定を変えることで，その条件に対する依存性や関係性を容易にしかも定量的に調べることができる点である．特に，そうした実験を現場で実施することが不可能な自然環境に対しては，数値シミュレーションの効用は大きい．数値シミュレーションでは，たとえば，人為的影響で大気中の二酸化炭素濃度が増加しなかった場合の現在の気温を推定するといった，人為的影響の定量的評価が原理的に可能であり，今や環境研究において数値シミュレーションは不可欠の研究手法となっている．ただし，環境問題という

「現実」を相手にする環境研究においては，現実の再現が数値シミュレーションの必要条件であることに注意したい．現実の気候変動を再現できていない数値シミュレーションが推定した100年後の地球の気温を信用する人はまずいないだろう．

　数値シミュレーションの再現性は急速に向上してきたが，これには近年のコンピュータ能力の急速な進展[*3]に負うところが大きく，現在では，より複雑な現象をより高い時空間解像度で計算できるようになっている．日本周辺海域の海洋生態系を例にあげると，10年前までは，黒潮や冷・暖水渦といった海洋の物理現象でさえもその現実的な変動をコンピュータ上で再現することができなかった．しかし最近では，高解像度化をはじめ，データ同化（淡路ほか編，2009）によって観測データと数値シミュレーションを融合するなどして，黒潮や冷・暖水渦に伴う海水温や海流の分布構造の再現だけでなく，栄養塩や植物プランクトンの分布構造もかなり高い精度で再現できるようになっている（Komatsu et al., 2007）．

　IPCCの第四次報告書は，複数の温室効果ガス排出シナリオをもとに世界各国の研究機関で実施した最新の数値シミュレーション結果にもとづいて，地球温暖化に対する人為的影響について以下のように言及している（IPCC, 2007）．つまり，20世紀半ば以降に観測された世界平均気温の上昇のほとんどは，人為起源の温室効果ガス濃度の観測された増加によってもたらされた可能性が非常に高く，観測された温暖化の分布とその変化は，人為起源の強制力を取り入れた場合にのみ数値シミュレーションで再現されるとしている．ただし，この報告書にも記載されているように，数値シミュレーションの結果には不確実性があり（Burroughs, 2001；江守，2008；近藤，2009），たとえば，大陸規模より小さなスケールの気温変化についての観測結果を再現し，変化の要因を特定するのは現時点では難しい．これには，コンピュータ能力の限界もさることながら，前述のカオスの問題，そして何よりも数値シミュレーションの基盤となっている数値モデル（単にモデルともいう）は，現在までに得られた知見にもとづいて構築された模型であり，多くの仮定を含み，必ずしも現実を適切に定式化できていないことにも原因がある．

　ここで，環境変化から環境問題を抽出するプロセスに立ち返ってみる．たしかに，変化の原因が人為的影響か否かは抽出の第1段階として重要ではあるが，逆にいうと，それだけで環境変化が環境問題になるわけではない．人為的要因による変化を「問題」と

[*3] 世界最高性能のスーパーコンピュータの計算能力は1993年の59.7 GF（Fujitsu/NWT）から現在の1759.0 TF（Cray/Jaguar）へ16年の間に3万倍向上している（2010年6月時点の集計，http://www.top500.org/）．ここで，スーパーコンピュータは，時代の最新技術が投入された最高性能のコンピュータで，一般的なサーバ機よりも浮動小数点演算が1000倍以上速いものを指す．F（Flops）は1秒間に何回の浮動小数点演算ができるかを表す指標で，1 GFは1秒間に10^9回，1 TFは10^{12}回の演算能力を示す．

して認識する人間がいてはじめて環境問題となるのである．しかし，変化をどのように認識するかは，多くの場合，個人の感性や価値観に強く依存するため，このプロセスにおいて自然科学的手法が果たすことのできる役割は限定される．たとえば，これから100年後に全球平均気温が2.8℃上昇するというIPCC第四次報告書の推定[*4]1つとっても，人々の反応はさまざまであろう．しかしながら，このとき，100年間に2.8℃上昇という数値に，その結果として人間に及ぶ影響に関する具体的な情報が付加されると，反応の様相も異なってくると推察される．とりわけ人間の生存に直接かかわる情報に対しては誰しも敏感であり，このような情報の作成と提示は数値シミュレーションの得意とする部分である．現在では，気温，風速（海洋では水温，流速）といった物理変数の変動を推定・予測する物理モデル（大気大循環モデル，海洋大循環モデル，大気海洋結合モデルなど）だけでなく，このモデルに様々な生物地球化学的プロセスを組み込んだ全球の生態系モデルも開発されており，水資源や農林水産資源などの人間の生存に直接かかわる次元の情報を提供できる段階に来ている（IPCC, 2007）．

石（2002）は，問題認識のプロセスには，①環境改変や汚染の時間，②その改変や汚染の程度，③感性や価値観，④環境情報の伝達，の4つの要素が大きく関わっているとしているが，数値シミュレーションは，①，②，④において問題認識のプロセス形成に大きく貢献していると考えられる．先の例で見ると，100年間で2.8℃の気温上昇は，これまで人類が経験したことのない急激な上昇であり，その影響として，数億人が水ストレス（1人当たりに潜在的に利用可能な水量に対する利用量の比）の増加に直面し，生態系では種の絶滅リスクが増大し，沿岸域では洪水および暴風雨による被害が増加し，健康面では熱波，洪水，干ばつによる罹病率と死亡率が増加することを予測している（IPCC, 2007）．100年間に2.8℃上昇という数値に対してはピンとこなかった人も，このような情報を提示されると，問題認識に至らぬまでも何らかの反応を示すだろう．

c. 環境問題から問題解決への取り組み

環境学（環境研究）の目的は，前述の通り，環境問題を解決してはじめて達成される．現在の環境研究においては，a.の環境変化の認知では観測が，b.の環境問題の抽出では数値シミュレーションがそれぞれ重要な役割を果たしていることを述べた．しかし，環境問題の解決は，自然科学的手法だけでは達成されない．人文科学的手法ならびに社会科学的手法を用いることが不可欠である（石，2002）．人文科学的手法は，環境負荷

[*4] シナリオA1B（経済優先で国際化が進むが環境に配慮しつつ化石燃料と新エネルギーをバランスよく使用するというシナリオで，2100年の大気中の二酸化炭素濃度が現在の2倍弱の700 ppm程度になると想定）にもとづいて数値シミュレーションから得られた気温変化（1980～1990年を基準とした2090～2099年との差）の最良の推定値．

を下げるために個人がどのように新たな規範を確立すべきかといった倫理的問題の解決に有効であろうし，社会科学的手法は，環境負荷行為に対する規制や罰則などのルールづくりや環境改善に向けた取り組みに対する減税や補助金などの優遇策づくりに有効であろう．ただし，人文科学的手法や社会科学的手法を用いるにしても，自然科学的手法から得られた情報は，それぞれの手法を適用する際の基盤となる．特に，数値シミュレーションは，ここでも大きな威力を発揮する．

　IPCCの第四次報告では，IPCCが2000年に発表した「シナリオに関する特別報告書」でまとめられたシナリオ（SRESシナリオ）にもとづいて数値シミュレーションを行っている（近藤，2009）．SRESシナリオは，今後の社会・経済的な志向性を「国際化⇔地域主義」と「環境主義⇔経済主義」という2つの座標軸で分類するもので，第四次報告書では，B1，A1T，B2，A1B，A2，A1FIという6つのシナリオで，それぞれ温室効果ガスの排出量が100年間でどう変化するかを推定し，気候の変化を予測している．このシミュレーションで重要な点は，国際化や経済主義といった社会経済的な志向性が，100年後の気温や海面水位といった自然の物理変数の変化にどのような影響を与えるかを具体的な数値で提示している（できている）点である．もちろん，前述の通り，結果の不確定性は大きいが，その結果は主観的な推測から導かれたものではなく，現在までに得られた知見にもとづいて，客観的手法により予測された結果である．しかも，追試が可能で反証の余地を残している．その意味で，江守（2008）がいうように，数値シミュレーションの温暖化予測は，前提条件が正しければ不確かさの幅の中に現実が入るだろうという意味において正しい，といえる．

　このようなシミュレーションの結果は，地球温暖化をはじめとした早急に対策が必要な問題の解決に向けた政策づくりに有効であろう．地域スケールの例としては，日本有数のアサリの生産地と知られる愛知県の知多湾を対象にした海洋環境シミュレーションがある（児玉ほか，2009）．アサリの生産には夏季に湾内の底層に形成される貧酸素水塊が障害となることが知られているが，この研究では知多湾にそそぐ矢作川に設置されたダム（幹線上に7つ）の影響に着目して河川流量を系統的に変えたシミュレーションを行い，2001年夏季の例では，矢作川の流量として$20\,\mathrm{m^3/s}$を下回らないように管理することで貧酸素水塊の発達が緩和されることを示している．

d.　問題解決から新たな環境状況の想定

　新たな環境状況の想定とは，「何をもって環境問題の解決とするのか」という問いでもあり，通常，問題解決とは以下の4点，① 被害（者）の救済・補償，② 原因の除去，③ 原状の回復，④ 原環境への復元，を指す（石，2002）．しかしながら，現実の問題においてこれら4点がすべて達成されることはほとんどないだろう．前述のように自然環

境は生態系という非線形システムであり,多くの場合,人間の影響に対して脆弱である.すなわち,原因を除去できても,原環境に復元する保証はない.地球温暖化のようにグローバルスケールの問題であればなおさらである.その意味で,人類が現在直面している環境問題の多くは一種のシンドローム(症候群,syndrome)と呼ぶことも可能である.シンドロームとはもともと医学用語で,人体の特定の器官に生じた不具合が連鎖的に複数の器官の障害を引き起こし,人体というシステム全体を健全な元の状態に戻すことが困難になる現象を意味するが,最近では制御できていたはずのものが予測不可能なふるまいを始めることを表すレトリックとしていろいろな現象に対して使われている(吉田,2008).この点からいえば,環境問題の真の解決は不可能であるということになる.しかしながら,環境問題という現実に起きている課題に対して,われわれは解決に向けた努力,少なくとも問題の拡大・深刻化を緩和する方策を立てる必要がある.

地球温暖化の例では,気候変動枠組条約にもとづいて1997年に先進国による温室効果ガスの排出削減目標の達成が定められている(京都議定書).しかし,これまでの環境研究は,国際条約や地域協定で原因物質の排出規制が決まった時点で問題が解決されたとし,研究者の関心が失われる傾向があった(石,2002).とりわけ従来の自然環境学では,研究の対象が環境変化の認知から環境問題の抽出までのステップに偏りがちで,問題解決に向けた取り組みが不足しがちであったことは反省すべきである.石(2002)も指摘するように,先の例では条約が締結された後の取り組みも重要である.

前述のように現在は全人類が環境当事者であり,人々の環境問題に対する関心はかつてなかったほどに高くなっている.それゆえ,環境学,特に自然環境学に対して人々が期待する役割も年々大きくなっている.本項と1.2.2項で,理論的枠組と研究手法の進展といったいわば内的要因によって自然環境学が急展開している現状を述べた.1.2.4項では,外的要因として人々の環境に対する意識の変化を振り返り,新しい自然環境学への展望につなげたい.

1.2.4 環境に対する人々の意識の変化

人々の環境に対する意識は時代とともに大きく変容している.日本については,石(1996)による以下のような時代区分が提示されている.
- 自然の時代(19世紀半ば~1955年): 自然保全意識の発生から拡大した時期
- 公害の時代(1956年~1971年): 水俣病の発生から産業・都市公害が頻発した時期
- 環境の時代(1972年~1991年): 国連人間環境会議から全地球的な高揚期
- エコロジーの時代(1992年~): 地球サミット以後の問題解決の指向期

この時代区分に従えば,現在はエコロジーの時代であり,その特徴は,前述のように

環境問題が全人類の課題となってきた点である．そのきっかけは，1992年にリオデジャネイロで開催された環境と開発に関する国際連合会議（地球サミット）である．この会議では，持続可能な開発（もしくは持続可能な発展）が中心テーマとなり，現在の世代が将来の世代に不利益をもたらさない範囲で環境を利用し，要求を満たしていこうとする理念が宣言されるとともに，別途協議がされていた「気候変動枠組条約」と「生物多様性条約」が提起され，1994年と1993年にそれぞれ発効して現在に至っている．以後，一般市民の環境に対する意識も，従来の産業活動や都市化の被害者としての意識から，自分たちの生産活動やライフスタイルが地球にストレスをかけているとする反省に変わってきている（石，2002）．

また，このような意識の変化は，環境に対する要求の変化も生み出している．自然環境に対しては，安定した生態系や資源の供給源にとどまらず，美しい景観や快適な都市空間，歴史的町並みなど精神的な満足やアメニティの充実を求める動きも盛んになっている．一例として，最近（2009年10月1日），広島地方裁判所は広島県による鞆の浦[*5]の一部埋め立て架橋工事に対して差し止め判決を出したが，背景には，自然の景観や歴史的景観，都市景観を貴重なものとし，保護すべきものとする考え方が社会に広まり，こうした景観を「国民共通の財産」と位置づける景観法が2005年に施行されたことがある．

1.2.5 新しい自然環境学と〈環境の世界〉創成

以上の歴史的背景を振り返ると，現在，自然環境学に求められているものは，以下の3点に要約できるだろう．
① 自然環境のメカニズムの解明を進める．
② 自然環境に生じた問題の解決に貢献する．
③ 自然環境の新たな状況を設定する．

まず，①と②については基盤となる既存の学問領域との融合を深めて，最新の観測技術や数値シミュレーション技術を開発・利用し，地球表層システムの研究を進める点で，従来の自然環境学の延長線上にある．それは，従来の自然科学的手法の伝統に沿った事実記述型の研究を深めていくことでもある．

しかしながら，③については，新たな取り組みが必要である．つまり，前述のように，新たな環境状況の設定とは，「何をもって問題の解決とするのか」という問いであり，裏返せば「何をもって環境問題とするか」という問いでもある（石，2002）．その

[*5] 瀬戸内海の潮待ち港として奈良時代から栄えた港町．1992年に都市景観100選に，2007年には美しい日本の歴史的風土100選に選ばれている．

際に自然環境学に求められるのは，環境評価の指標となるような科学的根拠を提示することであろう．これは人間の価値判断に関わる問題であり，また，現在のように環境の精神的な側面も重視される状況では，旧来の自然科学的手法だけで解決することは不可能である．社会科学的手法や人文科学的手法をも取り込んだ新しいアプローチが必要である（村上, 1994）．また，重要な点として，このアプローチには，研究者だけでなく地球表層システムの構成要素であると同時に環境を認識する主体としての，自己意識を備えた人間，つまり市民との協働が不可欠である．

新しい自然環境学は，③に積極的にアプローチする，つまり，市民を含めたシステムの総体を対象にするという点で，旧来の自然環境学に比べて複雑性の階層構造では上位水準のシステムを対象とする学問領域であるといえる[*6]．ここで，階層構造とは，各階が層をなしている構造で，ある規則によって上下関係が定められた様子を表す（たとえば，阪口ほか, 2008）．また，ある要素が複数集まって1つの集合体を形成し，その集合体が複数集まることでさらに1つの大きな集合体を形成しているような構造も意味する．この階層構造の最大の特徴は，上位の組織原理は下位の組織原理に依存するが，決して下位の組織原理からは導出されない点にある（Polanyi, 1967）．たとえば，レンガづくりの技術はレンガの原料に依存はしているが，レンガの原料から技術を導き出すことはできない．同様に，レンガづくりの上位にある建築家はレンガづくりの仕事に依存しているが，レンガづくりの仕事が建築家の設計内容を導き出すことはできない（蔵本, 2003）．すなわち，新しい自然環境学が対象とするシステムの原理や法則は，旧来の自然環境学が対象としてきた地球表層システムの原理や法則に依存するものの，地球表層システムからは新しい自然環境学が対象とするシステムの原理や法則を導き出すことはできない．

新しい自然環境学の特徴は，研究を進める上で市民の価値判断が重要な位置を占めるとともに研究手法として市民との協働を重視する点にある．これは，自然環境と人間との新たな関係性の構築を目指す試みである．別の言い方をすれば，人間社会＝世界と自然環境との融合を図り，新しい世界を創り出すという意味で〈環境の世界〉創成の試みである．

1.3 〈環境の世界〉創成実現へのアプローチ

では，〈環境の世界〉創成を実現するには具体的にどのようなアプローチが必要だろうか．ここでは，東京大学大学院新領域創成科学研究科環境学研究系自然環境学専攻の

[*6] システムの複雑さにもとづく階層性については，永田（2002）を参照．

アプローチを紹介する．環境学の本来の目的は環境問題の解決であるが，その際，環境問題の発生から問題解決後の見通しまでをも含めた循環的なアプローチが必要なことを1.2.3項において述べた．自然環境学における〈環境の世界〉創成とは，これを研究者と市民との協働で実施していくことで実現する．以下では，各段階でどういったアプローチが試みられているか，概要を説明する．

1.3.1 市民参加型の環境モニタリングネットワークの構築

環境状況から環境変化をすばやく認知し，変化の中から問題を的確に抽出するためには，① 観測体制・精度の維持，② 情報の共有化，③ 多様な評価軸の設定，④ 合意形成プロセスの構築，が不可欠であり，これら4つが互いに連関して発展していくシステムが理想的である．まず，環境変化の認知力を高めるためには，環境状況に対する知見が十分なくてはならない．これまで得られた観測情報を整理することはもちろんだが，研究者では知り得ない現場の知を吸い上げることが今後ますます必要になってくるだろう．このような知はローカルノレッジ (local knowledge) と呼ばれ，普遍的ではあるが現場では必ずしも十分機能しないような研究者による知（科学知）を補完するものであり，科学知の根源的な不確実性を補うものとして機能することが期待できるものである（鷲谷・鬼頭編，2007）．たとえば，漁業者が漁場の海洋環境の微細な変化の検知に長けていることはよく知られた事実である．

インターネットやGISなどのコンピュータ技術を利用して，こうした情報を整理，共有化した上で，研究者と市民が参加して環境を多面的に評価することにより，関係者の利害調整に終わらない合意形成プロセスを構築することが可能になるだろう．また，問題の抽出過程で多様な評価軸を設けることはフレーミング（枠の付け方）のバイアスを是正する点でも重要である．フレームは特定の結論をあたかもそれが自然であるように見せる力を持ち，特に環境問題では，問題のあいまいさや不確実性に由来して様々なフレーミングを可能にする解釈の幅が広い特徴がある（佐藤，2002）．フレーミングのバイアスが大きいと，いくら観測体制を充実させて，情報を共有化しても問題の適切な抽出には至らない可能性が高い．逆にフレーミングのバイアスを是正してこれを観測体制にフィードバックさせることで，変化の認知と問題の抽出により効果的な観測体制へと改良することも期待できる．このような一連のシステムを「市民参加型の環境モニタリングネットワーク」と呼ぶことにする．

さて，市民参加と簡単にいっても，一般市民の科学に対するリテラシー（知識・理解力・活用力）の程度は，通常，「興味がある」段階，「理解できる知識を持っている」段階，そして「議論できる能力がある」段階と様々であり，研究者は各段階に対応したコミュニケーションを心がける必要がある．そこでは，一方的な科学知の提供ではなく，

市民個別の文脈に合わせた提供が求められる．先の海洋環境の例では，地球温暖化に関わる海洋生態系の変動についての情報を一般の会社員に説明する場合と漁業者に説明する場合とでは，提供の仕方は当然変わらざるを得ないだろう．そして，こうしたコミュニケーションの際に研究者が特に配慮する必要があるのは，一般の市民が抱いている「科学知＝厳密で常に正しい客観性を持った知識」というイメージに注意して，「科学は常に書き換えられつつある」ということを伝える点である（藤垣・廣野編，2004）．

なお，こうしたモニタリングネットワークの一例として，国の水産研究所，地方自治体の水産試験研究機関，地域の漁業者が連携したシステムが構築され，展開されつつある（小松，2006）．

1.3.2 地球表層システム理解の深化

観測・分析技術や数値シミュレーション技術の発達により，地球表層システムの研究は近年大きく進展した（1.2.3項）．地球表層システムの研究は自然環境学の中心であり，ここで得られた知見や理論は前項のモニタリングネットワークの中での検証を経ることによってより強固なものへと鍛えられることが期待できる．ただし，地球表層システムに関する従来の知見は，物理的あるいは化学的側面に偏在しており，システムの物理的・化学的変動が人間や他の生物に与える具体的な影響については不明の点が多い．自然環境の評価においてはまさにその定量化が重要なのであり，人間や生物に与える影響についての研究は今後一層推進していく必要があるだろう．そして，その影響は，人間と生物の生存に関わるものとして，たとえば閾値[*7]の探索と提示が様々な場面で要求されることがあるかもしれない．

地球表層システムは，複雑な非線形システムであり，その推定は困難を伴うことが予想されるが，その値は環境変化から環境問題を抽出する過程で不可欠の指標となるものであり，関連する学問領域の知を結集した取り組みが必要である．その際には，1.2.2項で述べた生物地球化学循環論と地質学的物質循環論を基盤として，地球表層システムを構成する各サブシステムの3次元的観測や高度化学分析による古環境復元，数値シミュレーションが有効であろう．

その一方で，人間と生物との関係も忘れてはならない．前述の地球サミットで生物多様性条約が調印されたことからもわかるように，生物多様性の維持は人類共通の課題である．人間は生物を資源として採取，消費して生存しており，これまで乱獲などによって多くの生物種を絶滅に追いやってきた歴史がある．生物資源の最大の特徴は，再生産

[*7] この場合，これ以上もしくはこれ以下なら生存に直接影響すると想定される境目の値．大森（2005）の解説を参照．

を行うため,適切に管理すれば持続的利用が可能な点である.ここで,適切に管理するということは,生物量を正しく推定し,生態系に修復不可能なダメージを与えることなく,採取（漁獲,伐採,…）するということであるが,これは現実的には,少なくとも以下の3つの点で困難な課題である.

第1に,生物量(資源量)の正確な推定は難しい.たとえば,回遊性の魚類(マイワシ,サンマなど)の資源量の推定は,困難さからいえばその最たるものだろう.第2に,最大どの程度の採取なら生態系にダメージを与えないかに関する知見がほとんどない[*8].第3に,生産者とその他の市民で利害が対立する場合が多く,管理基準を算定するための合意形成が難しい点があげられる.しかしながら,このような側面は,前項の研究者と市民(生産者も含む)が協働したモニタリングネットワークで打開できる見込みがある.地域スケールではあるが,2次的自然である里山,里地や里海(武内ほか編,2001；小野ほか編,2004)のように人間が手を加えることによって生態系が安定的に維持され,自然景観としても重要な自然環境も存在する.そのような意味では,農業者,林業者,漁業者は市場における生産者としての位置づけ以上の役割を担っており(鳥越,2004),彼らの文脈に応じたコミュニケーションによって合意形成に近づけることが期待できる.

1.3.3 主体的環境管理創成モデルの構築

市民社会の環境に対する意識は近年大きく変容していることを1.2.4項で述べた.環境問題については,従来の産業活動や都市化の被害者としての意識から,自分たちの生産活動やライフスタイルが二酸化炭素の排出などを通じて地球にストレスをかけているとする反省に変わってきている.さらに,自ら主体的に環境問題の解決に携わっていこうとする意識の高揚はNPO(非営利組織)やNGO(非政府組織)による環境活動へと発展し,1992年の地球サミットでは多くのNGOが参加して会議の成功に貢献したことはよく知られている.国や地方自治体だけで環境問題の解決にあたる時代は終わり,現在は,市民の参画と協働によって問題の解決にあたる時代となっている.その意味でも,研究者と市民との間の協働はますます進展していくだろう.

このような市民の環境に対する意識の変化は,環境に対する要求の変化も生み出している.自然環境に対しては,安定した生態系や資源の供給源にとどまらず,美しい景観や快適な都市空間といった精神的な満足やアメニティの充実が求められる時代となっている.このような要求の変化は,新しい環境状況の設定を促すものであり,こうした状況から発生する環境問題は,もはや従来の自然環境学で解決するのは難しい.人間の生

[*8] 数理生態学的には,多種の非線形力学系の解の安定性の問題である.寺本(1997)の解説を参照.

存と健康に関わる問題は，生物学的，生態学的な観点から研究することが可能だが，精神的な充足に関わる問題については，当然新しいアプローチが必要である．こうした問題について，自然環境学が対応できることには限りがあるが，問題解決に向けて市民がより合理的な判断をするための科学的根拠を提供する責任は存在する．

　自然環境学がこのような課題に応えていく上での1つの方向性として，たとえば，美しい景観や快適な都市空間の創成といった問題については，コモンズや入会地（いりあいち）のような地域住民が地元の自然環境を主体的に共同管理する伝統的な取り組み（三俣ほか編，2008）が参考になるかもしれない．日本の里山や里海はこうした共同管理によって維持されてきたものであり，最近では美しい自然景観としての価値が高まっているが，都市化や過疎化の影響で荒廃が進んでいる．以上の点から，市民が自然環境を主体的に管理し，新たに創造し，再生していくための指針となる，いわば，主体的環境管理創成モデルの構築が必要である．

　以下の章では，自然環境学における〈環境の世界〉創成に向けた具体的な取り組みについて説明する．まず第2章では，環境モニタリングの最新の動向について紹介する．新しいモニタリング手法の開発状況や市民参加型モニタリングネットワーク構築の試みが紹介される．続く第3章では，自然環境の変動メカニズムを解明する上での基盤となる地球表層システム研究の新展開を紹介する．生物地球化学と地質学の最新の成果が述べられる．また，第4章では，人間と生物との関係について，生物多様性の維持と資源管理に向けた最新の研究を紹介する．最後に，第5章では，今世紀半ばには世界人口の7割近くが都市に居住するようになる社会の動向を見据え，持続的な人間活動と協調した環境管理・創成手法の研究を紹介して，今後の展望が述べられる．　　　［小松幸生］

2 自然環境の実態をとらえる

2.1 自然環境のモニタリングと評価

　われわれの生活環境を快適にするはずの経済活動が，いまや世界各地で水質汚染や酸性雨，オゾン層破壊などを誘引し，自然環境を破壊するという皮肉な結果を招いている．次世代の社会に快適な自然環境を継承するのは現代人の共通の責務であり，われわれには自然環境への適切な対処が求められている．そのためには，まず自然環境に関する正しい理解と適切な判断が必須であり，環境モニタリング（environmental monitoring）を通して自然環境の実態を客観的に把握し，因果関係を論理的・科学的に解明することが要請される（図2.1）．

　環境モニタリングの測定技術は日進月歩であるが，それに伴い測定値が氾濫し，環境を正しく理解するための環境測定が，かえって問題を引き起こすことがある．たとえば，ある地域の環境試料から有害物質が「検出」されて世間の物議をかもしたが，実は

図 2.1　環境計測（中部乗鞍岳の水環境調査）

その濃度は，非汚染地域と同等以下であった，といった例が後を絶たない．測定値が基準値と照らし合わせてどの程度のものかを適切に判断せずに，「検出された」という結果のみが感情的に一人歩きする例である．測定技術の向上により物質の検出下限は下がるため，現在は検出されない物質であっても，将来は検出される可能性がある．したがって，環境問題を取り扱う際には「検出」の有無を問題とするのではなく，測定値が健康閾値を超えたか否かといった理性的な判断が必要である．そこで本節では，こうした環境計測の技術と測定値の取り扱いについて考えてみたい．

2.1.1 環境の健康診断と検診

自然環境の測定は，われわれが日常生活を健康的に過ごすために受ける「健康診断」や，病巣を早期発見し，適切な治療を行うための「検診」に対比できる．たとえば，一般の健康診断は対象の病気を定めず，健康な日常生活を維持する上で身体に異常がないかどうかを調べることを目的として，身長・体重といった基礎的な身体検査，ならびに血液や尿などの化学分析により，全身的な健康チェックを行う．測定値は，いわゆる健常者とされる人々の代表値との比較を行い，一定範囲内での値を示すか否かにより，健康状態を把握する．これに対して，がんなどの特定の疾患の発見を目的とした「検診」は，目的とする疾患に関わる項目に特化した詳細な検査を実施し，検査項目の値が一定の数値を超えた場合には疾患の疑いありとして対策（治療）がとられる．

これを水環境の測定の観点からとらえると，前者の「健康診断」については，水質汚濁防止法により総合指標として指定されている水素イオン濃度（pH）や浮遊物質量（SS）などの「生活環境項目」の測定をあげることができる．これらは，直接人体に毒性が及ぶといった，いわゆる有害成分ではなく，「日常生活において不快感を生じない環境を保全する上で，維持することが望ましい」指標として提示されている．基本的にこれらの項目の測定については，イオン選択性電極法（ISE：Ion Selective Electrode）や滴定法（titration）といった従来の方法が用いられることが多い．

同様に水環境の「検診」については，環境中の濃度は微量ながら人体や生物に対して有害とされる，カドミウムや水銀などの重金属類や，PCBやジクロロメタンなどの有機合成物，あるいはフッ素などが「人の健康の保護に関する環境基準（健康項目）」として指定されている．これらの項目については，測定値が一定の基準値を超過した場合，当該物質の発生源の特定と発生者への警告などの措置がとられる．これら微成分量は，昨今の分析技術の進歩により，以前は検出さえも難しかったものでも，今では機器分析により簡便に測定することが可能となったものも少なくない．以下では，このように微量でも人体や生態系に有害となる成分と，水質の概観を決定づける主要成分について，前者については測定技術の面から，後者については測定値の品質管理の面から考察する．

2.1.2 環境試料の測定技術

　健康項目として指定されている重金属類の測定については，従来，原子吸光光度法（AA：Atomic Absorption Spectrometry）が広く利用されてきた（図2.2）．液体試料を炎中に噴霧して加熱・原子化し，そこに目的元素の固有波長の光を照射すると，原子化された目的元素に吸収される．この吸収を測定して，元素の定量分析を行うのが（フレーム）原子吸光光度法である．この方法だと目的元素ごとに固有波長のスペクトルを発するホロカソードランプを用意する必要があるため，多元素同時分析はできない．また，鉛などの元素については感度が悪く，溶媒抽出などの前処理によりppmオーダーまで濃縮する必要がある．これに対して，近年，誘導結合プラズマ発光分析法（ICP-AES：Inductively Coupled Plasma Atomic Emission Spectrometry）や誘導結合プラズマ質量分析法（ICP-MS：Inductively Coupled Plasma Mass Spectrometry）といった高感度でダイナミックレンジ（測定幅）が広く，多元素同時分析が可能な分析方法が使用されるようになってきた．

　ICP-AESやICP-MSでは，まず高周波を用いてアルゴンガスを電離状態にして高温のプラズマを発生させる．これに液体試料を霧状にしてプラズマ内に導入すると，試料中の原子が励起される．この励起原子から発生する元素特有の発光スペクトルを測定するのがICP-AESである．ICP-AESでは目的物質の発する光を測定するため，原子吸光とは異なりホロカソードランプを用いる必要がなく，またスペクトル線の広がりが少なく自己吸収がないため，ダイナミックレンジが4〜5桁もの広い範囲に及ぶ．測定感

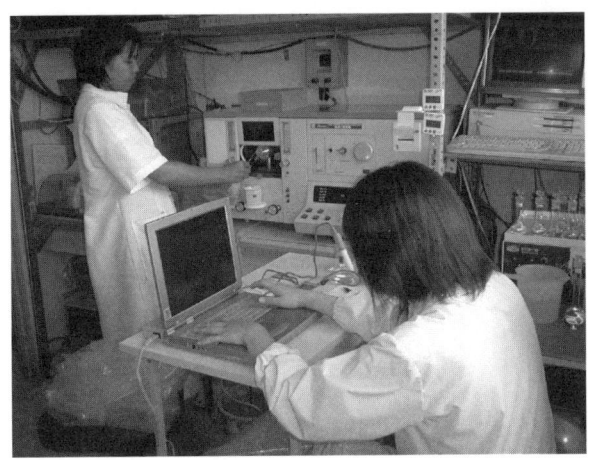

図2.2　原子吸光光度法による環境試料の測定

度も原子吸光と同等かそれ以上である．

　プラズマ内でイオン化された原子を真空内に取り込み，質量分析により元素の同定と定量を行うのがICP-MSである（図2.3）．その特徴としては，ほとんどの元素の検出下限値がpptからppqオーダーと大変高感度であること，多元素同時分析が可能であること，定性分析・定量分析が迅速にできること，ダイナミックレンジが8桁レベルと広いこと，同位対比の測定が可能であることなど，様々な利点を有している．

　これらの機器を用いると，重金属類のみならず，原子吸光では測定が難しかったベリリウム（Be）やホウ素（B）などについても幅広く分析できる．しかし，環境中の化学成分のすべてが手軽に分析可能となったわけではない．たとえば，われわれの身近な例としては，健康項目に指定されているフッ素（F：fluorine）をあげることができる．

　フッ素は地殻構成元素の約0.65％を占め，蛍石などの鉱物中に含有されるほか，火山噴気からはフッ化水素として放出される．工業用途としては，高い反応性を利用して，ガラスのエッチングに用いられ，フライパンなどをコーティングするテフロンや，オゾン層破壊の原因物質として悪名高いフロンガスの基幹構成物ともなっている．また，むし歯予防のために歯磨き粉に添加される一方，フッ素含有量の多い水を長期間摂取すると斑状歯（歯の表面が侵されて白濁した斑点ができる）や骨格フッ素中毒症になることも知られている．

　このように，われわれの生活や健康，あるいは産業活動と密接な関わりのあるフッ素であるが，固体試料中のフッ素については未だに簡便な分析法が確立されているとはいえない．上述のICP-AESや原子吸光光度法では分析不能であり，従来，発色剤を用い

図2.3　ICP-MSによる環境試料の測定

2.1 自然環境のモニタリングと評価

表 2.1 地質調査所（GSJ）作成火成岩標準試料中のフッ素含有量

試料名	含有量 (μg g^{-1})	分析手法		発表年	文献
JA-1	196	PIGE		1985	4)
	165	ISE		1985	5)
	138	PIGE		1987	3)
	295	INAA		1989	2)
	180	XRF		1999	6)
	153	IC		2001	1)
	160	ISE		2005	7)
	149	IC		2006	8)
	180	1988年	地質調査所推奨値	1989	9)
	161	1994年	地質調査所推奨値	1995	10)
JA-2	226	PIGE		1987	3)
	244	INAA		1989	2)
	485	XRF		1999	6)
	227	IC		2001	1)
	230	ISE		2005	7)
	226	IC		2006	8)
	485	1988年	地質調査所推奨値	1989	9)
	223	1994年	地質調査所参考値	1995	10)
JB-1a	347	PIGE		1985	4)
	376	PIGE		1987	3)
	350	INAA		1989	2)
	384	IC		2001	1)
	390	ISE		2005	7)
	385	1988年	地質調査所推奨値	1989	9)
	357	1994年	地質調査所推奨値	1995	10)
JB-2	90	PIGE		1985	4)
	81	PIGE		1987	3)
	144	INAA		1989	2)
	104	IC		2001	1)
	90	ISE		2005	7)
	83.4	IC		2006	8)
	94	IC		2009	11)
	101	1988年	地質調査所推奨値	1989	9)
	98.5	1994年	地質調査所推奨値	1995	10)
JG-1a	459	PIGE		1985	4)
	364	PIGE		1987	3)
	473	INAA		1989	2)
	434	IC		2001	1)
	460	ISE		2005	7)

試料名	含有量 ($\mu g\ g^{-1}$)	分析手法		発表年	文献
JG-1a	436	IC		2006	8)
	450	1988年	地質調査所推奨値	1989	9)
	439	1994年	地質調査所推奨値	1995	10)
JR-1	949	PIGE		1985	4)
	780	ISE		1985	5)
	1014	PIGE		1987	3)
	1163	INAA		1989	2)
	1061	IC		2001	1)
	1000	ISE		2005	7)
	1011	IC		2006	8)
	1034	IC		2009	11)
	942	1988年	地質調査所推奨値	1989	9)
	991	1994年	地質調査所推奨値	1995	10)

IC：イオンクロマトグラフ法，ISE：イオン選択性電極法，INAA：機器中性子放射化分析法，PIGE：陽子励起 γ 線放出法，XRF：蛍光X線分析法．
1) Anazawa et al., 2001, 2) Randle and Croudace, 1989, 3) Roelandts et al., 1987, 4) Roelandts et al., 1985, 5) Bower et al., 1985, 6) Mori et al., 1999, 7) 大島・吉田，2005, 8) Shimizu et al., 2006, 9) Ando et al., 1989, 10) Imai et al., 1995, 11) Balcone-Boissard et al., 2009.

て吸光光度を測定するランタン-アリザリンコンプレキソン法，スパンズ法，ジルコニルアリザリン法などが広く使用されてきた．これらの手法はフッ化物イオンとしての含有量ppmオーダーの水試料の分析には有効であるが，河川底質や岩石試料の分析にはそのままでは適用することができない．上記方法で分析するためには，まず岩石試料の構成成分を何らかの形で水に溶解し，フッ素をフッ化物イオンとして遊離させる必要がある．しかし，フッ素は火山岩や河川底質に多く存在するケイ酸（SiO_2）との親和性がきわめて強いため，単離するのは容易ではない．

　主要成分としてケイ酸を含む固体試料の分解法として最も広く使用されるのがフッ化水素酸による処理であるが，フッ素を分析するための試料をフッ素で分解することはできない．そのため，粉末化した固体試料を炭酸ナトリウムなどとともに数百℃で溶融（アルカリ溶融）した後に水で溶解し，さらに蒸留してフッ素をケイ酸から分離する方法がとられてきたが（Yoshida, 1963；Yoshida et al., 1965；Tsuchiya et al., 1985），この一連の作業は煩雑であり，化学分析に熟練した技術者でないと正確な値を出すことは至難である．前処理段階で蒸留法ではなく簡便なイオン交換法を用い，イオンクロマトグラフ法（IC：Ion Chromatography）で測定する方法も開発されているが（Anazawa et al.,

2001；Anazawa, 2006)，これらもアルカリ溶融などの前処理が必要となる．これら煩雑な前処理をせずに非破壊で測定する方法としては，機器中性子放射化分析法（INAA：Instrumental Neutron Activation Analysis）(Randle and Croudace, 1989) や陽子励起 γ 線放出法（PIGE：Proton Induced Gamma Ray Emission Spectrometry）(Roelandts et al., 1987) が試みられているが，これらは原子炉などの大規模な特殊施設を必要とするため，手軽な分析法とはいえない．また，岩石試料の非破壊分析法として広く使用されている蛍光 X 線分析装置（XRF）による分析も試みられているが，未だに信頼の置ける測定値を得るには至っていない．異なる分析手法による岩石標準試料の測定値を表 2.1 に示す．この表に見られる通り，様々な機関から提出されたこれらの値は，必ずしも何らかの真値に収斂しているとは言いがたい．

このように成分によっては，最新の機器を用いても未だに分析が難しいものも多々あるが，それでも試料を分析機器にかけると，彼らは何らかの分析結果を返してくる．簡便な機器分析法が広く使用されるようになった昨今，目的とする成分の特性についての知識と理解がなければ使用に足る測定値を出すことは難しいことを肝に銘じておくべきであろう．

2.1.3 測定値の信頼性

上述の通り，分析技術の飛躍的な進歩により，環境計測は手軽にできるようになった．以前は熟練した技術者が手間隙をかけて前処理を行い，1 成分ごとに丹念に測定をしていたが，今では ICP-MS などの全自動式の分析機器を用いて，簡便に測定結果を出すことができるようになった．

そのため，昨今では測定値が大量に生産されるようになり，個々のデータの扱いが乱雑になる傾向が見られるようになってきた．今や測定データの管理は，単なる測定値の集積から，適切な分析精度・確度の保持，すなわち測定値の品質管理に比重を移しつつある．これを無視してデータのみを蓄積していったのでは，役に立たないどころか，理性的な判断を妨げる有害なデータが山積することにもなりかねない．そこで次に，水環境の現況を把握するための基盤情報となる主要溶存成分を例に，測定値の信頼性について考えてみたい．

水試料に溶存する主要なイオン成分の測定値を評価する方法としては，試料水が電気的に中性であることを利用した陰陽イオンバランスの計算法が広く利用されている．

溶存イオン成分の分析値が揃い，かつ測定値が正しい場合，試料水中の陰イオン当量濃度の合計は，陽イオン当量濃度の合計と等しくなる．逆に分析値に誤差が含まれるか，あるいは主要な溶存イオン成分に欠損が生じている場合，両者には差異が生じることになる．この原理を利用して分析値の信頼性は，以下の式で与えられる R_1 により判

断することができる (Second Interim Scientific Advisory Group Meeting of Acid Deposition Monitoring Network in East Asia, 2000).

$$R_1 = 100 \times (\Sigma C_{Cation} - \Sigma C_{Anion}) / (\Sigma C_{Cation} + \Sigma C_{Anion}) (\%) \quad (2.1)$$

ここで C_{Cation} は Na^+ などの主要陽イオン濃度, C_{Anion} は Cl^- などの主要陰イオン濃度である.

環境省が定める陸水調査のための精度保証 (QA: Quality Assurance)/精度管理 (QC: Quality Control) の R_1 基準としては, 試料水の濃度ごとに,

$\Sigma C_{Cation} + \Sigma C_{Anion} < 50 (\mu eq\ dm^{-3})$ のとき $R_1: \pm 30\%$ の範囲内

$50 < \Sigma C_{Cation} + \Sigma C_{Anion} < 100 (\mu eq\ dm^{-3})$ のとき $R_1: \pm 15\%$

$\Sigma C_{Cation} + \Sigma C_{Anion} > 100 (\mu eq\ dm^{-3})$ のとき $R_1: \pm 8\%$

と定められている (環境省, 2005). 河川水や湖沼水などの典型的な陸水においては, ほとんどの場合が $\Sigma C_{Cation} + \Sigma C_{Anion} > 100 (\mu eq\ dm^{-3})$ を満たす量の電解質を溶存しているため, この基準に照らし合わせると, $|R_1| < 8\%$ を満たすように測定値の品質管理を行うことになる.

また, これと類似した方法として, 水の電気伝導度を用いて測定値の信頼性を評価することも可能である. 水溶液の電気伝導度 (EC: Electrical Conductivity) は, 溶存する個々のイオンの当量濃度と極限当量導電率とを用いて以下の関係式で表すことができる.

$$EC_{calc} = 100 \times \sum_i \{\Lambda_{0i} - (0.229 \times \Lambda_{0i} + 60.32) \sqrt{I} \} C_i \quad (2.2)$$

EC_{calc}: 電気伝導度の計算値 (mS m^{-1})

Λ_{0i}: イオン i の極限当量導電率 (mS m^{-1} μeq^{-1})

I: イオン強度 (mol dm^{-3})

C_i: イオン i の当量濃度 (μeq dm^{-3})

したがって, (2.1) 式と同様に電気伝導度を用いて分析値の評価を以下の式にもとづいて行うことができる (Kamada et al., 2006).

$$R_2 = 100 \times (EC_{calc} - EC_{meas}) / (EC_{calc} + EC_{meas}) (\%) \quad (2.3)$$

EC_{calc}: 電気伝導度の計算値 (mS m^{-1})

EC_{meas}: 電気伝導度の実測値 (mS m^{-1})

計算が煩雑であるためか, この指標は陸水試料の分析値の信頼性評価手法としては一般化されていない. 仮に降水における R_2 基準を適用すると, 測定値は $R_2: \pm 9\%$ の範囲内であることが要請される.

試みに, 環境省が酸性雨対策のためにとりまとめた陸水の測定値 (環境省, 2003) についてこの基準 (R_1) を適用すると, 測定値が揃った 819 試料のうち, 181 試料がこの

基準を満たしていなかった（図2.4）．また同様に電気伝導度を用いた基準（R_2）を当てはめると，基準を満たしていない試料が60試料に上った（図2.5）．実に全体の約1/4が十分な信頼性を有していなかったことになる．環境問題を取り扱う上で重要な基盤情報となる行政府発行のデータセットに信頼性に乏しい測定値が紛れていた例である．

環境試料のみならず，測定値を使用する際には，目的を達成するための十分な精度・確度基準が保持されていることを何らかの形で担保しなければならない．したがって，水試料の測定値であれば，上記イオンバランス（R_1）や電気伝導度（EC）の計算値と測定値の比較（R_2）などによりチェックを行い，測定値が基準から外れていれば再度分析を行って測定値を再確認する必要がある．それ以外にも，検出下限，測定下限，標準参照試料の測定，繰り返し測定，平均値比率測定などのDQO値の検討を行い，各測定値の平均や標準偏差が過去の実績値から大きく外れている場合には，原因を究明し，前轍

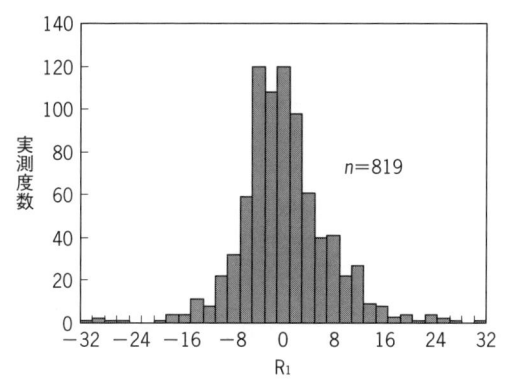

図2.4 陸水定量値データセットのR_1度数分布（環境省，2003より作成）

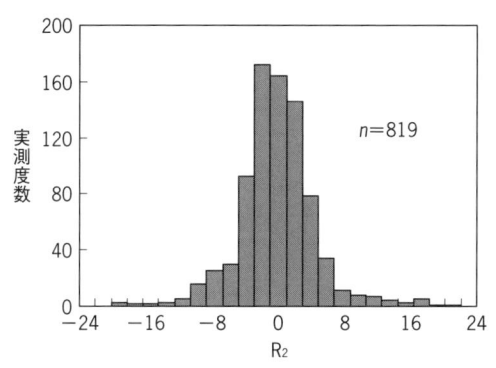

図2.5 陸水定量値データセットのR_2度数分布（環境省，2003より作成）

を踏むことがないようにしなければならない．自ら測定する場合にはこれらの方法を用いて必要な精度や確度を担保することができるが，一般に他者の測定値を引用する場合は，検証の手段がないことが多いため，測定の手法を検証することである程度の情報を得るにとどまらざるを得ない．したがって逆に自分の測定値が他人に使用される可能性がある場合，分析者の良心として十二分と思われる精度と確度を担保することが肝要である．

測定値が出ればすぐに次の段階に進みたくなる．ましてそれがポジティブデータであれば，なおさらのことである．地道に測定値の信頼性を繰り返し検討してもその努力はなかなか評価されない．成果主義が先行するなか，地道に分析値の検討を重ね少数の信頼できる値を出すよりも，できるだけ多くの測定結果を出す方が時代の潮流には合致するのかもしれない．しかし，こうした評価される部分だけを取り繕い，内なる努力を怠るところから昨今の企業・学界に広がるモラルハザードが生み出される．かつてわれわれの先達たちは，重量分析や容量分析といった地道な作業によって，1つ1つの分析を丹念に積み重ね，数々の業績を残してきた．日に三省とはいわないまでも，自分が扱う測定値については良心に恥じないようにありたいものである．「温故知新」．いま一度，わたしたちの先達が大切にしてきた個々の測定値の持つ価値を嚙み締めて，堅実な環境計測を行いたい． ［穴澤活郎］

2.2 参加型モニタリングネットワークの構築

2.2.1 サイバーフォレスト：映像による森林のモニタリングとインターネットによる映像共有

まず本節での映像とは，動画と音声で記録されるビデオ映像とする．映像は視聴覚データであるため感性情報とも呼ばれるように，人は映像から感覚的に直感的に対象を把握する．過去や現在の森林の記録映像を見れば，誰でも森林の変化を直感的に理解できる．そしてそれらの映像がインターネットでいつでも見ることができれば，森林の記録映像によって誰でも気軽に参加できる森林モニタリングが可能となる．ここでは，その実証的検証のために1995年より進めている研究プロジェクト「サイバーフォレスト」を紹介する．

サイバーフォレストは，インターネット上のサイバースペースに集めた森林に関する情報であるが，特に映像という感性情報による記録に着目し，モニタリング対象の森林を誰もが直感的に理解し，容易に調べられることを目指しており，現在は，以下で説明する東京大学秩父演習林を対象にデータの整備を進めながら応用研究を進めている．

a. 森林景観記録ロボットカメラ

まず，サイバーフォレストの基本システムとして，森林景観記録ロボットカメラ（以下，ロボットカメラ）を開発した．気象庁の地域気象観測システム AMeDAS (Automated Meteorological Data Acquisition System) は，定点で自動気象観測を行っているが，これと同じように自動で森林景観をビデオ録画し，記録保存している．

初期ロボットカメラ

東京大学大学院農学生命科学研究科附属科学の研究教育センター秩父演習林（埼玉県秩父市）に，1995年に2台のロボットカメラを設置して開発を進めている．撮影対象とする森林は，森林の取り扱い履歴や樹種・樹高などの基本的な森林現況情報と，生態学や動物学などの調査研究資料などの整備がすでに行われている2カ所を選定して設置した（図 2.6）．ロボットカメラシステムは図 2.7 に示すように，商用電源や電話のない地点で毎日自動運転を行うように，タイマーで起動するガソリン発電機の電源で，ビデオカメラシステムと制御パソコンを稼働させるシステム構成になっている．

森林景観ロボットカメラ（図 2.8） 撮影対象の森林は，スギ，ヒノキを主体とする人工林と，過去の伐採後自然に成林したブナなどの落葉広葉樹を主体とする2次林，および山地帯天然林を含む西南西向き斜面を，視距離 600 m〜1 km で，標高約 1000 m から 1400 m までが見渡せる位置に設置して録画している．季節によって変化する森林の景観変化や，下刈り，枝打ち，伐採や植林などの管理作業による景観変化を観察できる．

天然林樹冠部ロボットカメラ（図 2.9） ブナ-イヌブナ天然林内にある高さ 23 m の観測鉄塔上部に設置し，鉄塔周辺のブナ，イヌブナ，ハリギリ，モミなどの地上からは観測できない樹冠部を録画している．枝先の芽の様子などの映像や，樹冠全体の枝の伸長

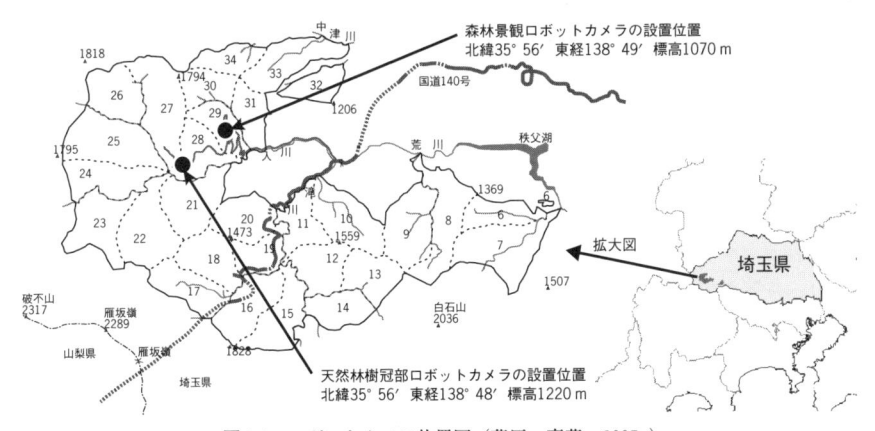

図 2.6 ロボットカメラ位置図（藤原・斎藤, 2005a）

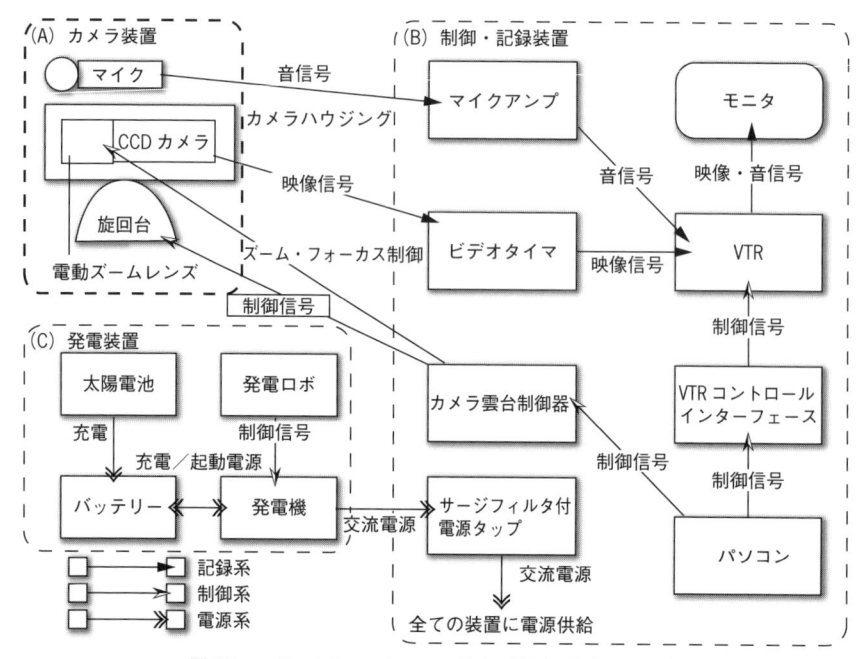

図 2.7 ロボットカメラシステム構成(藤原・斎藤,2005b)

図 2.8 矢竹ロボットカメラシステム(斎藤ほか,2008)
右の白枠は,1つの撮影ショットの画角を示している.

の様子がわかるような映像をとらえている.当該地点では,長い年月をかけて遷移する森林の動態を解明するために設定された長期生態系観測大面積プロットの内部に位置しており,生態学的な様々な調査が行われている場所である.

以下に,これらのロボットカメラ設置に際して注意した点について述べる.

静止画像でなく動画映像を記録 動きのある景観対象には写真よりもビデオが有効である(斎藤ほか,1998).特に,樹冠部のブナの新緑開芽シュートや紅葉の葉などの近接のビデオ映像からは,梢や葉が風に揺れることで枝葉のしなやかさなどが,運動視差に

図 2.9 天然林樹冠部カメラ説明図（斎藤ほか，2008）
右：山地帯天然林内に設置した高さ 23 m の鉄塔．この最上部にロボットカメラを設置，中：鉄塔最上部のロボットカメラ，左：ロボットカメラが撮影している1ショット例を白枠で表記．ブナの樹冠部である．

よる 3 次元的な動きで感じ取ることができ，同時に動きによる奥行き知覚で，個別の葉や枝の区別も写真に比べて容易になる．

方向とズーム率の異なる複数ショット映像を記録　1995 年当時に実用的で普及していたビデオ規格 NTSC を採用しているが，画像解像度では 35 mm フィルム写真の 3 割程度と低く（斎藤ほか，1988），これを補うために 1 台のカメラのパン・チルト・ズームをコンピュータで制御して対象景観を図 2.10 に示したように複数のショットで記録している．全体やズームアップなど対象を様々なショットで記録した映像を見ることで，対象をより把握しやすくできる（図 2.10）．

毎日定時に記録　理想は 24 時間 365 日記録し続けることであるが，商用電源のない山奥であるし，記録媒体も限られるため不可能である．そこで毎日 11：30 から 12：00 の間に，複数のショット撮影することにした．1 年間で季節変化を記録でき，毎年記録を続けることで経年変化を記録している．

録音機能の追加

初期ロボットカメラの映像を専門家に提示すると，対象の森林や樹木について自らの判断を確認するために樹種や場所などを質問したり，ロボットカメラの運用や応用についての質問や意見を出すほどに興味を持って見る．一般の人の場合は，1，2 分で映像に興味を示さなくなった．ただし，現地でマイク付きのビデオカメラで撮影した森林のビデオ映像には，音声があって臨場感があるためか，しばらくは興味を持って視聴していた．1998 年よりロボットカメラに録音機能を追加することにした．録音する音源については，モニタリングという目的から，特定の音源を収録するオンマイクではなく，環境音を記録するためのアンビエント音を記録するオフマイク録音とした．表 2.2 に示すような複数の録音方式やマイクを試験・検討し，図 2.8，図 2.9 のカメラ上部にある 2 本のダイナミックマイクによるステレオ録音を採用し，現在も継続している．

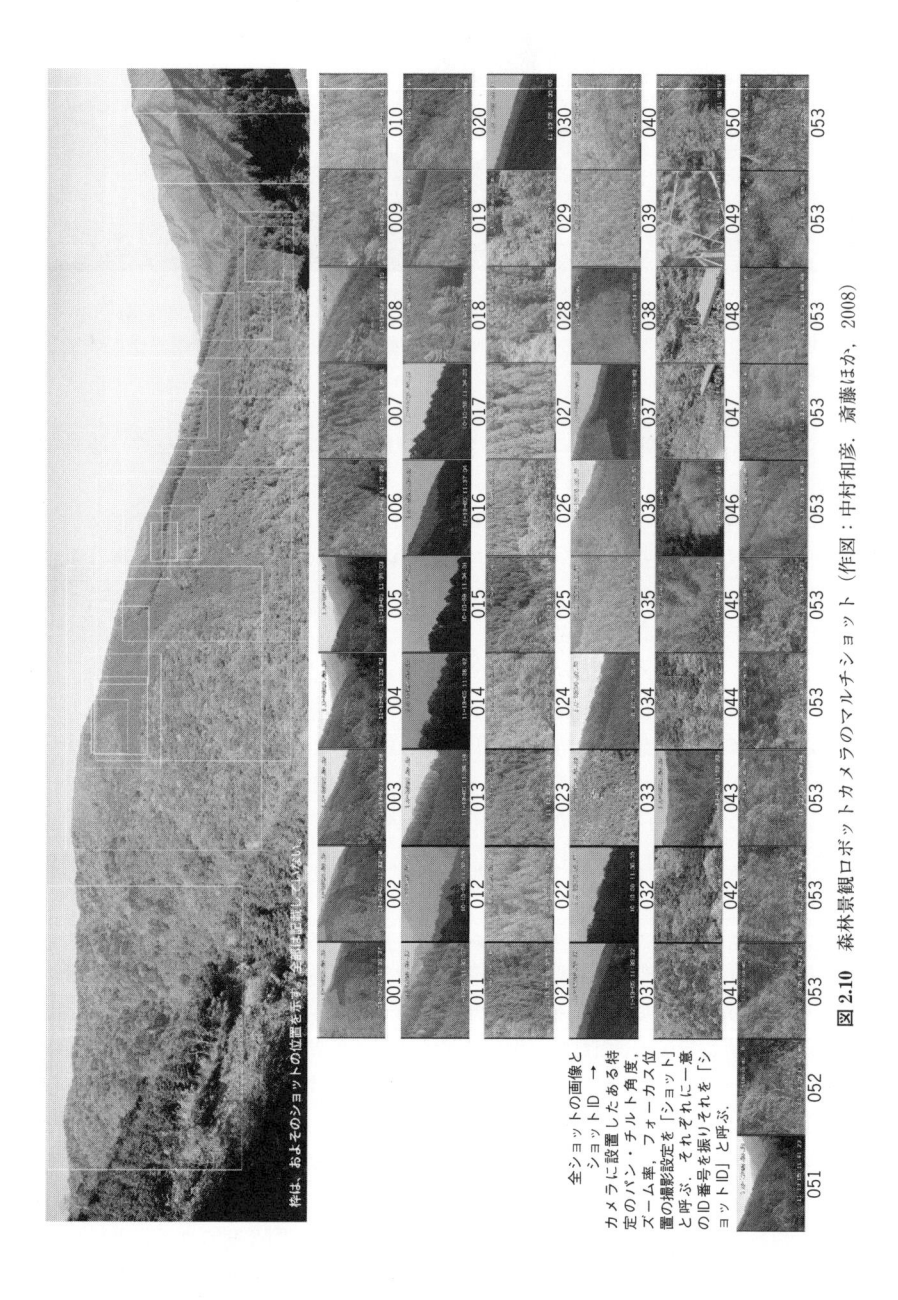

32   2. 自然環境の実態をとらえる

図 2.10 森林景観ロボットカメラのマルチショット（作図：中村和彦，斎藤ほか，2008）

全ショットの画像とショットID→カメラに設置したある特定のパン・チルト角度，ズーム率，フォーカス位置の撮影設定を「ショット」と呼ぶ．それぞれに一意のID番号を振りそれを「ショットID」と呼ぶ．

枠は，おおよそのショットの位置を示すもので，正確ではありません．

表 2.2 録音方式とマイクの検討（斎藤ほか，2002）

名　称	チャンネル数	マイク形式	野外カメラへのマイク取付適否判断	再生機材の特徴と適否判断
4チャンネルダイナミック	4	D	難：カメラハウジングに防水マイク4本は取付スペース，重量とも困難．マイク4本は配線が錯綜しやすい．	難：4チャンネルの再生機器は一般的でない．視聴ポイントが限定され，同時受聴人数は少ない．
4チャンネルコンデンサー	4	C1	やや難：防水マイクは小さいので取付スペース・重量とも問題ない．マイク4本は配線が錯綜しやすい．	
2チャンネルダイナミック	2	D	容易：カメラハウジングに2本の防水マイクなら，スペース・重量とも問題なし．	容易：通常のステレオテレビで再生できる．
2チャンネルコンデンサー	2	C1	最も容易：カメラハウジングに2本のマイクなら，スペース・重量とも問題なし．	同時受聴人数は4チャンネルよりも多い．
バイノーラル	2	C2	難：ダミーヘッドを取り付けることは難しい．	難：ヘッドホンで受聴するが普及してない．

〈チャンネル数〉4チャンネル録音では，2チャンネルステレオ録音に比べて音による没入感が高く，臨場感が高い．
〈マイク形式〉
D：Sony製エレクトレットコンデンサーステレオマイクロホンECM-MS957，周波数特性（50～18000 Hz），正面感度（-42 dB）．
C1：Sony製ダイナミックマイクロホンF-115，周波数特性（40～12000 Hz），正面感度（-74 dB）．
C2：コンデンサーマイク（試験性能なし）．コンデンサーマイクはダイナミックマイクに比べて感度が高く，周波数特性も広いので環境音の記録に最適と予想したが，現場では聞き取れないような小さな音まで拾っていて，現場での受聴感覚と異なった．
〈バイノーラル〉原音に近い集音再生方式．

映像データ伝送システムの開発

　ロボットカメラのテープ交換とガソリン補給など，約2週間に1度のメンテナンスを現在も継続しているが，現地で何らかの原因でロボットカメラが稼働しない場合には，テープを回収して初めて気づく状態であった．2003年頃に当該地区は携帯電話エリア外ではあったが携帯電話がかろうじて使えるようになったので，携帯電話データ通信によって映像を部分的に転送するシステム開発を2004年より進めた．開発制約条件は「電力消費を最小限にする」，「既存ビデオ映像とIEEE 1394インターフェース接続しデジタルビデオデータを取り込む」，「適切な映像圧縮を短時間に行う」，「必要な映像シーンを的確に切り出す」，「携帯電話データ通信でインターネットに接続する」などであったが，既存のロボットカメラシステムからデジタル映像信号を取り出し，ハードディスクレコーディングと映像圧縮・切り出しと伝送用のパソコンシステムを開発し，映像の一部の圧縮データを日々伝送できるようにした．なお伝送システムの電源は，ロボットカメラシステムよりも稼働時間が長くて発電機は不適なので，太陽電池とバッテリーを

組み合わせたソーラーシステムを導入した．

現在のロボットカメラシステム

2008年からは，ロボットカメラの主たる電源もソーラーシステムに変更し，また樹冠部ロボットカメラの伝送には，通信が途絶えることが多い携帯電話データ通信（サービスエリア外なので当然だが）よりも接続が確実で広帯域の衛星インターネットシステムを2010年に導入した．さらにデジタルビデオテープ録画に加えて，その場で外付けハードディスクに直接映像データを収録して，ハードディスクの交換をするなど改良を加えて現在に至っている．

b. 森林映像記録によるモニタリング

森林映像記録ロボットカメラにより記録された映像データの利用について述べる．

ビデオの録音データによる鳥類の解析

森林景観ロボットカメラへのマイク設置は2000年夏に行い，同年11月より本格的に記録を始めた．ここでは，11月7日から翌2001年7月30日までの298日間のうち欠

表2.3 映像データから識別できる項目（斎藤ほか，2002）

	対象	音		映 像
自然要素	鳥	鳴き声 ドラミング	△	まれに飛翔姿. 鳥生態の撮影設定なし.
	昆虫	鳴き声 飛翔音	△	まれに飛翔姿.
	動物	鳴き声 足音・踏み分け音	×	動物生態撮影設定なし.
	雨	雨音 マイクに当たる雨音	○	大粒の雨，霧雨，霧.
	風	風音 風に揺れる枝葉 葉擦れ音 マイクの風切音	× ○ ○ ×	風に揺れる木々や草. 風音の方が揺れる映像より風の様子を感じやすい.
	沢水	沢の水音	×	撮影設定なし.
人工要素	航空機	ジェット機などの音	×	撮影設定なし.
	機械音	車，モノレールなど チェーンソ・刈払機など	× ×	撮影設定なし.
	人間	話し声 足音	×	撮影設定なし.

○：写る，△：まれに写る，×：写らない．

測日を除く209日間の音声記録の解析例を示す．

録音解析データ　映像データから認識できる項目は表2.3のようになった．音声からは，鳥や昆虫の鳴き声や，雨や風などの気象現象などが認識できるが，最も顕著なものは鳥の鳴き声である．そこで，209日間の1日10分間の録音から特定の2ショット各7秒を取り出して，連続した48分18秒の映像音資料（録音資料）を作成した．

鳥の鳴き声同定　録音資料を秩父演習林で長年鳥類の研究を行っている石田健氏（東京大学農学部准教授）が何度となく繰り返して聞きながら種の同定を行った．その結果の一部を図2.11に示す．これより鳥の鳴き声について「1,2,3月は全般的に少ない」，「4,5,6,7月にシジュウカラなどのカラ類やウグイスが多い」ことがわかる．

環境音記録によるモニタリング　このように，日々の録音から，たとえば鳥類の種の季節変化を把握することができる．このような鳥類の種リスト調査は，ラインセンサスでの目視や鳴き声の確認などの鳥類センサスで行われているが，個体数の増減を感覚的に把握できるデータとして，このような録音データ記録が特に有効であると考えている．

ビデオ映像によるブナフェノロジー解析

天然林樹冠部ロボットカメラの映像は，地上では見ることができないブナの樹冠部分のフェノロジー（生物季節）の記録となる．特定のショットの記録映像を長期間解析することでフェノロジーの経緯を特定することができるし，モニタリングの証拠記録にもなる．ブナの枝葉のビデオ映像記録を用いたフェノロジー解析例を示す．

ブナの開芽モニタリング　ビデオ映像によるブナの開芽フェノロジーを異なる年の比較解析例を示す．ビデオから取り出した静止画像について1997年と2000年を図2.12に示した．

1997年の開芽は，5月3〜7日の5日間で，開芽度は0.5から1を経て2へと急激に

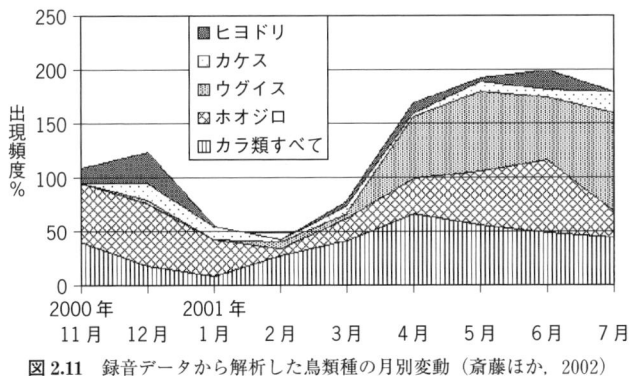

図2.11　録音データから解析した鳥類種の月別変動（斎藤ほか，2002）

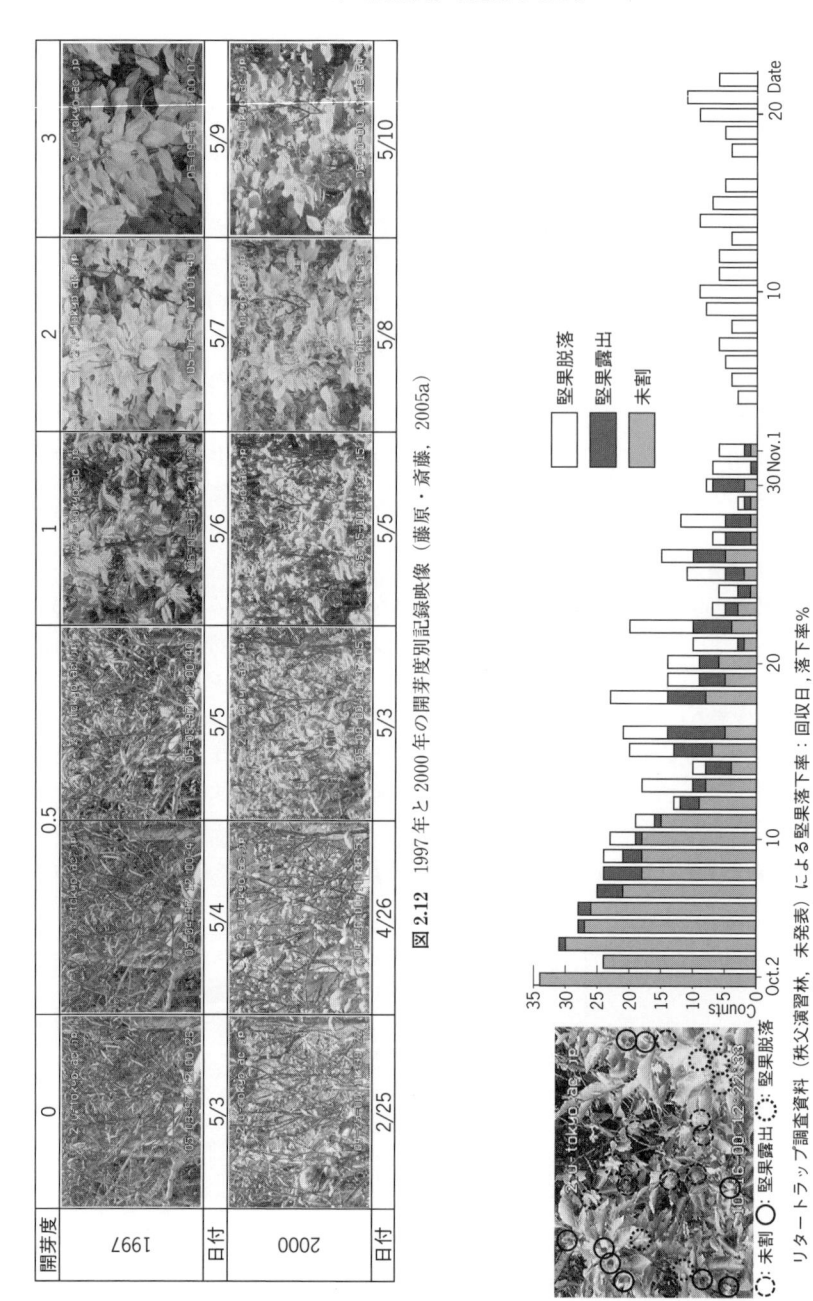

図 2.12 1997 年と 2000 年の開芽度別記録映像（藤原・斎藤, 2005a）

図 2.13 2000 年の映像データから判読した堅果の状態（藤原・斎藤, 2005a）

変化したことがわかる．2000年は葉と花を同一芽内に含む混芽であり，
　4月29日：　芽鱗の先がほころび雌花が見える．
　5月1日：　小さく折り込まれた葉が現れた後に尾花が下垂する．
　5月5日：　徐々に展開する．
　5月8日：　シュートが伸び始める．

堅果の落下　　堅果の状態に着目してビデオ映像を観察し，殻斗が未だ割れていない状態（未割），殻斗が割れて堅果が露出した状態（堅果露出），堅果が脱落して殻斗だけになった状態（堅果脱落）を判別した結果について図2.13に示す．現地ではリタートラップ調査解析が10月2，16日と11月6，22日に行われているが，ビデオ記録は毎日記録されており，その間を詳細に推定する補完的なデータとなることがわかる．

映像記録によるモニタリング　　このように，日々の映像記録から，たとえばブナの季節変化や経年変化を日々モニタリングできる．これはブナに限らず，撮影されている樹木について同様な解析が可能である．ブナの開花豊作年と凶作年の比較や，異なる樹種間の関係など，通常の調査では調査計画を立ててから観察が始まるが，ビデオ映像記録があれば，映像から気づいたことを過去に遡ってモニタリングできる．

c. インターネットによる参加型モニタリング

　森林景観や樹木の枝葉の記録映像から，フェノロジーの変化を直感的に理解でき，また解析データともなることを述べたが，過去の映像と，日々の新しい映像データとをインターネットで誰もがアクセスできるようにすれば，参加型の森林環境モニタリングのプラットホームになることは，容易に想像できる．最後に，この点についてサイバーフォレスト研究での現在の取り組みを説明する．

秩父演習林内での桜の開花

　森林景観ロボットカメラの映像の中に，毎年カスミザクラ（*Prunus Verecunda Koehne*）の開花日映像を観察して，満開日を図2.14に示すようにして決めた．これを1996年からの毎年の映像から満開日を定義し，1996〜2009年の映像について解析して得た

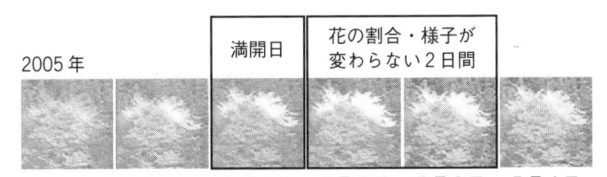

図2.14　映像中のサクラの満開日の定義（中村・斎藤ほか，2010）花の割合や様子が変わらない2日間の前日を満開日と定義した．

各年の満開日から作成したグラフが図2.15である．これより毎年開花日は変動するものの，5年移動平均から見ても早まる傾向は見られない．これらの映像は，以下のURL-1で見ることができるので，図2.14の定義の妥当性や確認を映像データに直接当たって確認することができる．

(URL-1) http://cyberforest.nenv.k.u-tokyo.ac.jp/jamasakura/

インターネットによるサクラ開花映像の公開

それでは，2010年の開花日はどうなったのか．これも以下のURL-2から日々の映像を見て，自分自身で開花の様子を観察して開花日を決定することができる．また，このサクラの木が撮影されているショットを含む日々の映像は，URL-3に毎日転送されてくるので，開花期間だけでなく，1年中の様子を確認したり，データがたまるにつれて過去に遡ってすべての映像から経年変化を観察することができる．

(URL-2) http://bis14.nenv.k.u-tokyo.ac.jp/jamasakura2010/

(URL-3) http://cyberforest.nenv.k.u-tokyo.ac.jp/transmittedavi/2010/

環境音の配信と録音ファイルの公開

録音データは映像に比べてファイルサイズが小さく，またネットワークの細い帯域で配信が可能である．そこで，天然林樹冠部ロボットカメラのマイク音をリアルタイムで音声ストリーミング配信し，録音ファイルのネットワーク公開を始めている．配信は毎日 AM 5：30～6：30，11：30～12：30 に URL-4 で，録音ファイルは URL-5 で公開している．

(URL-4) http://cyberforest.nenv.k.u-tokyo.ac.jp/soundscape/live.m3u

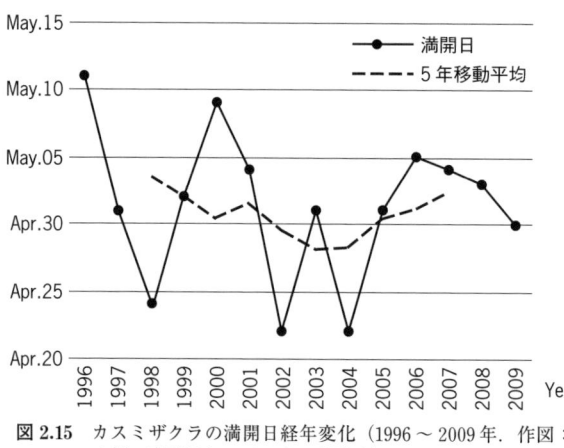

図2.15 カスミザクラの満開日経年変化（1996～2009年．作図：中村・斎藤ほか，2010を一部改変）

(上記 URL の音声ストリーミングの再生には iTunes が必要)
(URL-5) http://cyberforest.nenv.k.u-tokyo.ac.jp/soundscape/2010/

WWW ブラウザとして無料で公開され初めて広く普及した NCSA (National Center for Supercomputing Applications) MOSAIC が発表されたのは 1993 年 9 月である．その後のインターネットの急速な普及はいうまでもなく，SNS，YouTube や Twitter などによる参加型のインターネットアプリーケーションの普及はここ 10 年のことである．今の森林の様子をビデオに記録して，それを 100 年後の人たちが簡単に視聴できるとしたら，それは現在ネットワーク上にある情報とは全く違うコンテンツとなるだろう．過去から現在までの森林環境の変動を自分自身の目と耳で確認できる情報であって，知識として教えられるものではないからである．

自分自信の身の回りの定点定時の映像記録アーカイブが世界中の多くの地点で行われ，誰でもネットワークで検索していつでも視聴できることが，これらの参加型環境モニタリングのプラットホームと考えている． ［斎藤　馨］

2.2.2 海洋のモニタリング

世界の海で，地球温暖化問題，赤潮や青潮に代表される富栄養化問題，外来生物の移入問題など，人間活動に起因すると考えられる多様な問題が顕在化している．2001 年，UNEP（国連環境計画），UNESCO-IOC（ユネスコ政府間海洋学委員会）など 8 つの国連機関からなる合同専門家会合である GESAMP（海洋環境保護の科学的側面に関する専門家会合）は，世界の海洋・沿岸域の現状を分析し，人類とその生存基盤である海洋の関係が変化し，世界的な多くの努力にも関わらず，陸上を基盤とする人間活動により世界の海洋の劣化が進行していることを指摘した (GESAMP, 2001)．国連海洋法条約 (1996 年，日本批准) では，各国の管轄海域における権益を保証するとともに，各国の海洋環境保全について義務を規定しており，また，2002 年の WSSD（持続可能な開発のための世界サミット）では，海洋汚染要因の 7 割を占める「陸上活動からの海洋環境の保護の世界行動計画」(GPA：Global Programme of Action) の実施促進が採択されている．人間活動のインパクトから海洋を保護して，自然との共生を可能とする持続的な社会を構築することは，今や国際的な責務となっている．このためには，海洋環境の現状を正確に把握し，適切に評価するための情報が必要である．

これまでに，海洋で起こる様々な問題を対象として，海洋情報を収集する多様なモニタリングが国内外で実施されてきた．海洋は，主要な人間活動の場である陸域の 2 倍以上の面積に及び，海洋で生じる問題は，海自体の力学によって支配される自然現象と人為インパクトとの複合現象として現れる．このことがしばしば人為影響成分の抽出を困

難とし，実効的な対策を困難なものとしている．その上，現象解明の基礎となる海洋情報を収集するモニタリングの手法には，課題は多く未だ発展途上である．

ここでは，海と陸の接点である沿岸海洋を対象として，最新の問題点と対策を整理して，自然環境の適切な評価と実態解明に向けた最新のモニタリング手法の研究・開発事例を紹介する．

a. 水系の地球環境問題と各国の政策

人間活動に伴う海洋への物質排出の問題は，少量でも健康を害する有害化学物質の問題と，大量に存在することで引き起こされる富栄養化関連物質の問題に大別できる．前者が，主に産業活動に起因して工場などの点源から排出されるのに対して，後者は生物活動に由来し，農業など面源から排出される．また，前者は，人為コントロールが可能であり，対策が功を奏しているのに対して，後者は生物活動に対する必須元素であり制御困難である．

GESAMP (2001) によると，近年の世界の沿岸海洋の主要な問題は，古くから報告されてきた赤潮（植物プランクトンの異常増殖による海水の着色現象）や青潮（無酸素化した海水が引き起こす海水の着色現象）に代表される海水の富栄養化問題である．この古くて新しい問題は生活排水や農業排水に起因し，当初，地域的問題にすぎなかったが，人間活動の増大とともに地球環境問題としての性質を持つに至っている．

1841年，リービッヒにより植物の生育に必要な3要素（窒素・リン酸・カリウム）が見出され，1914年にハーバー-ボッシュにより大気中の窒素ガスの固定法が開発されて以来，作物肥料は有機物から無機物へと転換した．大気と鉱物から取り出された膨大な窒素・リンが，肥料として環境に投入され，世界の食糧生産は飛躍的に増加した．これに伴って，世界人口は爆発的に増大し，2004年には1840年の5倍の60億人に達している（図2.16，図2.17）．投入された窒素・リンは，一部が作物として吸収され，残りが環境中に流出する．さらに，作物として同化された窒素・リンも，人間や家畜動物に一部が同化された後に流出する．仮に作物の同化率を50%，人間や家畜動物の同化率を10%とすると，リサイクルされない場合，投入された窒素・リンの95%が流出することになる．環境中に流出した窒素・リンは，水系を通じて海洋へと流出する過程で，滞留時間の長い水域で富栄養化現象をもたらす．現在では，世界の地下水，河川，湖沼，海洋に至る水系で富栄養化が顕著になっている（Diaz and Rosenberg, 2008；UNEP, 2004）．現在の世界の海洋で起こっている富栄養化問題は，地球温暖化問題と類似性の高い地球環境問題である（高橋，2007）．化石燃料（鉱物・大気）を産業活動（生物活動）によって燃焼することでエネルギーを取り出し，その結果，大気（水系）の温暖化現象（富栄養化現象）がもたらされている（図2.18）．

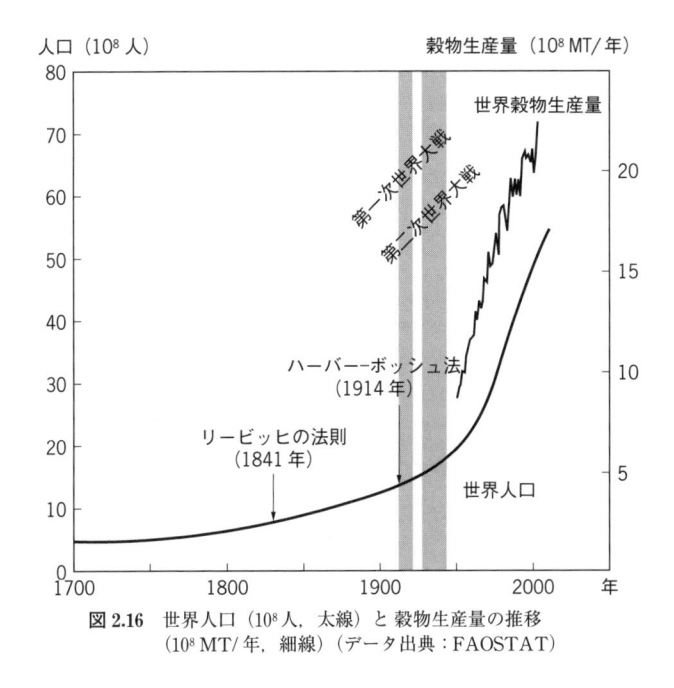

図 2.16 世界人口（10^8 人，太線）と穀物生産量の推移（10^8 MT/年，細線）（データ出典：FAOSTAT）

　主要な窒素肥料消費国の消費動向においては，アメリカ，中国，EUなど，沿岸域の富栄養化が顕著な国々で，肥料消費量が世界消費量に占める割合は大きい．これらの国々と比して，日本では肥料消費量は大幅に小さい．このため，食料生産国では農業による負荷量が大きく，肥料消費と水系の富栄養化の関係が強く意識され，富栄養化に対する政策に強く影響を及ぼしている．一方，日本では，食料自給率の低下に見られるように，アメリカや中国など食料生産国から食料を多量に輸入している状況にある．2003年におけるわが国の窒素に関する貿易収支では，67万トンの過剰輸入となっており，ますます増大傾向にある（足立，2003）．過剰輸入された食料は，結局，生活排水として流出して，富栄養化を引き起こしている．このため，日本では，富栄養化に関して農業からの流出が問題にならず，生活排水が問題視されている（環境省，2005）．一方で，輸入された食料の生産のために，生産国で窒素肥料が使用されており，同時に生産国の環境は汚染されている．この点で，わが国と食料生産国で発生する赤潮や青潮を引き起こす窒素・リンの起源は大部分が同一であるといえる．近年，食料自給率の低下と食料の輸入過剰の議論において，食料安全保障の観点が強調されがちであるが，こうした議論の中では環境の観点が欠落している．

　食料の生産事情を受けて，各国の水系の富栄養化と施策の状況は異なる．アメリカで

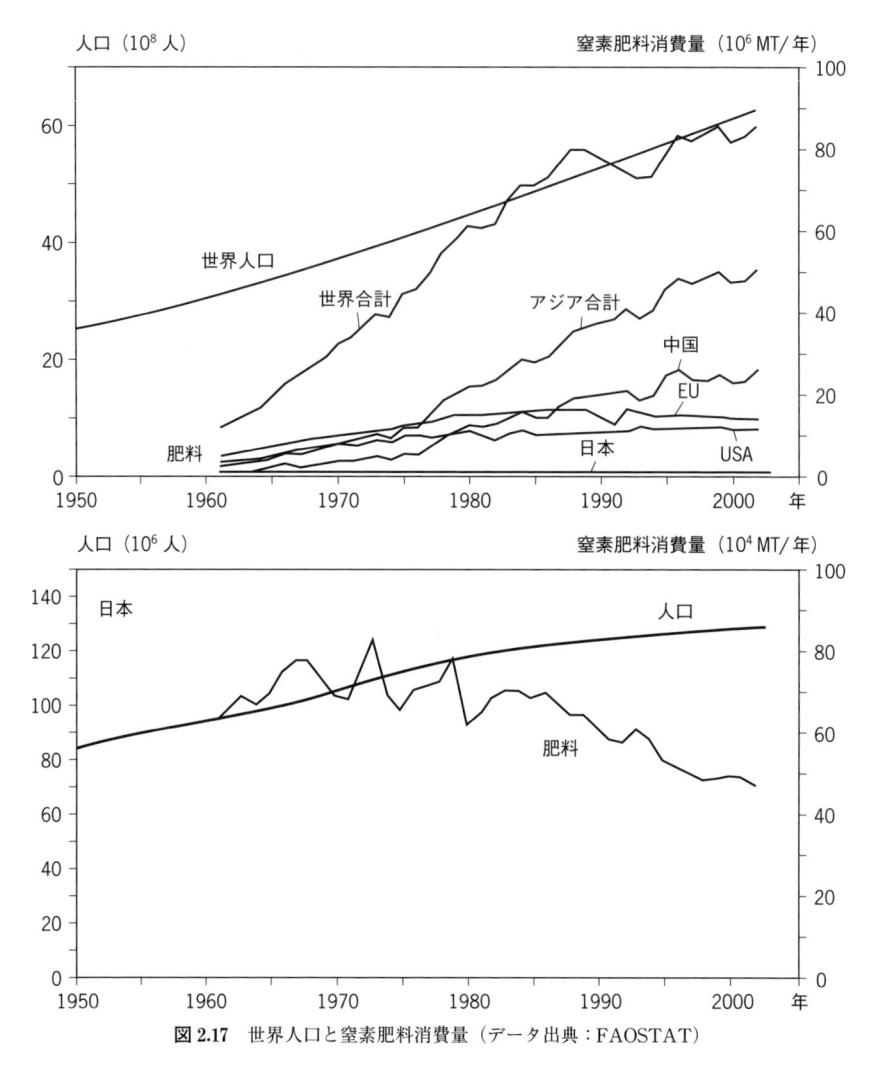

図 2.17 世界人口と窒素肥料消費量（データ出典：FAOSTAT）

は，メキシコ湾の"Dead Zone"と呼ばれる貧酸素化した海域を削減するために，2001年クリントン大統領により連邦議会に行動計画"Gulf of Mexico Hypoxic Zone Action Plan"が提出された．これを受けて，2004年に連邦法"Harmful Algal Bloom and Hypoxia Amendments Act of 2004"が制定され，貧酸素化した海域の科学的アセスメントと貧酸素削減のための計画の提出が義務づけられた．ミシシッピー川に流入する窒素の9割が，肥料や家畜糞尿など面源系に由来することが報告されている（Gools-

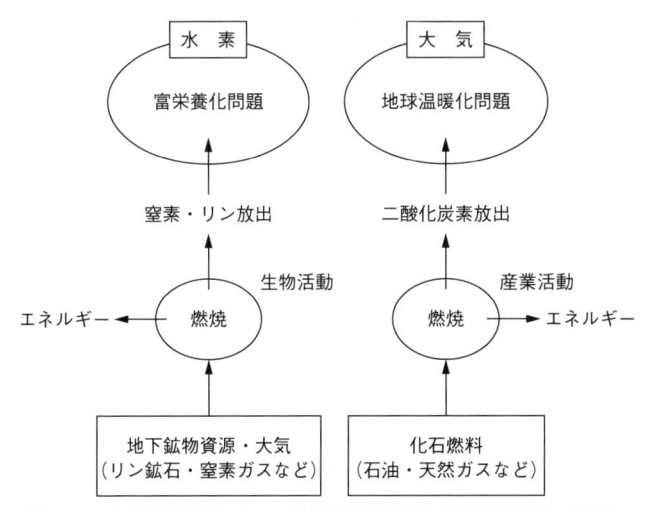

図 2.18 地球環境問題としての富栄養化問題と地球温暖化問題の類似性

by and Battaglin, 2000). 面源系負荷は，州や自治体の境界を越えて流出するために，その削減には管理区分に関わらない流域管理が必要とされる．このため，行動計画では，アメリカ合衆国の国土の 41%，全農業人口の 47% を占めるミシシッピー川流域全体の管理を行うことを予定している．2004 年に発表された米国海洋行動計画においても，メキシコ湾流域管理のための連邦政府と州自治体政府の連携強化が強調されている．また，メキシコ湾流域管理を実施するにあたって，大学，省庁，自治体研究機関の多数の研究者が参加して，湾流域全体のモニタリングを継続実施して基礎的知見を収集している．

EU では，農村部を中心に地下水を飲料水として使用する地域が多く，肥料の大量投入と並行して地下水の硝酸汚染が進行し，乳児や家畜のメトヘモグロビン血症による死亡事故が相次いだ（西尾，2005）．従来，無害に思われてきた肥料投入によって発生した健康被害をうけて，1991 年に農業用硝酸塩からの水系保護に関する欧州委員会指令 91/676/EEC（硝酸塩指令）が採択され，加盟国は，硝酸塩警戒ゾーン（NVZs：Nitrate Vulnerable Zones）を設定して，農業からの硝酸塩負荷の管理と地下水，河川，湖沼から海洋に至る水域の保護を行うことが義務づけられた．2002 年にまとめられた硝酸塩指令実施状況 2000 年報告書（European Commission, 2002）によれば，少なくとも河川の 30〜40% において富栄養化が顕著で，EU 水系の全窒素負荷の 50〜80% が農業由来であることが報告されている．

日本においては，頻発する赤潮や貧酸素水塊の発生を受けて，1978（昭和53）年の水質汚濁防止法および瀬戸内海環境保全特別措置法の改正により水質総量規制が導入され，1979年の第一次総量規制の実施により，COD (Chemical Oxygen Demand, 化学的酸素要求量) の負荷削減が義務づけられた．その後，2002（平成14）年に実施された第五次総量規制ではCODに加えて窒素・リンの削減が義務づけられた．環境省により公表されている東京湾，大阪湾，瀬戸内海の負荷データ（環境省，2005）をもとに，1979年と2004年の3海域の発生負荷量を比較すると，窒素で20％，リンで40％が削減された．負荷の内訳は，産業系排水の削減率が高く，生活系排水およびその他系による負荷の削減率は低い．日本では，アメリカやEUと比較して低い食糧自給率に象徴されるように，農業系排水が全負荷量に占める割合は低い．このため，水質総量規制において，農業系排水はその他系に含まれ重要視されていない．しかしながら，近年，農業による地下水の硝酸汚染が顕在化し，海外での硝酸汚染による健康被害の報告事例から，1999（平成11）年には硝酸態窒素および亜硝酸態窒素が，地下水の汚濁に関わる環境基準項目として新たに追加された．

　このように，世界では窒素の環境への過剰投入と富栄養化の問題が顕在化しており，各国は対策を強化している．対策の世界的趨勢としては，第1に農業からの発生負荷を中心とした管理，第2に発生負荷源から地下水，河川，湖沼，海洋までの全水系を一体とみなして管理を行う法制度の統合化，第3に全水系のモニタリングの強化・継続があげられる．一方，日本は，世界最大の食糧輸入国であり，農業による負荷が全負荷量に占める割合が小さいために，富栄養化問題に対する対策は世界の趨勢とは異なる．この結果，下水道による負荷削減を中心として陸域からの出口での削減政策が中心となり，海外では，肥料投入量の削減を中心とする入口での削減政策が中心となっている．

b. 自然現象としての富栄養化問題

　前項までに海洋で発生する富栄養化問題の人為影響の側面について述べた．一方で，海洋の物質循環の中で生じる富栄養化問題は，完全に人為起源というわけではない．海洋で発生する現象には，物理学・化学・生物学的プロセスによる自然変動の要因がある．

　従来，沿岸域の富栄養化問題は，人間活動が引き起こした現象として認識されてきた．しかしながら，近年の研究から，海域の富栄養化が自然現象として引き起こされる成分が無視できないことが指摘されてきている．現在のところ，人間活動による海域への影響を定量的に分離評価できないために，負荷削減の科学的根拠に乏しく，諸問題を引き起こしている．

　前節で述べたとおり，"Dead Zone"と呼ばれるメキシコ湾で形成される貧酸素化海

域の削減を目的とした行動計画 (Gulf of Mexico Hypoxic Zone Action Plan) では，アメリカ合衆国の国土の41％，全農業人口の47％を占めるミシシッピー川流域全体の管理を予定している．流域管理にあたっては，農業用窒素肥料の使用量削減が提案されているが，メキシコ湾に面するモビール湾では，1860年代には貧酸素化が起こっていたことが報告されており，これを根拠として窒素肥料削減の効果について論争が起こった (窒素肥料の大量生産が始まったのは，1914年のハーバー-ボッシュ法の開発以降であり，農業関係者より強い反発があった).

また，富栄養化問題を引き起こす窒素・リンの起源は陸域に限らず，海洋深層に由来する海域も存在する．生物ポンプを通じて，海洋深層は天然の窒素・リンのストックとなっており，風によって湧昇することにより，沿岸域に多大な窒素・リンを供給する．世界漁獲総量の7割を生産する湧昇海域では，海洋深層の窒素・リンが吹送流によって湧昇して膨大な基礎生産を支えると同時に，大規模な貧酸素水塊が発生する．3大湧昇海域の1つであるナミビア沖では，面積2万km^2にもおよぶsulfur plumeと呼ばれる青潮現象が発生し，魚介類の甚大な被害をもたらしている (Weeks *et al*., 2002)．同様に，ペルー沖やカリフォルニア沖でも貧酸素水塊が発生して，魚介類の大量死滅を引き起こし，世界の水産資源量の変動への関与が疑われている (Grantham *et al*., 2004)．

日本においても，外洋深層から瀬戸内海に大量の窒素・リンが流入していること (藤原ほか，1997)，また，瀬戸内海の窒素・リンの総量のうち，60〜80％が外洋深層起因であることが報告されている (Yanagi and Ishii, 2004)．富栄養化を引き起こす窒素・リンの起源自体が，従来考えられてきた人為由来よりむしろ天然由来の割合が多いことが明らかにされつつある．一方で，窒素・リンの流出や酸素供給に関わる海水交換が富栄養化現象に及ぼす影響については不明な点が依然として多い．

このように世界の沿岸海洋で多発する貧酸素化現象，その影響の重大性および発生要因の不明性を考慮して，SCOR (海洋研究科学委員会) は，2006年より "Natural and Human-induced Hypoxia and Consequences for Coastal Areas" と題して，地球海洋の貧酸素化現象に関する研究を総合的に収集し分析する研究を開始した．SCORは，貧酸素化現象の機構自体を研究するのではなく，各海域で断片的に実施されている研究情報の統合化を目的としている．

人間活動の増大によって海域にもたらされた多量の流入負荷は富栄養化を助長する．しかしながら，負荷が流入した結果生じる富栄養化現象は，自然現象に人間活動による影響が重なった現象であり，このことが富栄養化問題への対策を困難なものとしている．

c. 日本のモニタリング状況

 日本における組織的な沿岸域の海洋モニタリングは，1971（昭和46）年に施行された水質汚濁防止法第15条により，都道府県知事が公共用水域および地下水の水質の汚濁の状況を常時監視することが定められて以来，過去40年にわたり実施されてきた．重金属，富栄養化関連物質のモニタリングを目的としたこの歴史的資料は，数多くの重要な知見の基礎資料となり，複数の研究分野の発展に多大な貢献があった．一方で，行政決定における科学基礎として判断材料に使用されるには，モニタリング手法などに様々な課題が指摘されている（中田，2004）．主要な課題には，水系が連続して接続しているのに対して，観測点は行政区分により区切られ，調査日・調査区に連携がないこと，測定項目が水質に特化しているため生態系の評価が困難なことがあげられる．また，2005（平成17）年の三位一体補助金改革により，地方公共団体の水質常時監視に対する国の補助金制度が廃止され，適正な環境モニタリング実施体制の維持が困難になることが危惧されている（東京湾モニタリング研究会，2008）．

 また，沿岸漁業を中心とする近年の世界的な漁獲量の減少に代表されるように，日本においても水質改善にも関わらず，漁獲量の減少，高価な底魚減少，安価な浮魚増加など生態系の変質が報告されるようになった（環境庁水環境研究会，1996）．このため，現在では，日本を含めて生物多様性の維持と生態系監視が世界的な潮流となっている．しかしながら，水質・生物モニタリングや陸域・海域同時モニタリングは個別に実施され，包括的な枠組みはほとんどない．海洋で起こる問題は，陸域の影響と海域での物理・化学・生物学的プロセスの複合現象との結果として生じ，個別に行われる従来の調査手法では，その影響評価を困難なものとしている．

d. 新しいモニタリングの取り組み：東京湾再生推進会議

 日本では，自然との共生を可能とする持続的な社会構築を目的として，2000（平成12）年の循環型社会形成推進基本法，2003年の自然再生推進法の施行，2008年の生物多様性基本法成立など，法的側面が強化されている．特に，東京や大阪など密集市街地を有する流域については，2001年の都市再生プロジェクト第三次決定において，大都市圏における都市環境インフラの再生の枠組みの中で，河川の再生，海の再生，水循環系再生構想策定が実施されることになった．これを受けて，2002年2月，都市再生本部（2001年5月内閣に設置）に「東京湾再生推進会議」が設置されて，大都市圏の海の再生と共存を図るモデルケースとして東京湾の水質改善と生態系再生を推進するための行動計画が策定された．東京湾再生推進会議では，内閣官房都市再生本部，国土交通省（港湾局・都市地域整備局下水道部・河川局），海上保安庁，農林水産省，林野庁，水産庁，環境省，埼玉県，千葉県，東京都，神奈川県，横浜市，川崎市，千葉市，さいたま市の

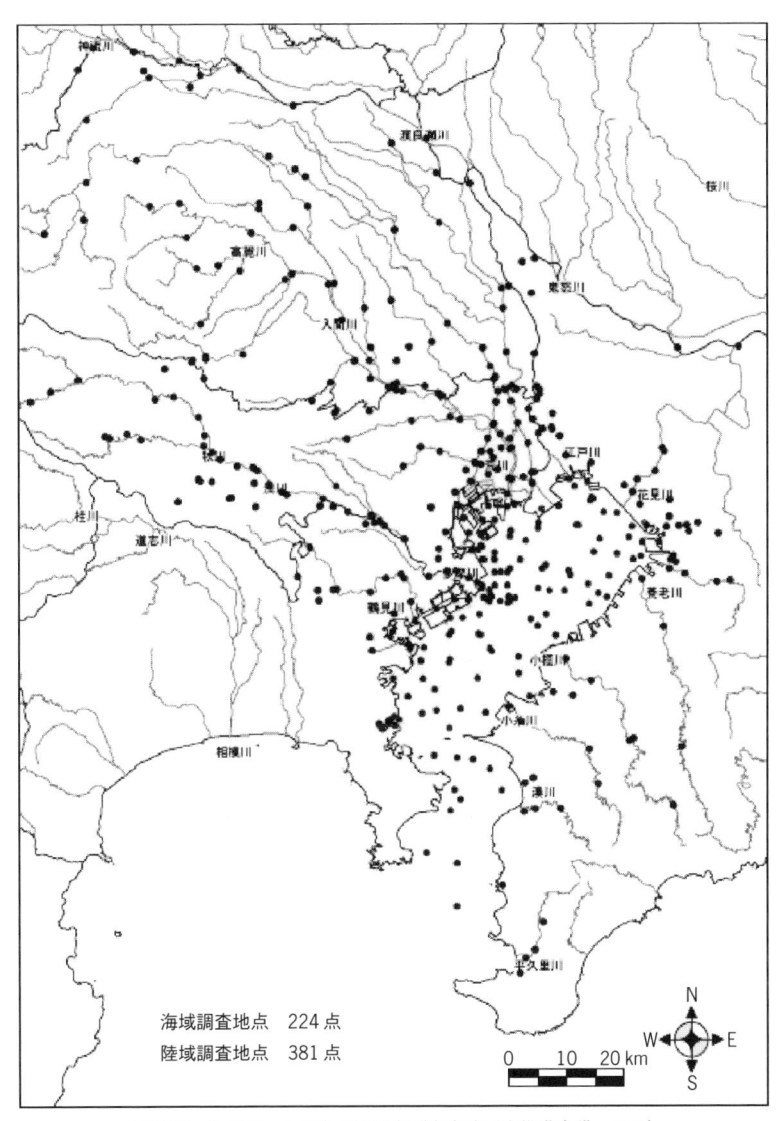

2.2 参加型モニタリングネットワークの構築　　　47

海域調査地点　224 点
陸域調査地点　381 点

図 2.19　東京湾一斉調査の観測点（東京湾再生推進会議，2008）

東京湾流域に関わる協議機関から構成される．

　大都市圏における人間活動による海洋への膨大なインパクトを包括的に監視して，東京湾における環境保全，生態系再生のために，陸域から海洋までの関係省庁や関係自治体が有機的に連携して，NPO や市民の参加・協力体制のもとで多面的な活動を展開している．東京湾では，赤潮・青潮の発生，アマモ場の減少，二枚貝資源の減少，地球温暖化の影響など，多様な現象とその変化や要因を含めて監視するためには，その手法に多くの課題が指摘されている（東京湾モニタリング研究会，2008）．第 1 に，定期的モニタリングにおける調査項目・頻度・時期・地点などに関する課題，第 2 に，連続観測に関する課題，第 3 に，モニタリング担当セクターと利用セクターの密接な連携の必要性，第 4 に，陸域負荷・外洋影響・気象影響の同時モニタリングの必要性，第 5 に，モニタリングデータの公開・利用に関する課題である．これらの解決に向けて，東京湾再生推進会議では，関係機関連携のもとに，早急な取り組み，短期的な取り組み，中期的な取り組み，長期的な取り組みに分けて，東京湾一斉調査の拡大，連続モニタリングポストの展開，データ公開・提供に向けた取り組みが実施されている．

　東京湾一斉調査では，国，沿岸自治体，大学・研究機関，市民団体，企業，小学校などの 47 の機関・団体が連携して，河川から海洋まで流域全体を包括する 605 観測点（河川 316 地点，湖沼 1 地点，下水処理場 64 地点）において，共通項目の同時観測を行っている（図 2.19）．また，国や自治体による環境基準点（104 カ所），広域総合水質観測地点（28 カ所）などにおける定期的な水質調査の連携を図り，また，モニタリングポストと呼ばれる自動昇降式 CTD によって時間的に連続データを収集するための観測拠点を増加させる予定となっている．短波レーダーによる表層流動の測定や，アメリカ航空宇宙局（NASA）の地球観測衛星 Terra と Aqua に搭載された MODIS（中分解能分光放射計）による東京湾全体のクロロフィル a 濃度分布の測定データも行われている．これらのデータは，ウェブサイトを通じて公開され，あらゆる人が使用可能となっている．また，地域住民との協働による海浜清掃および漂着ゴミの分類調査や環境保全活動を行う NPO との連携を図っている．

　以上のように東京湾再生推進会議は，海洋に関わる機関や団体の連携によりモニタリングネットワークを構築して，実施者から利用者までをつなぐ新しいモニタリングシステムである．沿岸域の自然環境の適切な評価と実態解明のためには，陸域と海域の生物学，化学，物理学を含む海洋学的プロセスの解明が必要であり，このためには，多くの関連機関の連携が必要である．東京湾再生推進会議は，連携モニタリングの先駆的事例であり，今後の展開が期待されている．　　　　　　　　　　　　　　　　[高橋鉄哉]

3 自然環境の変動メカニズムをさぐる

3.1 サンゴ礁の危機と沿岸環境

　サンゴ礁が近年世界的規模で劣化し，危機的な段階だといわれている．原因として，陸域開発に伴う赤土流出と生活排水の流入，オニヒトデの大発生，大気中の二酸化炭素増大に伴う地球温暖化と関係しているのでないかとされる異常高水温による白化現象，海洋酸性化，海水準の上昇や沿岸浸食，危険化学物質の流入などがあげられる．このなかで，危険化学物質によるサンゴ礁汚染として環境ホルモン（ノニルフェノールやビスフェノール A）は都市型汚染，ジウロン，クロルピリホスなどの農薬汚染は農村型汚染と予想されたが，除草剤，殺虫剤汚染も都市域の人間生活に起因することがわかった．人類活動による影響は，サンゴ礁生態系および環境に様々な側面で影響を与えている．

3.1.1 サンゴ礁の危機

　熱帯海域および亜熱帯海域沿岸（サンゴ礁，マングローブ，普通の海岸）は 23～30°C と温暖で，豊富な生物多様性で特徴づけられ，地球表層の生物圏でも重要な位置を占めている．太平洋の北半球の西部では，黒潮という暖流が流れているので，日本でも琉球列島沿いに美しいサンゴ礁が広がっている（図 3.1）．
　しかしながら，近年，このサンゴ礁が世界的規模で劣化し，危機的な段階に達していると危惧されている．日本のサンゴ礁で重要な琉球列島周辺も例外ではない．過去 30 年間にわたりサンゴの被覆度は著しく減少し，生物多様性も大幅に減少して，それに伴い美しい水中景観の消失も深刻である．この原因として，① 沿岸への赤土流出や ② 生活排水の流入，③ オニヒトデの大発生，最近では，④ 異常高水温による白化現象，⑤ 海洋酸性化，⑥ 海水準の上昇，⑦ 沿岸浸食，⑧ 危険化学物質の流入，が指摘されている．
　さて，国際的には，生物多様性条約[*1]締結国会議（COP 10）が 2010 年 10 月に名古屋

[*1] 生物多様性条約とは，希少な動植物を絶滅させないなど主に生態系保全を目的として 1992 年に地球温暖化防止に向けた気候変動枠組条約とともに採択された．現在 191 カ国・地域が参加している．

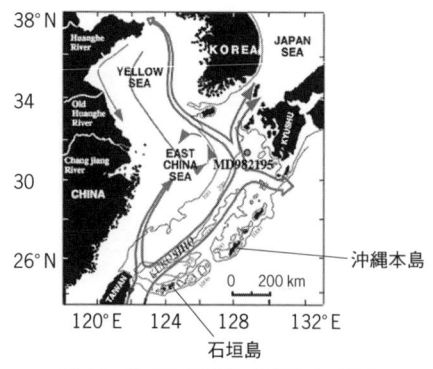

図 3.1 琉球列島周辺の地図および海流

で開催された．そして，2050年までの中期目標として生物多様性の損失を止め，現状以上に豊かにすることで，今回の会議で大局は合意された．サンゴ礁の破壊も深刻で，科学的な知見の充実がまず求められる．そこで，ここでは，サンゴの性質，サンゴ礁の特性，サンゴ礁劣化のプロセスを整理した上で，最近研究が進展している危険化学物質によるサンゴ礁汚染について紹介する．

3.1.2 サンゴ

熱帯から亜熱帯で通常観察されるサンゴは造礁サンゴと呼ばれ，円形の群体でコリンボース型の枝を持つウスエダミドリイシ (*Acropora tenius*) や塊状群体のハマサンゴ (*Porites australiensis*) など数十種のサンゴから構成されている．これをもっとくわしく見ると，1cm以下程度の小さなポリプと呼ばれるサンゴの個虫から成り立っていることがわかる（図 3.2）．ポリプは互いの個体が骨格部分で連結した群体を構成している．サンゴはイソギンチャクと同類の動物で，その個体は上向きに口が1つあり，口の周り

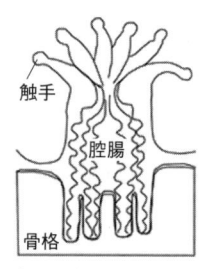

図 3.2 サンゴ（ポリプ）断面図（Omata *et al.*, 2006）

には多数の触手が放射状についている．ちょうどタコをひっくり返したような形になっている．このような個体をポリプと呼ぶ．ポリプとは，ギリシャ語のpolypois（多くの足-タコ）に由来する語である．ポリプは内部に口道から続く消化管の役割をする腔腸という構造を持つ（図3.2）．また，ポリプを構成する細胞内には褐虫藻という単細胞の渦鞭毛藻を共生している（Veron, 1995）．

ポリプ自身はプランクトンなどを補食することもあるが，基本的に共生藻が光合成を通じて生産した有機物をもらい，逆に老廃物を共生藻に栄養塩の形で提供する．その過程で海水中の二酸化炭素やカルシウムを摂取し，炭酸塩（$CaCO_3$）を主体とする骨格をつくる．炭酸塩は白色なので，造礁サンゴの成長では石灰岩がつくられる．共生藻は光を必要としているので，水深があまり深くなるとサンゴは生息できなくなる．サンゴが生息する海は，概して透明度が高く，貧栄養である．陸域より土砂や栄養分が沢山供給される場所では，サンゴ礁は形成されにくい．

3.1.3 サンゴ礁に生息する生物

サンゴ礁は生物多様性で特徴づけられるほど多種の生物が生息している．炭酸塩を沈積する別の生物としては，紅藻類に属する石灰藻がある．また，大型底生有孔虫としては，星砂（*Baculogypsina sphaerulata*）がある．また，ゼニイシ（*Marginopora kudakajimensis*）も沖縄などには多く見られる（Kuroyanagi et al., 2009）．これらの大型底生有孔虫は共生藻を有し，効率よく石灰化[*2]を行っている．また，軟体動物に属する大型二枚貝であるシャコガイは大型のものであると数十cmを超えるような大きさにもなるが，これも褐虫藻を共生させ，成長速度も速い（Watanabe et al., 2004）．

サンゴ礁には石灰化をしない他の生物も多い．たとえば，魚類，エビで代表される甲殻類，棘皮動物に分類されるナマコ，ウニもよく見られる．

3.1.4 光合成・石灰化と炭素のやりとり

光合成で合成される有機物や炭酸塩は炭素化合物である．しかし，大気との二酸化炭素のやりとりに関しては，両者では逆の働きとなるので注意が必要である．

すなわち，光合成による有機物の生産は二酸化炭素の固定反応で，二酸化炭素の吸収反応となる．逆に，呼吸や有機物の分解は二酸化炭素の放出反応となる（Kawahata et al., 1997）（図3.3）．サンゴでは光合成がまず進行し，周囲の海水や体内の溶液がアルカリ性になり，それに引き続き炭酸塩が形成されると考えられている（Suzuki et al., 1995）．

[*2] 石灰化は，生物の働きで炭酸塩が沈積する現象．代表的な石灰化生物として，サンゴ，有孔虫，円石藻，二枚貝などがある．

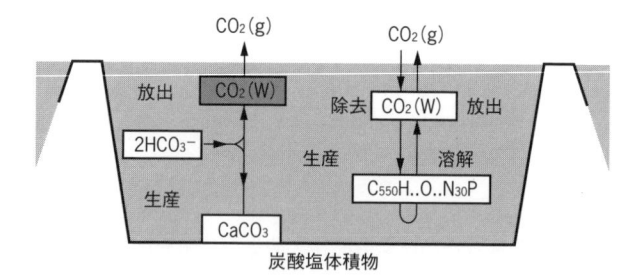

図 3.3 環礁および堡礁のサンゴ礁生態系における炭素
循環概念図（Kawahata et al., 1997）

$$光合成(CO_2吸収)：\quad CO_2 \downarrow + H_2O \longrightarrow CH_2O + O_2 \qquad (3.1)$$
$$呼吸(CO_2放出)：\quad CH_2O + O_2 \longrightarrow H_2O + CO_2 \uparrow \qquad (3.2)$$
$$石灰化(CO_2放出)：\quad Ca^{2+} + 2\,HCO_3^- \longrightarrow CaCO_3 + H_2O + CO_2 \uparrow \qquad (3.3)$$

石灰化は直感的には理解しにくいかもしれないが，海水中の二酸化炭素分圧を上昇させ，潜在的に大気への二酸化炭素の放出となる（図 3.3）(Suzuki and Kawahata, 2003)．なぜなら，原料となる重炭酸イオン（HCO_3^-）2分子から，炭酸塩1分子と二酸化炭素1分子がつくられ，後者が放出されるからである．

3.1.5 サンゴ礁における炭素循環

サンゴ礁生態系では二酸化炭素を吸収する光合成と放出する石灰化（炭酸カルシウムの生産）が活発に進行しているが，生態系全体として，二酸化炭素の吸収源なのか放出源なのか？　との質問に答えるには，サンゴ礁の内側（ラグーン［潟湖］水）と外側（源水としての外洋水）の海水中の二酸化炭素分圧の差を調べることが最も有効である．もし，内側が低ければ吸収，高ければ放出となる．なぜなら，源水となる外洋水に対して，サンゴ礁生態系の影響がラグーン水に現れるからである（図 3.4）．

二酸化炭素の精密測定によればパラオ堡礁，マジュロ環礁では，礁内の海水はそれぞれ 48 μatm，25 μatm 高くなっていた．このことは，サンゴ礁は二酸化炭素が海水から大気へ放出される場であることを意味している（Kawahata et al., 1997）（図 3.4）．

次に，アルカリ度-全炭酸の図上にサンゴ礁内の海水組成をプロットすると，外洋水を源水として石灰化によってアルカリ度と全炭酸が 2：1 の割合で減少していることがわかった．このことから，サンゴ礁では有機物の生産も活発であるものの，生産された有機物は即座に分解して再び二酸化炭素に戻ってしまい，サンゴ礁生態系の炭素循環では石灰化による二酸化炭素分圧の上昇が支配的であると結論された（Suzuki and Kawahata, 2003）．以上の結果は，オーストラリアのグレートバリアリーフ（Kawahata et al.,

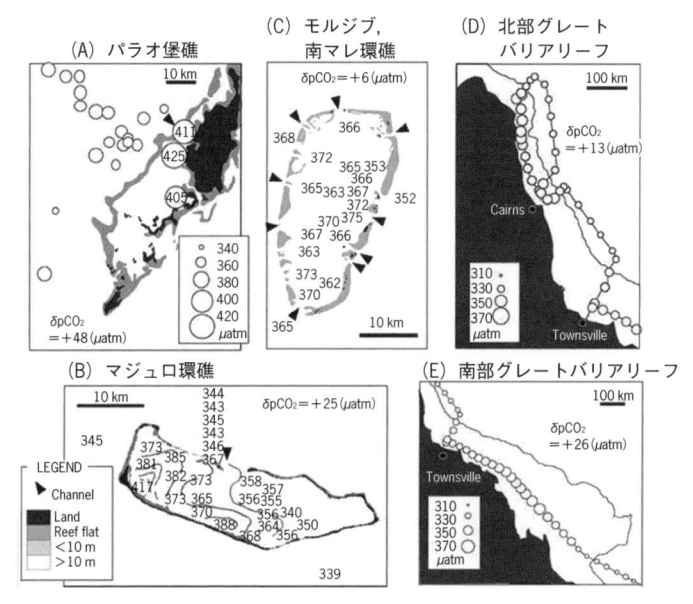

図 3.4 環礁および堡礁におけるラグーン海水の二酸化炭素分圧（Suzuki and Kawahata, 2003）

2000），モルジブの南マレ環礁にもあてはまった（図 3.3，図 3.4）．

サンゴ礁は石灰質の沈殿物を残すので，炭酸塩の沈殿でも重要と考えられているが，外洋域の動物プランクトンである有孔虫，植物プランクトンである円石藻などの方がはるかに貢献度が高い．すなわち，この外洋での2つのグループの寄与がだいたい90%で，サンゴ礁での炭酸塩の固定は地球的レベルでは10%にすぎない（川幡，2009）．

3.1.6 サンゴ礁劣化の原因

サンゴ礁劣化の原因として，陸域開発に伴う ① 赤土流出や ② 生活排水の流入，③ オニヒトデの大発生，などが指摘されている．さらに最近では，大気中の二酸化炭素増大に伴う地球温暖化と思われる ④ 異常高水温による大規模白化現象，⑤ 海洋酸性化，そして，⑥ 海水準の上昇や ⑦ 沿岸浸食，⑧ 危険化学物質の流入も，潜在的にサンゴ劣化に関係しているとの指摘もある．

サンゴは共生藻を有しているので，透明度の高い水環境が必要である．陸域での農地改良事業あるいは開発などによる粘土鉱物を主体とした赤土の流入は，サンゴ礁に生息する生物にとって障害となる．さらに，その赤土のサンゴの表面や底質への沈殿は，こ

こに生息する生物にとって直接的な害を及ぼすことになる.

陸からの供給は赤土のような粒子状物質のほかに溶存成分である栄養塩もある．サンゴ礁は，栄養塩に乏しいので，植物プランクトンや海藻などが少ない．サンゴ礁の水は富栄養化すると，植物プランクトンが増加し，これは海水の透明度を低下させ，共生藻の光合成を阻害し，最終的に死滅させることになる．農地への施肥などが，最終的に河川を通じてサンゴ礁に栄養塩がもたらすと考えられる．富栄養化は，オニヒトデの増殖にも貢献しているという見解もある．

オニヒトデとサンゴはお互い天敵である．オニヒトデは幼生期に浮遊するが，サンゴのポリプはこれを食べてしまう．しかし，オニヒトデが成体となると立場は逆転し，今度は，オニヒトデがサンゴのポリプを食い荒らし，さらに増殖する．オニヒトデの立場に立つと固着で逃げられないサンゴが沢山あり，「食べ放題」なので，彼らにとってはサンゴ礁は天国と映るのではないだろうか．近年の実験によると，海水中のクロロフィル濃度が $0.2\,\mu g/L$ から $0.4\,\mu g/L$ へ 2 倍に増えると，オニヒトデ幼生の生存率は 8.6 倍と劇的に増加することが示され，クロロフィル濃度上昇がオニヒトデの大発生の引き金になるとされた．グレートバリアリーフ中部の沿岸部でクロロフィル濃度が高い時期は，毎年 12 月から 3 月にかけての雨期にあたり，これは栄養塩に富んだ陸水が流入することに起因するが，このタイミングはオニヒトデの浮遊性の幼生期にあたり，その生残率増加に効果的に作用するのではないかと見られている (Brodie, *et al*., 2004)．オニヒトデは，毒のある刺を持ち，成体の有効な利用法もないので困りものであるが，オニヒトデを駆除した海域ではサンゴが戻ってくることも知られているので，天敵退治はサンゴ礁の再生に不可欠かもしれない．

1998 (平成 10) 年の夏，琉球列島周辺のサンゴ礁において，かつて例を見ない大規模なサンゴの白化現象が発生した．健全なサンゴは体内に単細胞藻類を共生させており，褐色を呈するものが多い．しかし，サンゴは，30～33℃に達するような高温や強い紫外線にさらされると，サンゴと共生藻の共生関係が壊れて，サンゴから共生藻が抜け出してしまう (Suzuki *et al*., 2000)．サンゴの軟体部はもともと無色透明なので，共生藻が抜け出してしまったサンゴは，炭酸塩からなる骨格が透けて見え，鮮やかな白色を呈する．これはサンゴの「白化現象」と呼ばれる．白化したサンゴは，共生藻からエネルギー源となる有機物を得ることができなくなって，白化が長期にわたれば死滅してしまう．

前述したように，サンゴ礁では最終的に石灰化のみの効果が効いて，海水中の二酸化炭素分圧が高くなる．このことは，基本的に pH を下げる働きがある (図 3.3, 図 3.4)．これまで，サンゴ，浮遊性有孔虫などの飼育実験結果の示唆するところによると，二酸化炭素分圧が産業革命以前のレベルから 2 倍 (280 μatm から 560 μatm) になると，石灰

化は5〜25%減少するとされている（Orr et al., 2005；Raven et al., 2005）．底生有孔虫（*Marginopora kudakajimensis*）でも同様の効果が認められた（Kuroyanagi et al., 2009）．これらの結果は，特に共生藻を持つ石灰化生物からなる生態系は，有機物の生産から分解までの時間が非常に短いために，石灰化の効果が優勢で，しかもpHを下げるので，さらなる石灰化を抑制する「負のフィードバック」の効果を有していることを意味している．

現在，ツバルなどの熱帯域のサンゴ礁では，地下の真水水面の上昇や海岸浸食などが進行している（Raven et al., 2005）．環礁などの陸地の部分は，サンゴの生産と波力による浸食などのバランスで維持されてきた．石灰化の減少は，このバランスを崩し，地球温暖化による海面上昇と相まって，サンゴ礁生態系やサンゴ礁での人々の暮らしなどを崩壊させる危険がある．

3.1.7 サンゴ礁周辺の危険化学物質による汚染

内分泌攪乱物質（環境ホルモン），除草剤，殺虫剤などが琉球列島などの亜熱帯域で多量に使用されている（図3.5）．これらの化学物質のサンゴ礁における汚染に関する研究は，これまでほとんど行われてこなかった．この問いに答えるため，沖縄本島と石垣島のサンゴ礁と近隣の河口域（サンゴ礁まで1km以内）で調査を行った（Kawahata et al., 2004）．

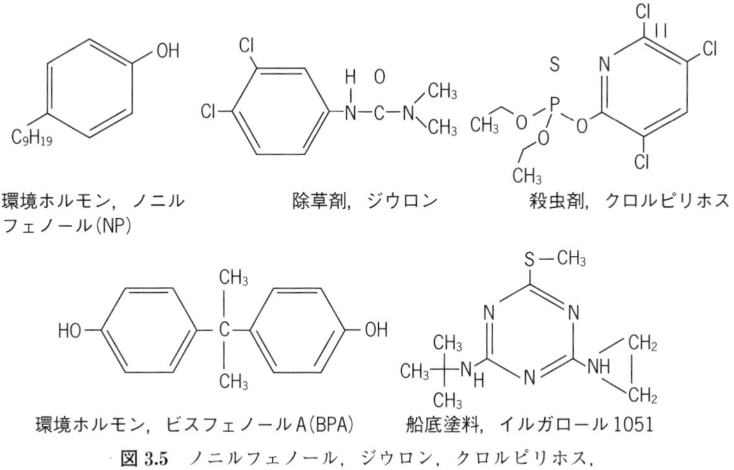

図3.5 ノニルフェノール，ジウロン，クロルピリホス，ビスフェノールA，イルガロール1051の化学式

a. 沖縄本島および石垣島

沖縄本島（北緯26度5分，東経128度0分）（図3.1，図3.6）の人口は2003（平成14）年現在，124万人で，耕地面積と人口の関係から3つに分類することができる：① 北部，② 中部，③ 南部と那覇市．また，沖縄本島内における耕地面積の割合を図3.6に示す．農耕地のほとんどは，北部と南部に存在して，那覇市は南部地域に属するものの，耕地面積は全体の0.3%と非常に少ない．

人口の割合から見ると，農耕地面積とは逆に，中部と那覇にほとんどに人口が集中している．人口密度は，沖縄本島では，南部と中部で人口密度は高く，那覇市および嘉手納町では1 km²当たり3000〜8000人，浦添市，宜野湾市では1 km²当たり約5000人となっている．逆に，北部では低く，名護市，本部町では1 km²当たり約270人，さらに北の北部の農村地域である大宜味村では100人未満となっている．

沖縄本島の周囲には，陸にへばりつくように発達する裾礁型のサンゴ礁が沿岸に存在し，多かれ少なかれ河川からの影響を受けている．石垣島の宮良と白保地区での代表的なサンゴ礁の幅は500〜2000 m，深さは0〜5 mである．

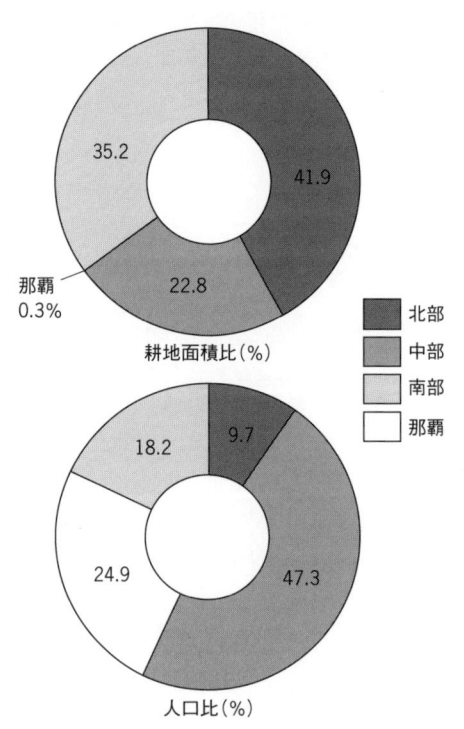

図3.6 沖縄本島の人口分布および耕地面積比

b. ノニルフェノール (NP) とビスフェノール A (BPA)

NP (nonylphenol) と BPA (bisphenol A) は，ホルモンではないがホルモン様の作用をするので環境ホルモンと呼ばれている（図3.5）．NP は，業務用合成洗剤に含まれる界面活性剤ノニルフェノールエトキシレート（NPEO）の分解過程で生成する（図3.7）．また，プラスチックの可塑剤としても使われている．10 ppb（ppb＝10億分の1）の NP が含まれた水で3日間オスのニジマスを飼育すると，ビテロジェニンが検出されたとの報告もある．このビテロジェニンという物質は，卵黄タンパクの1種で，魚類のメスの卵の成熟に伴い，単相からエストロジェン分泌を増加させるものである．これは，血液を通って肝臓に運ばれ，肝臓でビテロジェニンをつくる．このようにビテロジェニンは，基本的にメスに特徴的な物質で，通常はオスに見られない．しかし前に述べたように，NP が入った水で飼育するとビテロジェニンがオスの体内からも検出されるということは，NP が女性ホルモンとして作用していることを示している．

BPA は，食器に使用されているポリカーボネイト樹脂や，缶詰の内側のコーティングに使用されるエポキシ樹脂の原料となっている．ポリカーボネイト樹脂は，衝撃や熱

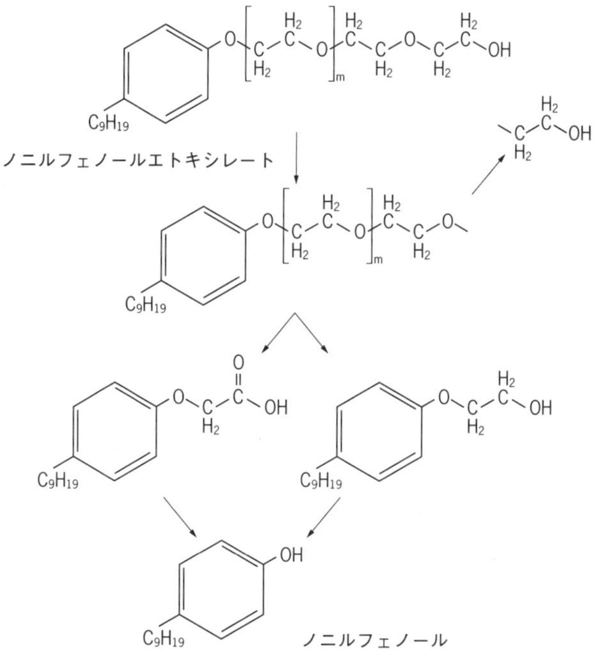

図 3.7 環境中のノニルフェノールエトキシレート（NPEO）の分解

に強く，カメラのボディや電子レンジで温められる食器や哺乳瓶に使用されている．給食用の食器として用いられてきたが，自治体によっては，これをポリプロピレン製に変更するところも出てきている．このBPAも女性ホルモンとして作用するといわれる．

c. 沖縄本島と石垣島での汚染

沖縄本島の市街地の河川水はNPとBPA濃度は，それぞれ0.12，0.08 μg/Lであったが，農業あるいは漁業を主体とする村では，検出限界以下であった．この傾向は石垣島にもあてはまった．堆積物でも同じ傾向が認められた．すなわち，沖縄本島の南部の測点では，高い濃度のNPとBPAが観察される一方，本島の北部では，検出限界以下であった (Kawahata et al., 2004)．興味深いのは，石垣島のサンゴ礁内の観測点で堆積物中に1.4(μg/kg) という比較的高いBPA濃度が観測されたことである．これは，サンゴ礁の内側であっても環境ホルモンの汚染が進行していることを示している (Kawahata et al., 2004)．

日本とドイツ，スイス，アメリカ合衆国の堆積物中NP濃度は，3程度～13100 μg/kgである (Zellenr and Kalbfus, 1997)．これらの結果と，本研究との値を比較すると，沖縄本島および石垣島の海岸の水試料および堆積物は，日本や先進国の市街化区域と比較するとずっと低い値で，汚染されている場合でもその程度は低いということがいえる．

d. NPとBPAの濃度と人口密度の相関

BOD (Biochemical Oxygen Demand, 生物化学的酸素消費量) は水質汚染指標で，高いBOD値は，家庭あるいは工業廃棄物による汚染を示すものとされている．沖縄本島において，河川の流域の人口密度と過去20年間のBODの平均値との間に強い正の相関がある ($r^2=0.968$：$p<0.001$) (図3.8) (West and Van Woesik, 2001)．河川中のBOD値は，主に河川流域の人間活動によって支配されている．

本研究での水試料と堆積物試料について，NPとBPAの濃度を，人口密度やBODとプロットした (図3.8)．これによると人口密度が1 km^{2}当たり2000人を超えるとNPとBPAの濃度が増加する．基本的に環境ホルモンの汚染は，農業活動によるものでなく，家庭および/あるいは工業活動によってもたらされたものであると結論できる．

e. 農薬（除草剤，殺虫剤）と防藻剤による汚染

次に，農村で多量に使用されているという農薬（除草剤，殺虫剤）と防藻剤を取り上げる (Haynes et al., 2000；Tarrant et al., 2004；McMahon et al., 2005；Carbery et al., 2006；Lam et al., 2006) (図3.5)．いずれも沖縄県における近年の使用量の多さから研究に値すると判断した．

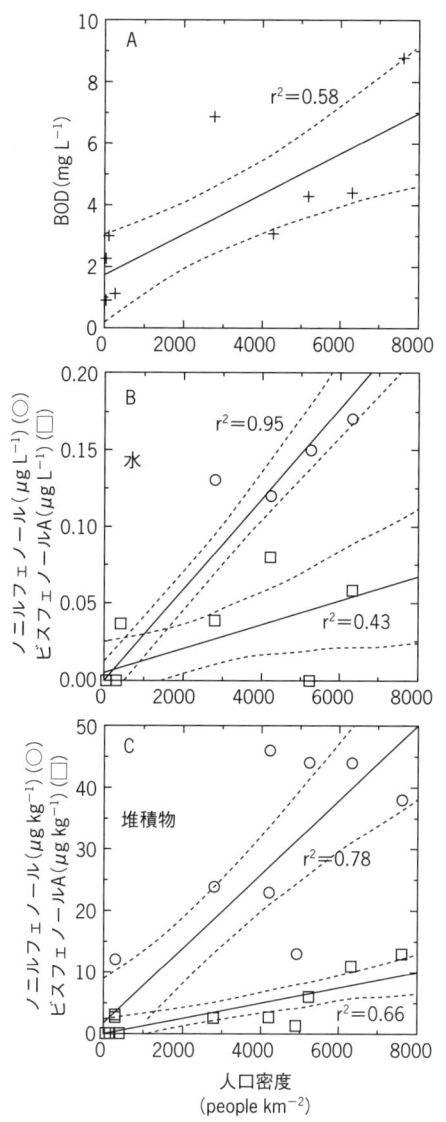

図 3.8 沖縄本島と石垣島における BOD と人口密度との関係（A）．水試料と堆積物試料中のノニルフェノール（NP）とビスフェノール A（BPA）の人口密度との相関（Kawahata et al., 2004）（B, C）．水試料中のノニルフェノールの予測無影響濃度は 0.6 μg/L である．点線は 95% の確度を表す．

ジウロンは除草剤としてサトウキビ畑やパイン畑に散布される．これは，草刈りの手間を省いたりするためである．沖縄県におけるジウロンの農薬としての使用量は全国第1位で，2004（平成16）年には沖縄県で約1万7000 kgが使用された（JPPA, 2004）．ジウロンは酸化・還元どちらの条件でも分解するという特徴があるが，海水の影響下では分解が遅い．

クロルピリホスは殺虫剤で，沖縄県では農薬として2004年に557 kg使用された（JPPA, 2004）．害虫駆除のためにこれらが畑に散布された後，河川へ運搬されていき，最終的に環境に放出される．さらに，クロルピリホスはシロアリ駆除剤としても使用されてきた．しかし，ホルムアルデヒドと同様にシックハウス症候群の原因物質であると考えられ，2003年7月に建築基準法により家屋への使用が禁止された．シロアリ駆除剤として使用された場合の分解では，半減期が1000日以上と非常に長いことが特徴である．

一方，商業港や漁港では，船舶への生物体（藻類やフジツボ）の付着物を防ぐために，船底塗料にイルガロール1051を混ぜることがある．イルガロールは他の農薬の誘導体で，防藻作用を有している．船底塗料から溶出した水環境中のイルガロールは，オクタノール/水吸着係数から予想されるよりも海水に溶ける．また，イルガロール1051はジウロンと同じく，海水中では非常に分解が遅く半減期が200日以上になる．

f. ジウロン，イルガロール1051，クロルピリホスの分布

ジウロン，イルガロール1051，クロルピリホスの濃度を観測点ごとに棒グラフにしたものを図3.9に示す（Kitada *et al.*, 2008）．この図より，ジウロンとクロルピリホスは，北部の農村地域のみならず，予想に反し都市部においても検出された．

ジウロンが農村で使用されるのは当然として，実は家庭用園芸や都市での除草作業にも大量のジウロンが使用されてきた．そのため，北部と中南部の濃度を比較すると，農村よりもむしろ都市生活に関連した河川環境にばく露される量の方が多いことが今回明らかとなった．また，河川上流に比べ下流の方で濃度が高いことは，分解されにくい性質によることが示唆された（図3.9）．

クロルピリホスも那覇市で検出された．この原因としては，かつてシロアリ駆除剤として使用されたクロルピリホスが，分解速度が遅いため，古い家屋から溶脱し，環境にばく露されて，最終的に河川に流入したためと解釈された．2003年以前に家屋に使用されたと考えられるクロルピリホスが現在もなお河川で検出されていることは，危険化学物質は使用規制後も環境に相当量が残留していることを意味している．

イルガロール1051は，港もしくは漁港から離れた河川下流まで運搬され，堆積物などに吸着されていることが今回明らかとなった．この化学物質は，海水に溶けやすく，

3.1 サンゴ礁の危機と沿岸環境

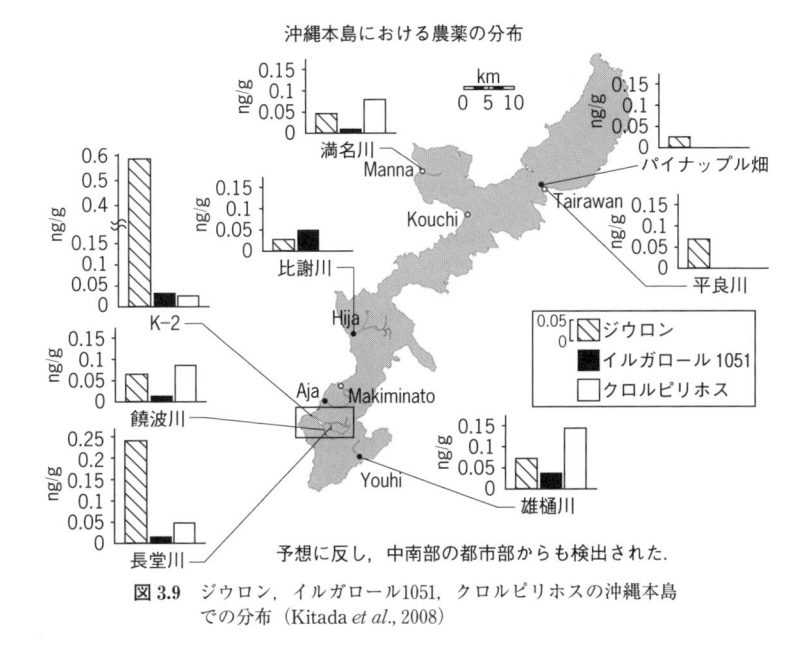

図 3.9 ジウロン，イルガロール1051，クロルピリホスの沖縄本島での分布（Kitada *et al.*, 2008）

かつ海水中で分解しにくいため，満潮時に港から河川下流まで運ばれたと考えられるが，河川下流域まで検出可能な濃度で存在したということは予想外の結果であった．船舶が出入りする海域では高濃度で残留している可能性を示唆している（図 3.9）(Kitada *et al.*, 2008)．

g. サンゴ礁への影響

相当量の NP と BPA が，市街化区域を流れ，サンゴ礁と距離的に非常に近い所に流れこむ河川の堆積物にも存在している．このことは，環境ホルモンの汚染は，すでに沖縄本島や石垣島のサンゴ礁生態系にも及んでいると考えられる．

本研究での NP と BPA の水試料における濃度レベルは，主要な海棲生物に対する半数致死濃度（Medium lethal concentrations, LC_{50}）より実質的に低くなっている（Thiele *et al.*, 1997）．環境指標動物であるメダカ（*Oryzias latipes*, Medaka）の実験によると，NP と BPA の LC_{50} はそれぞれ 0.85, 6.8 mg/L である（Tabata *et al.*, 2001）．一方，NP で 0.1 μg/L 以上，BPA で 10 μg/L 以上という条件で 5 週間飼育すると，メスに固有のタンパク質が，オスのメダカの血に誘導される（Kashiwada *et al.*, 2002）．これらのレベルは，本研究の中での汚染地域より，依然として低いレベルとなっている．また，小エビは NP に非常に敏感であると報告されている．今のところ，サンゴ，シャ

コガイなどのサンゴ礁生態系の主要構成生物がどれくらい，環境ホルモンに対して耐性があるのか，よくわかっていない．

除草剤のジウロン，イルガロール1051が添加された水槽中では褐虫藻の光合成が弱くなることが報告され，これは光合成阻害作用と呼ばれている（図3.5）．したがって，除草剤がサンゴ礁に流入した場合，サンゴ体内の共生藻の光合成が阻害され，サンゴが十分な栄養を得られず衰弱してしまう可能性が指摘されている．

本研究で河川堆積物中から定量されたジウロン，イルガロール1051のサンゴ礁生態系に対する危険性の評価は以下のようになる（図3.10）．▲は，サンゴに共生する褐虫藻の光合成を阻害しない最も高い濃度を表し，NOEC (No Observed Effect Concentration, 最大無影響濃度）を超えると光合成に対し何らかの影響があるということになる．ここで，ジウロンとイルガロール1051は，堆積物中の値しかないので，河川水中の濃度をもとに吸着係数から推定した値を図中に○で表した．本研究で得られた値は，両化合物とも影響を及ぼす濃度よりも低いことがわかる．これまで報告されてきた堆積物中の濃度を図中で灰色の棒グラフで示した．ジウロン，イルガロール1051の▲で示した影響濃度は棒グラフの中にある（図3.10）．

サンゴ礁生態系は，高い生物多様性で特徴づけられている．多くの発展途上の熱帯域の島では，現在人間活動により非常なストレスを受けているとされる．サンゴ礁でも環礁や堡礁などの潟湖（ラグーン）を持つものは，水の滞留時間が長いと推定されている (Suzuki and Kawahata, 2003)．そのため，これらのサンゴ礁が環境ホルモンに汚染され

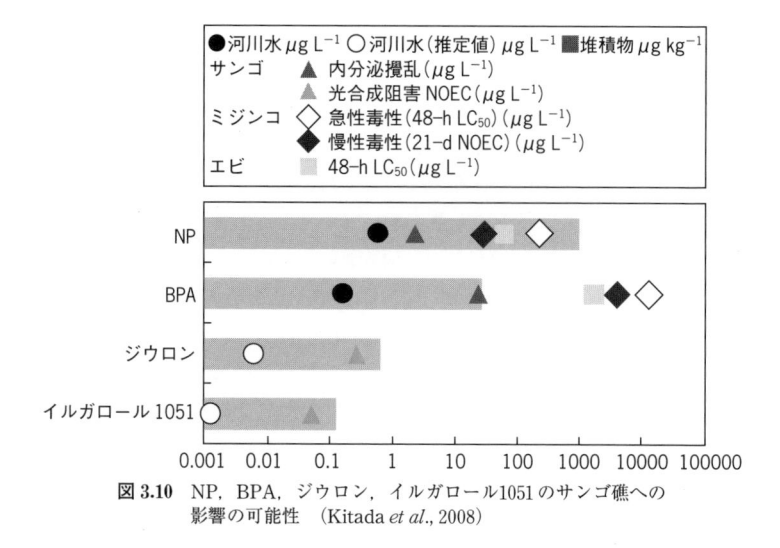

図 3.10 NP，BPA，ジウロン，イルガロール1051のサンゴ礁への影響の可能性 (Kitada *et al*., 2008)

た場合には，その結果はより深刻になるかもしれない．

　サンゴ礁の劣化が危惧されている．さまざま原因が指摘されている．危険化学物質のサンゴ礁への汚染を調べた結果，一見「きれいだ」と思われるサンゴ礁でも汚染が始まっていることがわかった．サンゴ礁の生物への汚染は，環境ホルモンだけでなく重金属なども含めた他の汚染も並行して進行している．そこで，サンゴ礁および周辺の河川，および海洋における危険化学物質の分布や汚染プロセスの解明が期待される．

〔川幡穂高〕

　本研究は，(独)産業技術総合研究所の鈴木淳博士との共同研究をベースとしている．本稿を準備するにあたって，科学研究費補助金・基盤研究B「生物起源炭酸塩の生成機構と精密間接指標の開発に関する研究」，基盤研究S「地球表層システムにおける海洋酸性化と生物大量絶滅」および科学技術振興費「一般・産業廃棄物・バイオマスの複合処理・再資源化プロジェクト」の研究費を使用した．

3.2　沿岸生態系の機能と変動メカニズム

　沿岸域は農水産業や工業などの人間の生産活動や，それら生産物を消費する活動など多くの人間活動の場である．世界の巨大都市の大部分が海岸から100 km以内にあり，人口の半数以上がその範囲に住んでいる．特に日本は島嶼国であり，また環太平洋造山帯に属することから山地が多い．そのため国土面積の10％以下の狭い臨海平野に，人口の50％，総資産の75％が集中している（国土交通省，2007）．
　このように人間活動の強度が大きい沿岸域では，陸上部分の生態系に対する人間の影響が無視できないのと同様に，水界についても人為的な攪乱が大きな影響を与えている．
　ここでは，日本の内湾域とその海岸線から100 kmの範囲内にある沿岸平野について，水界生態系の機能が人間によってどのように変動してきたかを，江戸時代から現代に至る内湾域での変化を対象に検討する．

3.2.1　江戸時代における沿岸域の人工改変

　東京・横浜を含む首都圏，大阪，名古屋など，現在の日本の大都市の大部分は，内湾の沿岸平野に立地する．内湾は地形的に波当たりが弱く，流入河川が運搬する土砂によって低湿地が広がる．江戸時代直前までは，このような低湿地は洪水のたびに水浸しになる，都市建設の観点からは劣悪な環境であった．これに対して徳川家康は，広大な低

湿地だった当時の江戸において，1592（文禄元）年に日比谷入江を埋め立て，都市建設に着手した．そして1594年には広く関東平野を耕作可能な平地とするために，東京湾に流入していた利根川を太平洋に流入させる工事に着手した．工事現場は江戸城から北に約60 kmにある，現在の埼玉県羽生市である．関ヶ原の戦い（1600（慶長5）年）以前から始まったこの工事は，中条堤築造，赤堀川の掘削，元荒川の締め切り，荒川・鬼怒川・小貝川の付け替え，江戸川開削など次々と進められ，三代将軍家光の時代である1621（元和7）年にようやく赤堀川が開通し，利根川が太平洋とつながった（竹村，2003）．以後，江戸は実質的な日本の首都として現在の東京に至る．

沿岸平野の洪水軽減を目的とした土木工事は，江戸時代を通じて各地で行われた．たとえば木曽川・長良川・揖斐川が流れる濃尾平野では，これら三河川が洪水を繰り返しながら網目のように乱流していた．そこで各河川が分流して伊勢湾に流入するように，最初に行われた大規模土木工事が宝暦治水工事（1753（宝暦3）～1755（宝暦5）年）である．

洪水の危険を軽減した内湾の沿岸平野は，灌漑が容易な水田や畑を開墾でき，大量の物資を運搬できる海運用港湾施設をつくることができ，また水産資源の確保が容易であるなど，大都市の立地条件としての利点に恵まれた地となった．このため江戸時代には，陸側の治水工事にとどまらず，干潟，浅瀬の埋め立てによる土地造成も盛んに行われるようになった．その結果，江戸時代を含む1550年代から1700年代の間に，日本全国の人口と耕地面積は3倍に増加した（表3.1）．埋め立てに伴い港湾も整備され，船運による物資の移動が大幅に増加したのも江戸時代である．

このように，内湾の沿岸域を中心に埋め立てや港湾整備，それに伴い江戸や大坂などへ人口が集中することで，沿岸環境にはどのような影響が生じたのだろうか．中尾・松

表3.1 人口・耕地面積の推移と土木工事による改変との関係（玉井編，1999を改変）

年代	人口(万人)	耕地面積(万ha)	河川改修・利用形態
BC400	16		自然河川・湧水の利用による稲作
BC100	40		小河川からの灌漑による稲作
50	70	10	古代農業国家の成立
200	250		ため池からの灌漑による水田の拡大
800	600	85	
1550	1000	100	大河川の整備による領国の経営
1700	3000	300	干拓の時代
1850	3000	450	近代河川改修
1990	13000	600	現代

崎 (1995) は，貧酸素水塊の発生と自然条件・社会条件との関わりをとらえるため，自然条件として海域の地形形状から閉鎖性の度合を表す閉鎖度指標を，また社会条件として汚濁負荷量の指標と考えられる流域内の人口と工業生産額をそれぞれ取り上げ，湾内夏季底層の平均溶存酸素飽和度との関係を調べた．ここで閉鎖度指標 (EI: Enclosed Index) は下式のように定義され，大きくなるほど海域の閉鎖性が高まることを表す．

$$閉鎖度指標(EI) = \frac{S^{1/2} \cdot D_1}{W \cdot D_2} \tag{3.1}$$

ただし W は湾口幅，S は湾内の表面積，D_1 は湾口部を含む湾内の最大水深，および D_2 は湾口部の最大水深である．

その結果によると，平均溶存酸素飽和度と閉鎖度指標との間には明瞭な負の相関関係が認められるものの（図 3.11），社会条件（人口および工業生産額）に関する散布図は無相関に近い結果となった（中尾・松崎，1995）．このことから貧酸素水塊の発生は，海域の閉鎖性の度合という地形形状に負うところが大きいと考えられた．

しかし，地形的には現在とそれほど変わらない，かつ急激に人口が集中し埋め立てなどによるエコトーン（移行帯）の攪乱が進んだ江戸時代の内湾域で，貧酸素化など現在の内湾で問題になっている現象が恒常化するほど発生していたという記録はない．たとえば，江戸時代の東京湾は浅草海苔や江戸前寿司に象徴されるような豊かな漁場であり，この状態は 1940 年代の，東京の人口がすでに 1000 万人に達した後までも続いていた（小倉編，1993）．

それではなぜ戦後になって，人間による攪乱が貧酸素水塊の発生など，生態系を壊滅

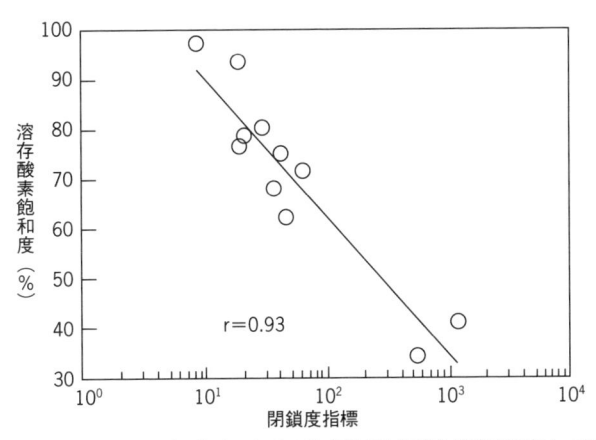

図 3.11 日本の 21 カ所の海域における溶存酸素飽和度と閉鎖度指標との関係 (中尾・松崎，1995)

状態に至らせるようなインパクトを与えるようになったのだろうか．原因の1つは，同じ人口でも，流入する負荷量が戦前と戦後では異なっていたことである．東京湾への流入負荷で見ると，戦前は流域からの窒素の発生負荷量が1日当たり200tであったのに対し，流入負荷量は60t程度で，残りは農地還元されていた．これに対して現代では，発生負荷量は400～500tである．下水道から約100tが除去され，陸域で70～80tが何らかの形で除去されているとしても，流入負荷量は1日当たり約300tと，戦前の3倍以上となる（小倉編，1993）．

都市域においては，負荷の農地還元の大部分が人間による排泄物（下肥）であった．たとえば，江戸からの下肥は農家が野菜などの現物と交換するか金銭で買い取った．農家は江戸の特定の地域や家と契約を結び，定期的に訪問して下肥を買い取っていた（石川，1994）．つまり，江戸の町の住人は下肥の生産者，農家は下肥の消費者かつ野菜など農作物の生産者，そして江戸の住人は農作物の消費者と，下肥と農作物を仲立ちにしたリサイクルシステムが自然に成立し，負荷の東京湾への流出が最小限にとどまっていた．この下肥と農作物を仲立ちにしたリサイクルシステムは地方都市にも見られた．しかし都市圏から離れた地域では，農作物を大都市に吸収された上に人口も少ないことから，効率的に下肥を施肥したとしても，肥料を下肥だけに依存することは物質循環的に不可能であったと考えられる．

3.2.2　アマモなど沈水植物を主要一次生産者とする「里うみ」システム

日本ではかつて「里山」と呼ばれる二次林から周辺住民の生活に不可欠な肥料が下草刈りによって供給され，薪炭・木材などの生活物資や，山菜・茸などの食料も里山から供給されていた．そして，里山は人為的に管理して自然の遷移を止めることによって，人が利用する生産を高い状態で維持し，水田とともに種の多様性を支え，日本人の心のふるさとともいうべき景観と豊かな自然環境を維持してきた．「里山」というときに「里」という単語が意味するのは，空間的な距離感だけではなく，その場所が自然のままの山ではなく，何らかの形で人為的に管理された生態系であることを含んでいる．すなわち，本来の生態系にある種を付加・除去したり，密度を変えることで，目的とする構成種や密度が人間にとって望ましい状態に維持される状況を内包しており，近年になって欧米で注目されている「バイオマニピュレーション」が，日常生活とリンクして発達したのが「里山」であるともいえる．

高度成長期までの日本の平野部の閉鎖性水域では，負荷の農地還元によって流入負荷が小さかっただけでなく，水域内に蓄積した栄養物質までも取り出して農地還元し，それによって同時に水域内の環境を人間にとって望ましい状態にするシステムが働いていた．里山と同じようにバイオマニピュレーションが日常生活とリンクして発達していた

ことなどから,平塚ほか (2006) は,潟湖や淡水湖沼において,かつて広大な沈水植物帯を維持していた日本の多くの潟湖や淡水湖沼の自然環境と,そこで暮らす人々の生活のあり方全体を含めて,「里湖(うみ)」文化とした.

平塚ほか (2006) によれば,1950年代はじめ(昭和20年代末)までの日本各地の沿岸部の湖沼や潟湖で,周辺の住民の生活に密接に結びついて,水域内の海草・海藻や水草を肥料目的で採草し,その施肥によって持続的な農業経営を行って生活する独自の肥料藻文化が形成されていた.水域の豊かな生物生産は,沿岸の漁民であり,かつ農民でもある人々に沈水植物や魚介類など,様々な形で周辺の農業生産に不可欠な肥料を供給していた.現在の漁業では海中に廃棄されている雑魚なども含め,食料として利用する以外の生物はすべて農地に施肥されており,多様な水産資源は食糧としてのみ利用されているのではなかった.さらに肥料や食料だけでなく,貝殻は貝灰として肥料や漆喰に,海藻は糊の原料に,そして水草は害虫駆除にも使われ,ヨシは屋根に葺かれたり,葦簀にされ,ガマは編んで籠にするなど,水域の生産物は生活資材の原料としても様々に利用されてきた.水域はまた沿岸の町村を水運で結び,活発な物資の輸送を可能にした.そして水域の周囲で育つ子供たちにとって,そこは遊びの場であるとともに,学習の場でもあり,惣菜の原料となる食用水生生物を容易に捕獲できる場所でもあった.これらの生業は,本来は栄養塩が蓄積する経路が多い生態系に,水域から外へ出ていく栄養塩のパスを構築し,水域環境を望ましい環境に維持管理し,持続的な生態系の利用を可能にしていた.近世の新田開発が低湿地帯にまで及んだのは,冒頭に紹介したように江戸時代以降だが,その前提には灌漑,河川改修,埋め立てなど大規模土木工事の技術的進歩とともに,近郊の水域の生物資源を肥料として農業経営に巧みに組み込んだ「里うみ」システムの成立なしには困難であったと考えられる.

この当時の肥料藻採集による栄養塩除去効果について平塚ほか (2006) は,山陰地方の潟湖である中海のアマモ採草漁を対象に検討している.それによると,1948 (昭和23) 年当時の中海では,鳥取県側のみの肥料藻採集量が5万6000tであった.これがすべてアマモであったと仮定すると,窒素が61t,リンが12.8t採集されたことになる(図3.12).当時の中海への栄養塩の流入量はわからないが,現在の年間流入量は窒素が1164t,リンが116tなので,上記のようにアマモとして除去された栄養塩は,流入負荷に対して窒素で5.3%,リンで11%に相当する.平塚ほか (2006) ではさらに,中海の島根県側でも同様に採草が行われたとして推定したところ,上記除去効果は2倍となった.アマモが採草されていた,高度経済成長以前の中海への栄養塩の流入量は現在よりはるかに少ないと考えられることから,当時の中海では流入する栄養塩のほとんどが,採草などの「里うみ」的生業によって,水域外に取り出されていたと考えられる.

アマモの肥料目的での採草量は,浜名湖や八郎潟でも記録が残っている(平塚ほか,

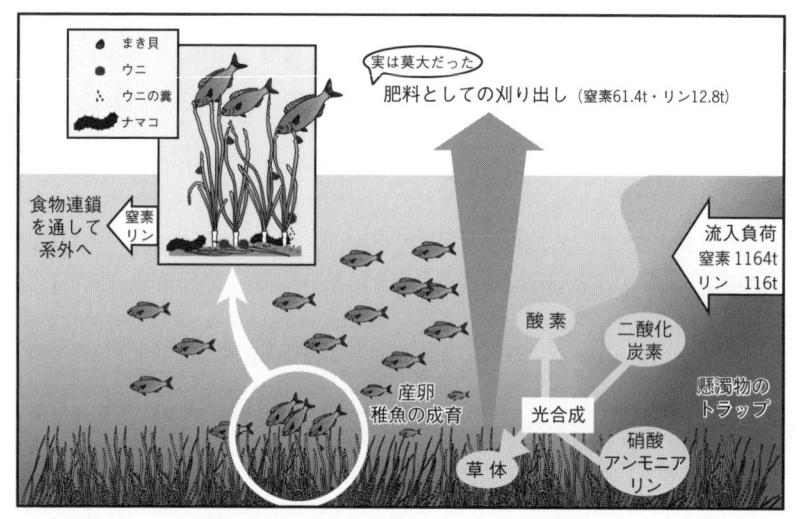

図 3.12 中海に流入する現在の負荷量と，かつてのアマモ採藻漁により除去されていた栄養塩量の見積り（平塚ほか，2003）

2006）．また淡水湖沼での水草の採草では，中海同様に千葉県の印旛沼について試算されている．それによると，印旛沼では大正時代に毎年約4万tの水草が採集されていたとされ，これは窒素を120t，リンを16t除去することに匹敵し，現在の年間栄養塩流入負荷に対して窒素で10%，リンで15%が沈水植物の採集によって水域から陸域に還元されていた（白鳥，1996）．

アマモ場が存在していた頃の中海での漁獲対象種の分布について，島根県水産試験場事業報告（1923）では，アマモ場より深い泥底やアマモが生えていない泥底ではベントスとしてサルボウが優占し，そのほかの内在性二枚貝としてオオノガイ，バカガイ，トリガイが泥底に分布すると記載している．また底魚やエビ・カニ，タコ，ナマコが生息していたことから，アマモ場が存在していた当時の中海では，泥が堆積するような流れが弱い場であっても貧酸素化しにくい環境であったと考えられる．また，アマモ場に多くの漁獲対象生物が生息しているのは，貧酸素化しにくいことだけが原因ではなく，採草によってアマモが間引かれていることも原因である可能性がある．たとえば琵琶湖の南湖では，1994（平成6）年の渇水による水位低下が原因で水草帯が復活した．復活した水草の大部分が在来種である一方で，そこに生息する魚類の大部分が外来種のブルーギルである．採草漁が絶え，水草が間引かれることなく密生している状況では，ブルーギルやタナゴのように扁平な形状の魚類にとってのみ有利な空間になっている（水草繁茂に係る要因分析等検討会，2009）．

3.2.3　沈水植物衰退による沿岸生態系機能の変化

このように人間が里うみ的に関わることを通じて持続的な沿岸生態系の維持機能を果たしていたアマモ場は，現在では多くの海域で減少してしまっており（相生，2004），近年になってその復活が取り組まれている（森田，2004）．

湖沼における水草や沿岸域におけるアマモ場などの沈水植物群落の消滅は，高度経済成長期における人口増加や家庭排水の増大に伴って流入負荷が増加し，濁度が増加したためであるとされる．しかし，先述の中海では，1950年代半ばにアマモ場が急速に崩壊したことが現地での聞き取り調査から判明している．しかし1961（昭和36）年における中海のクロロフィルa濃度は，アマモにとって濁度の限界に当たる15 μg/L よりもはるかに低かった（Yamamuro et al., 2006）．現地での聞き取り調査では，水田への除草剤の使用と同時にアマモが枯れ始めたとの証言があり，また除草剤の公式登録年とアマモ場の衰退時期が重なっていた．これらのことから Yamamuro et al. (2006) は，中海におけるアマモ場崩壊の原因は富栄養化による濁度の増加ではなく，水田における除草剤使用であると推定している．平塚ほか（2006）によれば，1950年代半ばには中海だけでなく日本の多くの潟湖や淡水湖沼で沈水植物群落の衰退が起こっており，その同時性からも，全国で一斉に使われるようになった除草剤使用が衰退の原因であると考えられる．

Scheffer et al. (2001) によると，富栄養化が進行して臨界濁度に達すると，それまで沈水植物が使っていた栄養塩を植物プランクトンが使うため濁度が急増し，沈水植物から植物プランクトンへの一次生産者のシフトが急速に進む（図3.13）．日本では富栄養化ではなく除草剤使用によって一次生産者シフトが生じたのだが，主要な一次生産者が沈水植物から植物プランクトンに交代することで，高次生産者にはどのような変化が生じたのだろうか．

中海に隣接する島根県の宍道湖は，塩分が海水の1/10程度の汽水湖沼である．ここでも1950年代半ばまでは沈水植物群落が繁茂していたが，その消滅により植物プランクトンが増加した．この変化によって宍道湖では，懸濁物食二枚貝であるヤマトシジミの漁獲量が，1957（昭和32）～1960（昭和35）年の間，毎年倍増する勢いで増加した（平塚ほか，2006）．宍道湖でのシジミ漁に機械掻きが導入されるのはこの期間以降であること，また，霞ヶ浦や琵琶湖などの他産地が衰退して宍道湖産シジミの需要が急速に高まった時期もこれ以降であることから，この期間にシジミの漁獲量が増えたのは，藻場の消滅によってシジミの生息場所と餌が増えて，シジミの現存量自体が増大したためであると解釈できる（平塚ほか，2006）．

シジミ漁業が盛んな汽水湖沼では，沈水植物帯の再生を阻害する要因の1つとして，

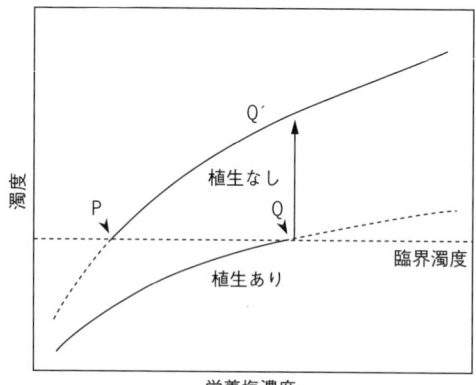

図 3.13 沈水植物の植生がある生態系とない生態系での水中の栄養塩濃度と濁度の関係（Scheffer *et al*., 2001 を改変）
富栄養化によって植物プランクトンが増加し臨界濁度に達すると（Q），沈水植物は光量不足により衰退する．これにより，それまで沈水植物が使っていた栄養塩を植物プランクトンが使うため，濁度が急増する（Q´）．沈水植物が衰退した生態系では，沈水植物が復活できる臨界濁度に相当する栄養塩濃度として，QではなくPまで下げる必要が生じる．

シジミ漁業による湖底の攪乱が指摘されている．かつては沈水植物群落を採草するという里うみ的な水域の利用により，人々は水域への有機物負荷の過度の蓄積を抑止していた．現在の汽水湖沼では，二枚貝漁業によって大型植物の芽生えを攪乱することで植物プランクトンを主要な一次生産者とする生態系を維持し，その植物プランクトンを餌とする二枚貝を漁獲して水域外に除去することで，有機物負荷の蓄積を防止しているとも見なせる．実際，宍道湖においてはアオコが発生しやすい高水温期において，植物プランクトンが光合成に伴って水中から窒素を吸収する速度と，シジミが植物プランクトンを食べる速度は同程度になっている（図3.14）．また，シジミの成長量は河川からの窒素の流入量の15％に相当するが，その大部分が漁獲として宍道湖から除去される．これはかつての中海の鳥取県側において，採草漁により窒素が5％除去されていたのと同等の浄化機能である．

ただし，主要な一次生産者が沈水植物ではなく植物プランクトンで，栄養物質の蓄積を二枚貝漁業で防止するシステムが，おそらくは江戸時代から続いてきた採草漁を中心とする里うみ的システムと同様に持続的かどうか，現在の自然科学はまだ回答を持ち合わせていない．

一方の中海では，かつてはアマモが繁茂していた湖岸域の水深の浅い部分で，現在ではホトトギスガイが足糸を絡み合わせてマット状に密集している（Yamamuro *et al*.,

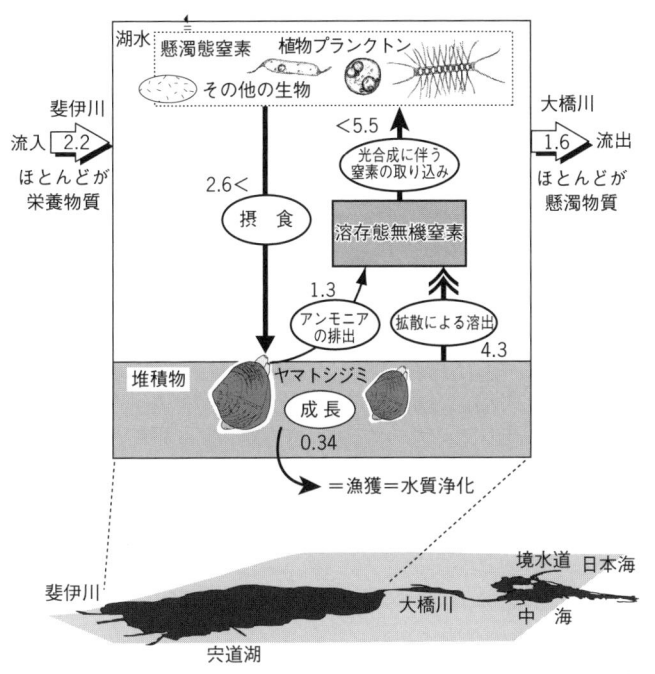

3.2 沿岸生態系の機能と変動メカニズム

図 3.14 8月の宍道湖全体でのシジミ-植物プランクトン間の窒素収支の見積り
（山室, 2001）
数字は窒素の量（t/day）. 光合成速度については，湖底付近の懸濁物による光の減衰効果を差し引かなかったので多めの見積りになっている. またシジミによる取り込みは水深4m以浅についてのみ計算したので, 少なめの見積りになっている.

2000). このホトトギスガイは, かつては肥料としての利用価値もあったが, 現在では, 湖底を覆いつくすことで他の水産有用種であるアサリやヤマトシジミを窒息させるために, 汚損生物とされている.

ホトトギスガイはアマモ場があった頃から中海に生息していたが, その爆発的増殖が水産上の問題となってくるのは1950年代半ば以降である. これはちょうど中海のアマモ場の衰退が始まる時期と一致しており, 宍道湖のヤマトシジミ同様, 優占する一次生産者が沈水植物から植物プランクトンに移行したことでホトトギスガイの餌資源が増加し, 増殖したと考えられる（平塚ほか, 2006）.

これとは対照的に, 同じ二枚貝だが水深の深い湖盆部に生息していた水産有用種のサルボウやその他の二枚貝は, 湖底の貧酸素化の進行とともに壊滅状態に陥り, ほとんど漁獲されなくなった. 底魚やエビ・カニなどの甲殻類も同様にアマモ場消滅後の中海で

は減少し,中海の漁獲量は激減した.1958(昭和23)年当時は年間約4000 t あった中海での二枚貝漁獲量は1996(平成8)年にはゼロに近い状態であり,全漁獲量では1958年が1万2000 t 弱であるのに対して,1996年は500 t 弱である(Yamamuro et al., 2006).一方の宍道湖では,1959年の漁獲量が年間約5000 t であるのに対して1996年が約1万 t で,その9割以上がヤマトシジミの漁獲で占められる(Yamamuro et al., 2006).

中海では夏季になるとホトトギスガイが分布する浅部も貧酸素化するため,ホトトギスガイは壊滅状態になる.しかし2, 3カ月程度で殻長 10 mm 以上に成長し,密度も1 m^2 当たり 2000個体以上になる(Yamamuro et al., 2000).ホトトギスガイはこのように急速に成長するので殻が柔らかく,また表在性なので捕食者にとっては格好の餌となる.かつての中海では,高水温期にもアマモ場が貧酸素化しなかったため,甲殻類や底魚などホトトギスガイの捕食者が多く存在していた.アマモ場の消失はホトトギスガイにとって,餌となる植物プランクトンの増加やマットを形成することができる開放面の存在に加え,捕食者の不在という点からも,その繁殖に有利になっていると考えられる(Yamamuro et al., 印刷中).

3.2.4 植物プランクトンが一次生産者として優占する沿岸生態系の近未来

日本の沿岸域では江戸時代以来,埋め立てや護岸工事が行われてきた.また戦後は経済の復興とともに富栄養化が進行し,近年は地球温暖化の影響が顕在化するようになってきた.ここではこれらの環境改変によって,植物プランクトンが一次生産者として優占する沿岸生態系が今後どのように変わるのかを推測する.

3.2.2項で紹介した中海のアマモ場のように,現在では貧酸素化が頻繁に起こっている場所でも,アマモ場が存在していた頃には貧酸素化が起こりにくかったと考えられる.その原因として,アマモなどの沈水植物は海底付近で光合成を行って日中は酸素を供給するのに対して,植物プランクトンが光合成により酸素を供給するのは主に海面付近で,海底に沈降した植物プランクトンは分解されて逆に酸素の消費に使われるためであると考えられる.富栄養化によって海域での有機汚濁負荷が増加し,貧酸素化や青潮などによる漁業被害,海底のヘドロ化など様々な弊害が生じているが,植物による一次生産量が同じであっても,生産者が沈水植物か植物プランクトンによって,その沿岸環境に与える影響は異なっていた可能性が高い.

閉鎖性水域の水質改善を図るため,1970(昭和54)年以来,東京湾・伊勢湾・瀬戸内海を対象として化学的酸素要求量(COD)の排出規制が実施されてきた.また2001(平成13)年に策定された第五次水質総量規制により,富栄養化の原因物質である窒素およびリンも規制対象として追加された.しかし,一次生産者が沈水植物から植物プランク

トンに移行してしまった生態系では,その移行が起こった時点の栄養塩濃度に戻しても植物プランクトン濃度(図3.13では濁度)はかつての状態には戻らない.たとえば岡山県のアマモ場は,1925(大正14)年当時には4000 ha以上あった.しかし1971年(昭和46)時点では800 haに減少し,1989(平成元)年以降は600 haのまま推移している(相生,2003).総量規制によって流入栄養塩負荷を削減してもアマモ場は回復せず,植物プランクトンが一次生産者として優占する状態は当面継続する可能性が高い.

日本の大都市を控えた内湾は戦前から埋め立てが盛んであったが,特に高度経済成長期以後に活発に行われるようになった.埋め立ては浅いところを陸地にする工事であるため,埋め立てが進むにつれて堆積性海岸の浅場,特に干潟が減少し,そのような浅場を生息場所とする生物を減少させる.干潟などの堆積性の海岸では,潮上帯から潮下帯までの多様な環境に加え,底質表層に生息する動物や,深い巣穴をつくって換水して酸素や餌を取得する動物などに多層な生活空間を供与できる.しかし,埋め立てにより大抵の場合は垂直護岸となって堆積性の底質は潮下帯だけになり,コンクリート護岸に付着できる生物だけが潮上帯から潮間帯に生息できることになる.

海岸の浸食を防ぐことを目的とした護岸は,海岸線そのものをコンクリートなどで固めてしまう場合と,海側に防波堤や潜堤を築き,波当たりを弱くすることで浸食作用を小さくする場合とがある.いずれの場合でもコンクリートなどでできた構造物の出現により,固着性の生物,もしくは生活史の一部に固着できる基盤を必要とする生物にとっては,特にその場所がもともと堆積海岸であった場合には,新しい生息場所が出現することになる.たとえば,これまでに内湾で帰化が報告されている貝類は腹足類カリバガサガイ科シマメノウフネガイ(*Crepidula onyx*),二枚貝類イガイ科ムラサキイガイ(*Mytillus galloprovincialis*),コウロエンカワヒバリガイ(*Xenostrobus securis*),ミドリイガイ(*Perna viridis*),およびカワホトトギスガイ科イガイダマシ(*Mytilopsis sallei*)の5種であるが(木村,2000),いずれも付着性である.また,近年,日本各地の内湾でミズクラゲ(*Aurelia aurita*)の大量発生が問題になっているが,その原因の1つとして,コンクリート護岸や浮き桟橋の設置などにより,クラゲのポリプの付着面積と生残率が増大したことも一因とされている(上,2002).

産業革命以前には280 ppmだった大気中二酸化炭素濃度が現在では370 ppm,そして依然として毎年1.7 ppmずつ上昇している.この二酸化炭素の増加により,地球は温暖化に向かうとされている.原沢・西岡(2003)によると,全国の年平均気温は,都市化の影響を除いても過去100年当たり約1.0℃上昇した.過去の河川水質の統計解析によれば,気温1℃の上昇に対してBODは1.01倍になり,その生物代謝の増加と溶解度減少効果を合わせて,溶存酸素濃度は0.15 mg/L減少すると予測されている(原沢・西岡,2003).また温暖化は水収支を変化させる可能性があるが,木曽三川流域にお

ける19世紀末から20世紀末までの100年間の水収支を検討したところ,年蒸発散量の増加と少雨の生起頻度の増加によって,年流出量の10年ごとの平均値が1960〜1980年代の最近30年間に,減少していたことがわかった（森,2000）．流出量減少による有機物希釈効果の低下によって,貧酸素化を加速させる可能性がある．

IPCC第四次評価報告書では,20世紀末と比べた21世紀末の海面水位の上昇は0.18〜0.59 mと予測されている．その日本での影響については,日本近傍のプレートテクトニクスによる地盤の上昇・下降の影響が大きいため,全国一律に上昇するとはいえない．しかし,仮に将来海面上昇が顕著になれば,東京湾など沿岸海域の容積が増大し,湾の固有振動周期が短くなるため潮汐振幅は減少し,閉鎖的内湾と外洋の海水交換が減少することが予測される（原沢・西岡,2003）．この海水交換の減少は酸素濃度を減少させる方向に働くと考えられる．

以上の人為改変の影響をまとめると,富栄養化によって一次生産者が大型植物から植物プランクトンに交代した沿岸域では,沈降する有機物の増加や地球温暖化によって,底層での貧酸素化が進む（図3.15）．人間による海岸の埋め立てや構造物の建設も,流れの弱化や露出度の低下により,貧酸素化を加速する．貧酸素化は系外から作用する他発的な過程であるため生態系を不安定にし,遷移の初期の方向,すなわち種多様性が低く r 戦略をとる生物に有利な系にする．有機物生産者が植物プランクトンに交代すると懸濁物食者が有利になるが,露出度の低下によって微細泥が堆積しやすくなるため,アサリなどの内在性懸濁物食者ではなく,ホトトギスガイなどのような表在性,もしくは,構造物に付着して埋没を免れる固着性の懸濁物食者に有利な環境が今後も拡大すると予測される．

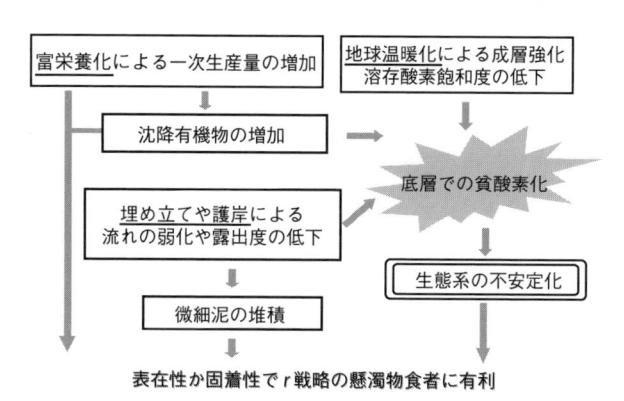

図3.15 一次生産者として植物プランクトンが優占する沿岸域において,富栄養化・地球温暖化・埋め立てや護岸などの人為的影響が進行した場合に予測される生態系への影響

富栄養化や地球温暖化は，沿岸域での対策で緩和できるものではない．沿岸域生態系を植物プランクトンとそれを捕食する特定の懸濁物食者が特異的に増殖する状態から，より多様な生物が生息する環境に修復するために沿岸域だけでできる対策としては，人工構造物が流れや露出度を減少させたり，潮上帯から潮間帯にかけての堆積性海岸における種多様性を低下させないことが重要である．埋め立てや護岸にはそのような配慮が求められるとともに，K 戦略を取る生物が安定して生息できるように，貧酸素化を防ぐ技術の開発が望まれる．

[山室真澄]

3.3 海域のジオハザード

ジオハザード（geohazard）とは，地すべりや火山噴火などの地質災害，洪水や海流の大蛇行などの水理・気象災害，地震などの地球物理災害をすべて含んだ用語である (International Year of Planet Earth, 2009)．日本でも台風などの大雨に伴い地すべりが発生し多くの被害が出ている．また，火山活動については，1991（平成 3）年の雲仙普賢岳の火砕流のように一瞬のうちに多数の人命を奪うとともに，警戒区域の設定によって長期間にわたって生活に大きな影響を及ぼす．さらに，1995 年の兵庫県南部地震や 2006 年の新潟県中越地震のような内陸地震は家屋の倒壊とともに道路・電気・水道といったインフラストラクチャーに甚大な被害を及ぼしている．このような，ジオハザードを引き起こすそれぞれの現象の科学的理解は，われわれの社会生活をより安全なものにするために不可欠である．具体的には，被害の発生予想範囲や頻度などの定量的な見積りが行われハザードマップの作成が行われている．また，地震については最大の規模を予想することにより，建物の構造や強度の設計に役立つ．そして，再来周期を知ることは長期にわたる防災計画の策定に必要であり，施策の優先順位を検討する上での基礎情報となる．

ジオハザードのうち，陸域のジオハザードについては防災の観点から非常に多くの取り組みがなされている．また，生活空間と密接に関わっており，直接目にしたり報道で取り上げられたりすることも多い．一方，海域のジオハザードは，日常生活で度々遭遇することは少ない．しかし，ひとたび発生すると広い範囲にわたって甚大な被害を及ぼすことになる．2004 年のスマトラ島沖地震は，プレート沈み込み帯で発生したもので海域のジオハザードといえる．これによって発生したインド洋津波は非常に多くの人命を奪った．

海底火山活動に関しては，日本近海の例として伊豆諸島南部の明神礁の噴火があげられる．1952（昭和 27）年の海底噴火の際には，観測中の海上保安庁の測量船が遭難し 31 名の職員が亡くなっている．地質記録から過去の激しい火山活動の姿を知ることも

できる．南九州には幸屋火砕流堆積物が広く分布する．噴出源は，薩摩硫黄島を一部含み，その大部分が海底に没した鬼界カルデラである．噴出した火砕流が海を超えて到達したのである．発生時期は約7300年前でその際に噴出した火山灰は東北地方までの広い範囲に分布しており，鬼界アカホヤ火山灰としてよく知られている．

海域の地すべりによる被害については，日本ではほとんど注目されていないが，ヨーロッパでは地すべりによる海岸構造物の被害が発生しており，研究が進んでいる．また，ハワイ島ではマグマの貫入により火山体が膨張して大規模な崩壊がこれまでに多数生じていることが海底地形・地質調査によって明らかになっている．1975年に発生した地すべりは小規模なものであったにもかかわらず，波高10 mに達する津波が発生している．海底地すべりによる津波は，最近の研究によってメタンハイドレート（後述．松本ほか (1994) では結晶構造や物理探査について詳しく述べられている）の分解による大規模なものが存在することが明らかになってきた．モデル計算では，海水温度の上昇により今後も同様の地すべりの発生の可能性が指摘されている．

本節では，広い範囲に被害の及ぶ海域のジオハザードのうち，日本では身近で発生頻度の高い海溝型巨大地震と，これまで紹介されることの少なかったメタンハイドレート分解による地すべりについて解説する．

3.3.1 海溝型巨大地震

a. プレートテクトニクスと地震

地震は，身体に感じないものから大規模なものまで様々であるが，時に非常に多くの人命を奪う自然災害の1つである．比較的大きな地震は，地球上の至るところで起こっているわけではなく，プレートの沈み込む境界，発散する境界，すれ違う境界，衝突する境界，およびプレート内の特定の場所で起こっている（図3.16）．例えばプレートの沈み込み帯では，巨大地震が繰り返し発生することが知られており，図3.16では太平洋縁辺部やインド洋北東部の連続して分布密度の高い部分がそれに相当する．また，東太平洋や大西洋中央部の地震の帯はプレートの発散している中央海嶺に相当する．このように地球表面ではプレートの移動に伴って地震が発生しており，そのうちすれ違う境界はトランスフォーム断層と呼ばれ，サンフランシスコからロサンゼルスのように地震の多発地帯となっている．このほか，沈み込むプレートの曲げによって，その内部で発生する地震（プレート内地震）でも，2009年のサモア南方沖地震などのように局地的に大きな津波を発生する場合もあり，防災上から注目されている．これらに加え，ハワイのような火山島をつくるホットスポット活動やプレート沈み込み帯に形成された火山列においても地震が発生している．

これらの地震はいずれも災害を引き起こすが，特に広い範囲にわたって地震動と津波

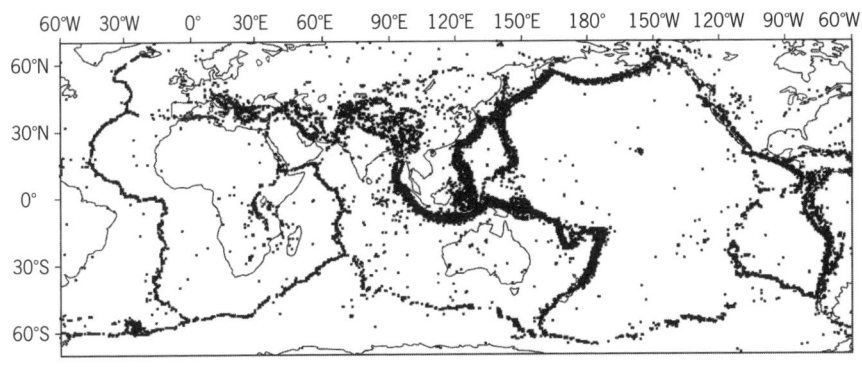

図3.16 世界の地震の震源分布図（米国地質調査所のデータベースに基づく）
1973～2008年に発生した震源深度60 km以浅，マグニチュード5以上の地震を示す．

の被害を及ぼすのがプレート沈み込み帯の巨大地震である．最近では，マグニチュード9を超える2004年のスマトラ島沖地震が記憶に新しく，プレート沈み込み帯に沿って震源の場所を移動しながら現在も活動が継続している．プレート沈み込み帯の巨大地震は，発生場所・発生間隔に一定の規則性のあることが明らかになりつつあり，関連する研究の進展は地震災害軽減につながる．ここでは，東海沖から日向沖に位置するプレート沈み込み帯である南海トラフでの例を中心に海溝型巨大地震について紹介する．

b. 南海トラフの地震

東海沖から四国沖にかけての太平洋沿岸域では，マグニチュード8クラスの海溝型巨大地震が100～200年の間隔で繰り返し起こっている．最も近い例では，1944（昭和19）年12月7日に新宮付近を震源とするマグニチュード7.9の（昭和）東南海地震が発生し，死者・行方不明者1223名，熊野灘沿岸では8～10 mの津波が襲った．その約2年後の1946年12月21日には，潮岬沖を震源とするマグニチュード8.0の（昭和）南海地震があり，死者・行方不明者1443名，室戸岬で1.2 mの隆起，逆に高知で1.2 mの沈降が認められた．昭和の地震の前にも，安政，宝永，慶長など，古文書に地震の記録が残っており，さらに遺跡からも地震の繰り返しが明らかとなっている（図3.17）．この履歴を見ると，南海トラフ（水深が深くないので南海海溝とは呼ばれない）に沿って図のA～Eの領域に分かれて地震が発生していることがわかる．宝永の地震では，全域が活動しマグニチュード8.4と推定される日本の歴史上最大級の地震が発生し，死者は5万人近くに達した．また，1854（安政元）年の安政地震では，東南海から東海の領域（図のCからE）で地震が発生した後，32時間後に南海地震の領域（図のAとB）で地震が発生している．さらに，前述の通り昭和の地震では東南海地震が発生した後，2年後

に南海地震が発生している．昭和の地震の際には，東海沖で地震が発生していないため，東海地震の発生がこれまで危惧されてきている．このように，地震の発生する領域と間隔は規則性を持っているといえ，これは地震動の発生源である断層面の性質や地質背景が原因しているのであろう．

c. 海溝型巨大地震の発生場

海溝型巨大地震は，プレート沈み込みに伴いプレート境界周辺に蓄積された歪みの開放によって発生する．プレートの境界面は，地震と地震の間では固着し歪みが蓄積されており，それが一気にずれて歪みを開放することで地震が発生する．固着の程度や歪みの開放の割合は，場所や個々の地震で異なり，地震の再来間隔や地震・津波の規模に影響を与える．カナダ西海岸のプレート沈み込み帯では，地殻変動から推定された固着域と地下の温度との関係から，地震の発生領域がある温度範囲（約150～350℃）であることが指摘された（Hyndman et al., 1997）（図3.18）．温度が地震発生にどのように影響するのかについては次のように解釈されている．まず，浅部境界ではすべり面の粘土鉱物の脱水により堆積物の強度が増加し脆性破壊が始まる．一方，深部境界では温度上昇による塑性流動が起こる．浅部境界の粘土鉱物の変化については，スメクタイトからイライトへの変化が原因とされていたが，否定するデータが最近提出されている．浅部境界での温度と岩石の物性変化については未だ未解決ではあるが，温度上昇に伴う岩石物性の変化が地震発生領域の浅部境界をつくる主な要因となっている可能性は高い．

d. 沈み込むプレートと地震発生

南海トラフ沿いの巨大地震の領域（震源断層）は，図3.17に示すように複数の領域に分けられる．地震が全域に及ぶこともあるが，先に述べた通り紀伊半島を境に西と東で地震活動の時期が異なることが多い．1944（昭和19）年の東南海地震は，津波波形のインバージョンと地震動，地殻変動から推定されたすべり量分布はほぼ一致し，志摩半島沖で大きな値を示す（図3.19）．一方，1946年の南海地震は，紀伊半島南西沖を震源とし，図3.19に示す余震域を持つ．しかし，津波波形のインバージョンによって求められる断層のすべり量の大きな範囲は，余震域と比べて四国沖まで広く分布し，室戸岬と足摺岬周辺で大きくすべっていることがわかる．すなわち，紀伊水道南方において，地震動を起こす破壊が津波のみを発生するゆっくりしたずれに変化したと解釈できる．紀伊水道南方では，地震波の屈折から地下のくわしい速度構造が求められ，沈み込んでいるプレート上に海山の存在が示された（Kodaira et al., 2000）．そして，それがバリアとなって破壊の様式が変化したという解釈が行われている．

このように沈み込むプレート上の海山は地震発生に大きな影響を及ぼすようである．

3.3 海域のジオハザード

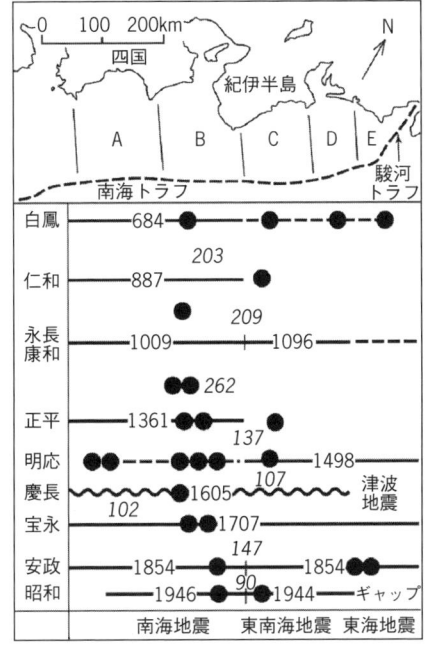

図3.17 南海トラフ沿いの巨大地震の発生の場所と時期（石橋・佐竹，1998を改変）
黒丸は地震考古学的手法によって確認された地震．
斜体は巨大地震間の発生間隔．

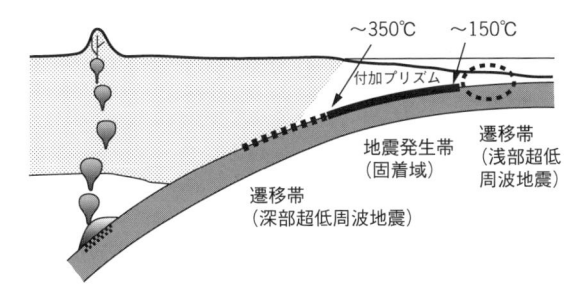

図3.18 プレート沈み込み帯の模式図（Hyndman et al., 1997 に加筆）
地温150〜350℃の領域が固着しており地震発生帯であると想定した．固着域の浅部および深部の遷移帯において，最近の観測により超低周波地震が観測されている．

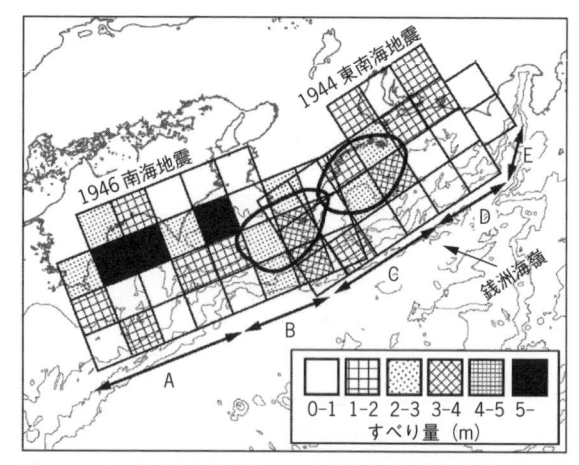

図 3.19 1944年東南海地震と1946年南海地震の津波波形のインバージョンで求められた断層のすべり量分布（Tanioka and Satake, 2001a, b）と Kanamori（1972）による本震後1日間の余震域（太線の楕円）

Cloos and Shreve（1996）は，海山が堆積物で埋積されていない場合，浅い場所で破壊され大きな地震は発生しないと考えた（図3.20）．逆に海溝域で海山が埋積されている場合，地下深部において固着域を形成し，それが破壊される際に巨大地震が発生するとした．実際に，沈み込むプレートの凹凸と地震活動については日本海溝においてとらえられている（Tanioka et al., 1997）．図3.21は，沈み込むプレートの地形（縦方向に強

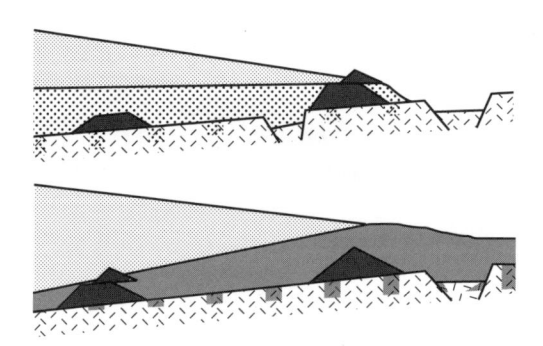

図 3.20 海山の沈み込みによる地震発生の模式図（Cloos and Shreve, 1996を改変）
海溝付近で海山が堆積層に埋積されていない場合（上）と埋積されている場合（下）を示す．

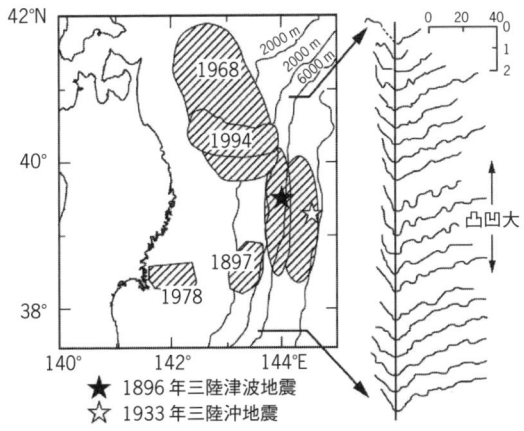

図 3.21 日本海溝の近年の大きな地震の震源域の分布と沈み込むプレートの形状（Tanioka et al., 1997 を改変）黒星印は 1896 年の三陸津波地震，白星印は 1933 年の三陸沖地震の震源を示す．日本海溝の位置は水深 6000 m の等深線で囲まれた所．

調）と地震の分布が示されている．三陸沖の中央部は，海底地形の凹凸が明瞭であり，それに応じて海溝付近で地震が発生している．明治の三陸地震など海溝軸近くの地震は，地震動による被害は大きくないが，ゆっくりした破壊によって巨大な津波を発生する場合があり注意する必要がある．一方，凹凸の小さい北部と南部では陸寄りで大きな地震動を伴う地震が発生しているのがわかる．ただし，日本海溝の場合，凹凸が小さいのは堆積物で埋積されているのではなく，もともとの基盤の構造である．陸よりで大きな地震が発生する理由は，平らな面と面の方が固着が大きくなるためである．プレート境界の固着については，その凹凸とそれに挟まれる堆積物の関係など，以前より議論されてきているが（Ruff and Kanamori, 1980），大きな地震を引き起こす効果と抑制する効果のどちらの考え方も出されており，未だすべてを説明するモデルは提出されていない．

先に紹介した南海トラフ沿いの巨大地震の発生領域がいくつかに分かれているのは，上に述べたように沈み込むプレートの特徴を反映しているのであろう．南海トラフで現在沈み込んでいるプレートは，約 2700 万年前から 1500 万年前に拡大形成された四国海盆である．プレートの沈み込み方向は，北〜北西方向であり，かつての拡大軸の方向もそれとほぼ平行であるので，地域ごとに異なる年代や地質構造，地形，温度構造を持ったプレートが沈み込んでいるといえる．特に東海地域は，伊豆-小笠原の火山弧から南西に伸びる銭洲海嶺（図 3.19）と類似の基盤の高まりが過去にも沈み込んでいることが明らかにされており，海溝陸側斜面の複雑な地形の形成や地震の発生に影響している．

e. 付加プリズムの形成と地震

これまでは沈み込むプレートの形状と地震の関係について述べた．以下では，沈み込むプレートの上側に位置する地質体の発達と地震発生について述べる．南海トラフの海溝陸側斜面では，海洋プレート上の土砂が寄せ集められた地質体「付加プリズム」が形成されている（付加体と地震発生については，木村・木下編 (2009) に詳しい）．その内部構造は人工震源による地震波の反射を用いて調べられている．魚群探知機では魚影をとらえるが，地球科学では海底面，さらには海底下の砂泥などの堆積層や基盤などからの音波の反射を用いて地下構造を調べており，反射法地震探査と呼ばれている．最近では，GPS を用いた高精度の位置決めによって探査測線の間隔を密にとった 3 次元の構造探査も行われている．南海トラフで得られた断面には，深部から伸びるプレート境界面が主すべり面（デコルマ面）を形成し，それより海底面に向かって多数の断層が派生している様子が明らかになっている（図 3.22）．これは，プレート上に堆積した泥質層（遠洋域において堆積したプランクトンの死骸や極細粒の砕屑物）と海溝で溜まった砂泥の互層が，主すべり面と低角逆断層で切られて陸側に順次剝ぎ取られて付加されてゆく現象を示している．

海溝近傍では，堆積物は十分には固結しておらず，また主すべり面の流体の圧力が高いため，摩擦が小さくなっており大きな地震動を起こす破壊が生じないと考えられている．一方，最近の陸上の地震観測網によって周期 10～20 秒の超低周波地震が海溝から陸側へ 60 km 程度の範囲の付加プリズム内で発生していることが明らかになった（Ito and Obara, 2006）．これらの超低周波地震は，2004 年の紀伊半島南東沖地震の後に活発化したもので，高角の逆断層の活動が推定されている（図 3.23）．付加プリズム内の変形は，断層構造は認められるものの，その動的な姿はこれまで不明であったが，浅部超低周波地震によって明らかにされつつある．

このような，付加プリズム前縁部での剝ぎ取り作用の起こっている陸側では急崖が見られ，そこでは大規模な逆断層（巨大分岐断層）がよく発達している（図 3.22）．この構

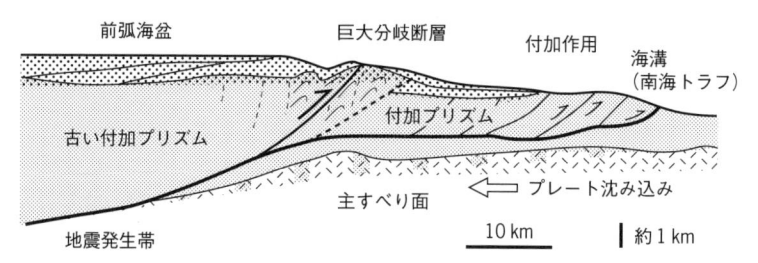

図 3.22 付加プリズムの模式図（Moore *et al.*, 2007 に加筆）
沈み込むプレート上の土砂が陸側に寄せ集められて付加プリズムが成長する．巨大分岐断層は付加プリズム斜面に急崖を形成している．

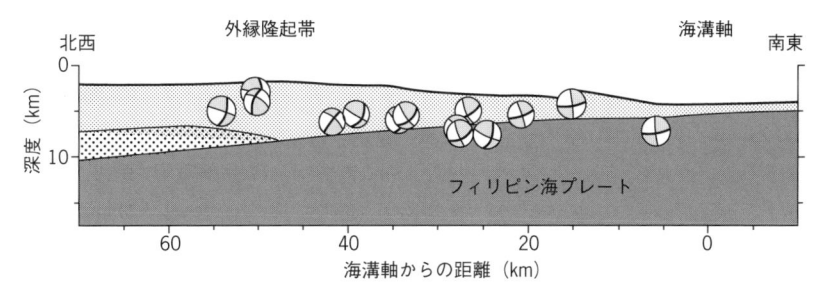

図 3.23 熊野沖の断面と観測された浅部超低周波地震の震源の分布（Ito and Obara, 2006 を改変）．地震は付加プリズム内で起こっていることを示しており，押し引き分布（ビーチボール状の記号）から逆断層運動による破壊が生じたことが推定された．

造は南海トラフ全域に連続し，繰り返し大きな変位のあることを示していることから巨大地震発生時にこれらの断層が活動した可能性が高い．また，この辺りがプレート間の固着域の海側境界であると推定されている．断層周辺の未固結な堆積物が脱水により強度を獲得して，高速の剪断により大きな地震動を引き起こすのではないかと考えられているが，実際にどのような物質からなるかはわかっていない．次に紹介する深海掘削が唯一の研究手段である．

f. 深海掘削とリアルタイム観測による地震発生の理解と将来予測

次の南海・東南海地震まで再来周期の半分を過ぎた可能性もあり，陸域・海域の調査・観測とモデリングによる総合的研究が進められている．南海トラフの地震は，東海・東南海・南海の海域で同時発生することもあれば，時間差のある場合，東海域で発生のない場合など，毎回の発生で異なっている．当然ながらいつ，どの範囲で破壊が起こるかを想定することは重要であり，自治体・研究機関・大学の共同研究が行われている（東海・東南海・南海地震の連動性評価研究）．

海底の地殻変動は，従来は津波を用いて推定されてきた．現在は海面上での GPS と海中での音響測距の組合せにより，地殻変動の観測が試みられ，cm の精度のデータ取得が可能となってきている．

地震発生帯からの試料の採取，現場での地震・温度圧力などの観測を目的に現在，熊野沖で掘削が行われている．このようなプレート沈み込み帯の深部は，強い圧縮場にあり掘削孔が崩壊しやすく，炭化水素ガスや流体の異常圧の存在も予想されるため，従来の科学掘削の手法では到達が困難であった．（独）海洋研究開発機構によって運航されている地球深部探査船「ちきゅう」[*1] では，石油開発で用いられている 2 重管を用いた

[*1] 地球深部探査船の情報は，海洋研究開発機構のホームページを参照 (http://www.jamstec.go.jp/j/)．

超深度の掘削が可能である．統合国際深海掘削計画*2 のもと，熊野沖での掘削が開始されており（NanTroSEIZE），今後 6000 m を超える深度の地震発生帯から試料を採取し，長期の各種計測が行われようとしている．また，同機構による海底ケーブルを用いた海底地震観測，さらには掘削孔でのリアルタイム観測が計画されている（地震・津波観測監視システム）．

3.3.2 メタンハイドレートの分解による地すべり

a. メタンハイドレートとは

メタンハイドレートは，水とメタンガスからなる固体状の物質で，大陸周辺の海底下に広く分布し，燃焼による二酸化炭素の排出の少ないクリーンなエネルギー資源として注目されている．しかし，実際に資源としての利用はまだ行われておらず，その分布の把握や開発手法についての研究が行われている最中である．日本周辺の深海底にもメタンハイドレートは存在しており，その埋蔵量は日本における天然ガスの年間消費量の100年分以上という試算がある．

メタンハイドレートは，低温・高圧のもとで安定な包接化合物である（図 3.24）．このため，海域でメタンハイドレートが存在する場所は深海底で，一部海底に露出するもののその多くは海底下に分布する．深海底は高圧で，さらに海底付近の温度は数度と低温であるからである．たとえば，東海から四国の沖合では，水深 400 m を超える海域からメタンハイドレートが分布し始める．一方，海底面から下方向への深度までメタンハイドレートが安定であるかは場所ごとに異なる地温勾配で決まる．海底面より深部へ向かうほど圧力は増すが，地下から伝わる熱のため高温となりメタンハイドレートが安定でなくなる（図 3.24）．東海沖の例では，水深 1000 m では海底より約 300 m，水深 3000 m の地点では，海底より約 500 m の深さまでメタンハイドレートは存在できる．

メタンハイドレートの分布は，実際に試料が取れて確認できている地点は非常に限られている．分布のほとんどは，反射法地震調査で推定されたものである．なぜメタンハイドレートの分布が反射法地震探査によってとらえられるのかは以下の理由による．前述の通り，メタンハイドレートは低温高圧で安定であるので，海底面からある深度まで存在し，それより深いところはメタンハイドレートの構成物である水とメタンガスは分離した状態となる．地層中のガスは少量でも音波速度は著しく低下する．一方，メタンハイドレートで固められた堆積層は音波速度が早くなる．音波は，音響インピーダンス（音波速度×密度）の急変するところで反射するので，メタンハイドレートの存在する地

---

*2 統合国際深海掘削計画（Integrated Ocean Drilling Program）については，IODP のホームページを参照（http://www.iodp.org/）．

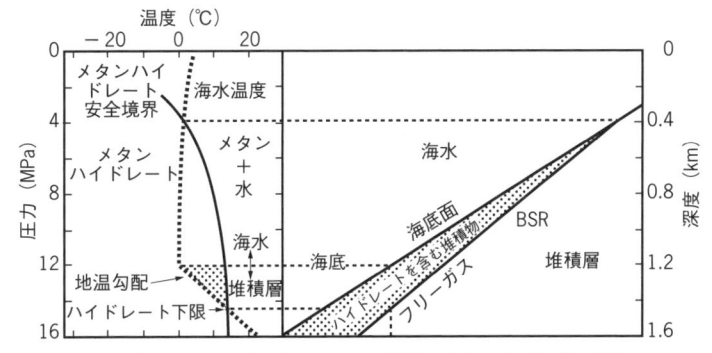

図 3.24 メタンハイドレートの安定領域と水深・地温勾配の関係
メタンハイドレートは低温高圧で安定である．海底では水深約 400 m より深い深度の海底下に分布している．水深の増加とともに低温高圧となるので，メタンハイドレートは海底面下の深部まで安定に存在できる．

層の下限に反射面が出現することになる．大深度域では，メタンハイドレートの分布は圧力より温度の影響を大きく受けるため，地温勾配に応じてメタンハイドレート安定領域の下限は海底面とほぼ平行となる．このため，メタンハイドレート安定領域の下限に相当する反射面は海底擬似反射面（BSR：Bottom Simulating Reflector）と呼ばれている（図 3.25）．

このような海底下の特異な反射面である BSR の存在により，海域のメタンハイドレートの分布の多くが推定されている（図 3.26）．メタンハイドレートは，バイカル湖や永久凍土など内陸部にも認められるが，その多くは大陸縁辺の海域に分布し，陸地から離れた大洋底には認められていない．なぜ，大陸縁辺部にその分布が限られているかについては，メタンハイドレートをつくる主要な構成物のメタンガスの起源を考えると理解できる．大陸縁辺の海底にはプランクトンの死骸や陸上から流れてきた木片・植物片

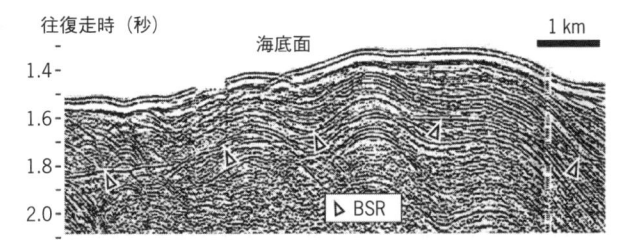

図 3.25 反射法地震探査断面に見られる海底擬似反射面（BSR）
水深 1000 m 前後のこの地点では BSR は海底面下約 0.3 秒のところに見られる．縦軸は往復走時（地震波が人工音源から出て海底面や堆積層に反射して受信機に戻ってくるまでの時間）．

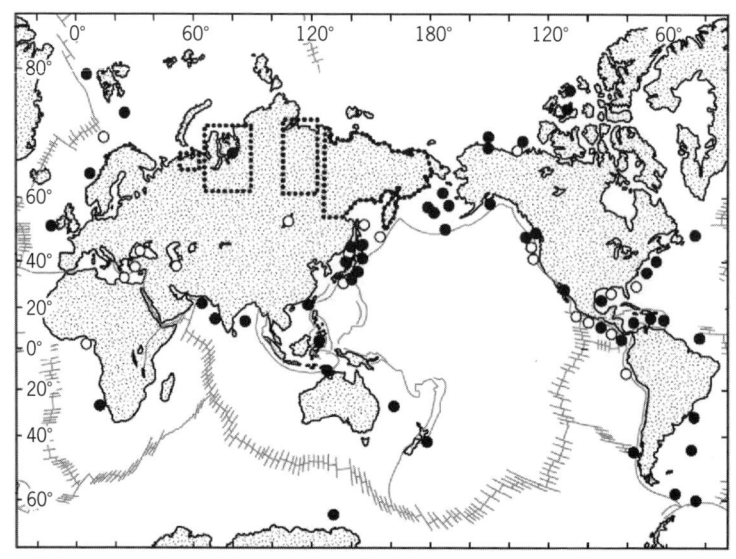

図3.26 メタンハイドレートの世界の分布（Kvenvolden and Lorenson, 2000 を改変）白丸はハイドレート試料が回収された地点，黒丸は反射法地震探査などによって存在が推定された地点．点線で囲まれた場所は永久凍土内にハイドレートの存在が推定された地点．

などの有機物が土砂とともに溜まっている．それらが長い年月をかけて分解されてメタンなどの天然ガスや石油になる．特に東海から九州の沖合や米国西海岸沖でBSRがよく発達するのは，堆積物の変形や断層運動によりメタンガスが集積しやすい条件であるためであろう．一方，陸から離れた大洋底は有機物に乏しく，大量のメタンガスを供給する場にないことがBSRの認められない原因と考えられる．なお，メタンハイドレートは，BSRの発達しない場合でも存在することがあること，反射法地震探査は世界の全海域をカバーしていないことから，その分布は現在知られているよりもずっと広いことが予想される．

b. メタンハイドレートと地すべり

海底地すべりは，陸上と異なり発生自体を観察することは困難である．しかし，地形調査により多数の地すべりが存在することから，海底地形の形成に地すべりが大きな役割を果たしていることは確かである．海底地すべりは，地殻変動や堆積による斜面の傾斜の増大，波浪や地震による振動を原因として起こる．一方，近年，メタンハイドレートの分解が地すべりを誘発するという説が出されている．圧力の低下，あるいは温度の上昇によってメタンハイドレートが分解した場合，固体のハイドレートが液体とガス，

すなわち水とメタンに分解するため地層の強度を失ってしまう．また，ハイドレートの分解によって生じたガスが周囲の圧力を上昇させることによって，あたかもエアホッケーのように摩擦が急減してしまう．分解する箇所は海底面からでなく，BSRが認められるメタンハイドレートの安定領域下限（水深と地温勾配によって異なり，海底面直下から数百mの範囲）の周辺である．メタンハイドレート分布の模式図を見てもわかる通り，分解により強度の低下したゾーンは海底面よりも傾斜が急であり（図3.24），このゾーン（面）を使った地すべりが発生しやすくなる．海底下のメタンハイドレートの分解する原因としては，圧力の低下と温度の上昇があげられる．たとえば，海水準が低下して地下の圧力が減少する場合，海洋の底層水の温度が上昇する場合，火成岩の貫入などによって地温が上昇する場合，などがある．

c. 海水準低下期の地すべり

大陸氷床が大きく広がった時期のうち，現在に最も近い最終氷期極大期（約2万1千年前）には，海水準が現在より約100 m低かったと推定されている．この時期にメタンハイドレートの分解に起因する地すべりが報告されている．アメリカ東海岸沖には海底地すべりが多数存在しており，そのうちケープフィアー地すべりは，水深1000～5000 mの深海底まで300 km以上にわたって広がる．メタンハイドレートの分解を原因とした根拠は，地すべり面とハイドレートの安定領域下限が一致し，そこから海底面の間に多数の正断層が発達していることがあげられる（Popenoe et al., 1993）．この大規模な地すべり構造の周辺においても，多数の小規模な地すべりが知られている．表層堆積物の放射性炭素の年代測定の結果，いくつかの試料で氷期を含め過去2万5千年間の堆積速度の変化が認められないにもかかわらず，多くの試料で2万5千年前から1万4千年前の年代の堆積物が欠けていることがわかった（Paull et al., 1996）．これは，最終氷期極大期にメタンハイドレートの分解に伴う地すべりが多く発生して，上記の年代の堆積物が地層として残らなかったためであると解釈された．

d. 海水準上昇期の地すべり

ノルウェー西方の大陸斜面には，海底地すべりの中で世界最大とされるストレッガ地すべり（Stroegga Slide）が分布する（図3.27）．堆積物の流下した距離は800 kmに達し，最も厚いところで450 m，崩壊堆積物の総体積は5600 km^{3}に及ぶ（Bugge et al., 1987）．崩壊した地層は，第四紀から第三紀前期の堆積物で，約200 km上流の崖から由来したと推定されるブロック状の地層（10×30 km，高さ200 m）も発見されている．採取された試料と音波を用いて求められた微細地形は，崩壊が少なくとも3度起こったことを示している．堆積層中にはメタンハイドレートBSRが認められ，地すべり面と

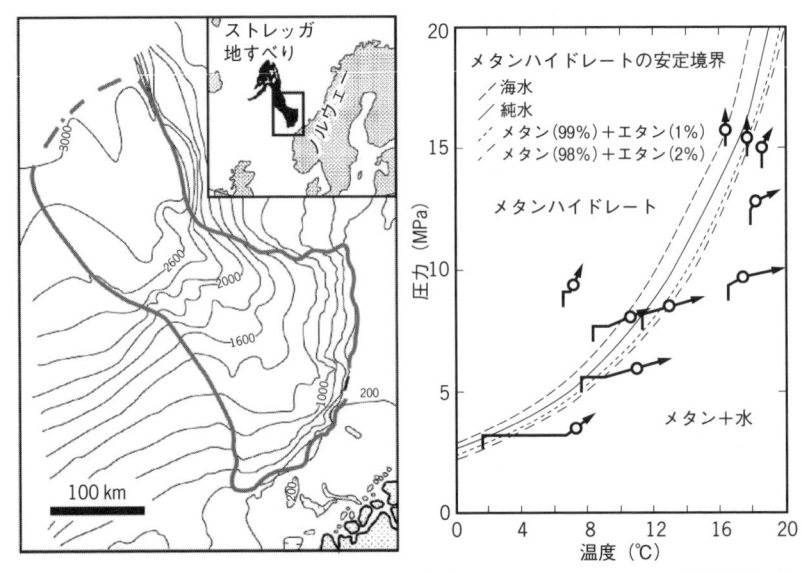

図 3.27 ストレッガ地すべり上流部の海底地形図(左)とメタンハイドレートの安定領域図(右) 複数の地点において 1 万 8 千年前から現在までの温度圧力値を見積もった(8150 年前を白丸で示す).海水準上昇期による水圧の増加とともに,底層水の温度上昇が水深 1000 m(圧力約 10 MPa)以浅で認められる.水深 600〜800 m(圧力約 6〜8 MPa)の地点で安定境界を横断してメタンハイドレートが分解したことがわかる.

BSR の深度が一致する所もある.

　この海域では,マグニチュード 7 クラスの大地震が 1 万年程度の間には起こっているので,地すべりの引き金として地震も候補としてあげられるが,メタンハイドレートの分解が原因である可能性が高いとされている.しかし,地すべりの発生時期は 8150 年前頃と推定され,前述の海水準の低下による発生では説明がつかない.すなわち,約 2 万年前の海水準が最も低下した時期から 1 万年以上経過し,海水準上昇の末期にあたるのである.海水準のレベルは現在より低いが 25 m 以内と推定されている.Vogt and Jung (2002) は,海水準上昇期にメタンハイドレート分解により地すべりが生じる可能性について以下のように検討している.海水準上昇期には水圧と底層水の温度が上昇する.メタンハイドレート安定領域の地下の温度は,海底面での温度変化が熱伝導により伝わるため温度上昇に遅れが生じる.この点を考慮し複数の斜面域においてモデル計算を行った結果,800 m より浅い海域においては温度上昇の効果が大きく,メタンハイドレートの分解が導き出された.一方,深い海域では,水温の変化が小さいため,メタンハイドレートは圧力増加でむしろ安定化する結果となった.これにより,浅い海域での

メタンハイドレートの分解により大規模地すべりが引き起こされた可能性が示されるとともに，場所によっては現在でも地すべりの発生する危険性があることが指摘された．

ストレッガ地すべりにより発生した津波の存在もシェットランド諸島で知られている．泥炭層の間に津波によってもたらされた砂層が認められ，上下の泥炭層の炭素同位体年代から前述の8150年前頃の津波発生年代が求められている（Bondevik et al., 2005）．同様の津波堆積物はノルウェーでも認められており，当時の海水準が現在よりも低かったことを考慮すると津波の波高は20 m以上であったことが推定されている．

このような海底地すべりによりブロック化したメタンハイドレートを含む堆積物は海水中で浮力を持つことが知られており，海水に溶け込む前に大気中にメタンガスを放出する．メタンガスは非常に大きな温室効果を持つので，何らかの原因で大気中に大量に放出されると急激な温暖化を引き起こすことになる．5500万年前の暁新世末期にはメタンハイドレートが分解して温暖化が進むとともに，有孔虫の大量絶滅が起こったとする説が出されている（松本，2009など）． ［芦 寿一郎］

3.4 陸域における自然の恵みと猛威：沖積平野を舞台にして

3.4.1 環境の長期変動を知る意義

河川は，山を削り，土砂を運び，海を埋め立て，沖積層および沖積平野を形成してきた．沖積平野は洪水の常襲地である一方，文明発祥の地として，また，農業の適地として，人類に恵みを与えてきた．本節では，人類にとって危険と魅力に満ちた土地である沖積平野を取り上げ，自然の恵みと猛威について考えてみたい．はじめに，自然災害の軽減のために，過去の自然現象を理解することの重要性を述べる．つぎに，沖積平野の形成過程を説明し，人間と沖積平野の関係の歴史を概観する．最後に，近年続発した沖積デルタにおける巨大水害を取り上げ，沖積平野の脆弱性に影響を与える諸要因について考える．

a. 深刻化する自然災害

自然災害（natural disaster）とは，人間社会に負の影響を与える自然現象である[*1]．自然災害は，自然現象（誘因）の種類にもとづき，気象災害と地震・火山災害に分けられる．誘因が同じでも，土地条件（地形・標高・地盤など）や社会条件（資本・人口分布，

[*1] 自然災害とは，被害を受ける人間社会に主眼を置く言葉であり，自然現象が人間に被害を与えるプロセスに関与するすべての要素が検討対象となる．これに対して，ジオハザードは，自然災害の地学的誘因としての自然現象に力点を置いた用語である．

防災体制など）が異なれば，それに応じて，災害の程度も異なってくる．こうした土地・社会条件は素因と呼ばれる．

20世紀以降，世界各地の沖積平野において都市化が進展した．地形改変や地盤沈下によって土地条件が劣化し，土地条件の劣る場所にも資本や人口が集中するようになった．また，水防組織などのローカルな防災体制が弱体化し，災害文化が失われつつある．他方，巨大化する人間活動が温室効果ガス濃度を高め，地球温暖化や海面上昇をもたらし，台風の大型化や豪雨強度の増大，砂漠化や干ばつなどの遠因となっている可能性が指摘されている．

このように，人間活動が自然災害の素因と誘因の両面に負の影響を与え，自然災害の巨大化や深刻化を招いている可能性がある．

b. 過去から学ぶ

自然災害や環境悪化の予知・予防を目的として，全球あるいは地域スケールで自然環境の観測が行われている．しかし，その期間は数年～百年程度と短いことに留意する必要がある．この間に生じなかった未知の現象が，将来も発生しない保証はない．オーストラリアのグレートバリアリーフでは，過去130年間には1度も生じなかった規模の熱帯低気圧性暴風雨が，過去5千年間には，2～3世紀に1度の頻度で発生したことが，暴風雨時に形成された地形地質調査によって明らかにされた（Nott and Hayne, 2001）．短期の観測が災害リスクの過小評価につながることを示す好例といえる．

短期間の観測では不規則に見える現象であっても，長期的には規則性をもって繰り返されている場合もある．たとえば，活断層による大地震の発生（石関・隈元，2007など）は，これに該当するであろう．

観測期間が短いために，観測された現象が人為の影響を受けているか否か判断しがたい場合もある．ミシシッピ川上流では，洪水の規模頻度の増大期と減少期が数百年程度ごとに繰り返されてきたこと，最近の洪水の規模頻度傾向は自然変動の一部とみなせること，変動の原因は偏西風の経路変化を伴う気候のレジームシフトであること，が報告されている（Knox, 2003）．

地形や地層に残された過去の自然現象の長期変動を復元し，それと最近の観測データや歴史記録を統合して，自然災害の誘因となる自然現象の発生を予測する必要がある．

3.4.2 沖積平野の生い立ち

人・モノ・富が集まるところから新しい文化や歴史が生まれるという．過去にさかのぼって沖積平野と人間の関係を見直してみると，沖積平野は陸源物質の「はきだめ」であると同時に，自然が人類に与えたインキュベータのようにも思えてくる．

a. 陸から海への土砂移動

地表が侵食されると,土砂や有機炭素・栄養塩が生じる.河川はこれらを運搬し,沖積平野や海底に堆積させてきた.こうした陸から海への物質移動は,水循環に付随する現象であると同時に,岩石循環や炭素循環の重要部分を占めている(たとえば,Hilton et al., 2008).

河川による土砂流出速度は,主に地形とテクトニクス(起伏・流域面積)に規定され,地理的要因(気温・流量)と人間活動が次いでいる(Syvitski and Milliman, 2007).また,土砂流出速度は時間変動し,気候変化,火山活動,農業によって加速する(Koppes and Montgomery, 2009)[*2].世界の土砂流出速度分布を見ると(図3.28),アルプス・ヒマラヤ造山帯から地中海・インド洋沿岸にかけての地域と,環太平洋造山帯において,速度が大きいことがわかる.日本列島を含む島弧の河川は,流域面積が小さいために図3.28では目立たないが,その単位面積当たりの土砂流出速度はきわめて大きい.

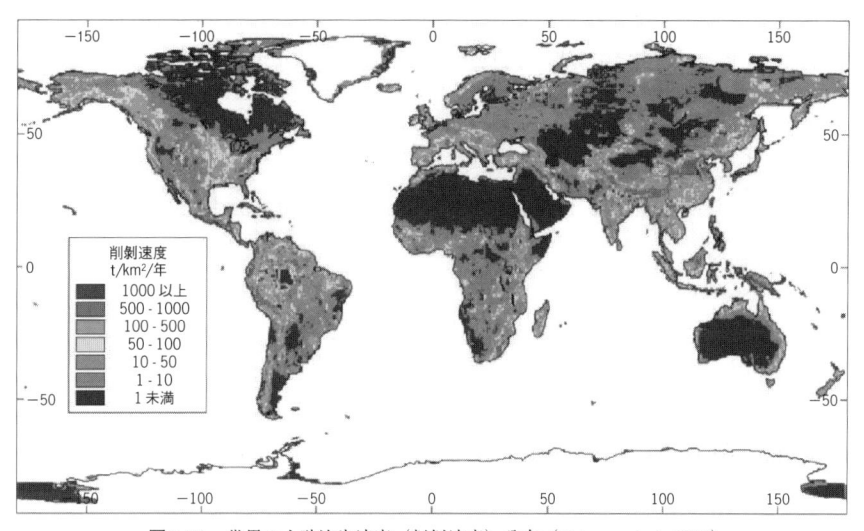

図3.28 世界の土砂流出速度(削剥速度)分布(Skinner et al., 2003)

[*2] ただし,流出速度の観測期間は数年〜数十年に過ぎず,地震動や台風豪雨によって発生するイベント性の土砂移動の評価は困難である.台湾では,Dadson et al., (2003) が,イベント性の土砂移動量と外力(地震動と豪雨)との関係を検討している.

b. 沖積平野の古地理変遷

沖積平野は，陸から海への物質移動の中継点として，ダイナミックに姿を変えてきた．第四紀[*3]後期においては，氷河性海水準変動に伴い，現在の沖積平野は海域になったり，陸域に戻ったりを繰り返してきた．

世界屈指の人口稠密地域である東海道メガロポリスを例に，陸と海の広がりの変化を見てみよう（図3.29）．メガロポリスの中核をなす京浜，中京，阪神の3大都市圏は，いずれも太平洋に面した湾奥の沖積平野に立地し，それぞれ，利根川・荒川，木曽川・揖斐川・長良川，淀川という日本では流量の多い河川の下流に位置している．

最終氷期最寒冷期（1万8千年前頃）には，氷床が過去12万年間で最も拡大し，海面は120m以上も低下していた．当時，東京湾，伊勢湾，大阪湾は乾陸化し，古東京川，古木曽川，古淀川が谷を穿って流れていた（図3.29上）．その後，氷床が融解し，海水

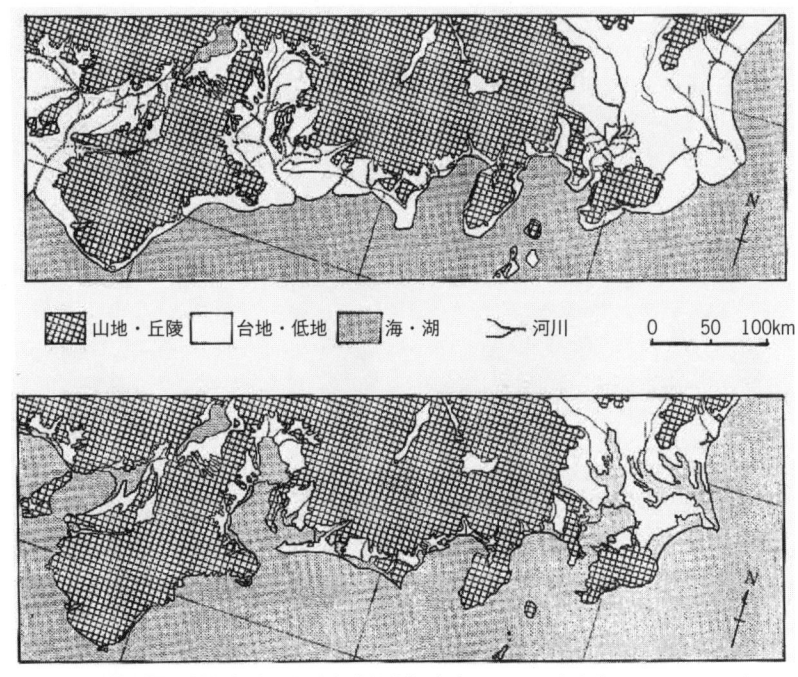

図3.29　最終氷期最盛期（上）と縄文海進最盛期（下）における東海道メガロポリスの古地理変遷（海津, 1985）

[*3] 第四紀は，258.8万年前以降の最新の地質時代であることが，2009年に正式に認められた（Gibbard *et al.*, 2009）

準が上昇すると，河谷に海水が浸入し，溺れ谷が形成された（図3.29下）．後述のように，濃尾平野では，鬼界アカホヤ火山灰（K-Ah，約7280年前に降下；町田・新井，2003）の堆積前に，海域は最も拡大し，大垣〜一宮市付近に達した（図3.32も参照）．同時期に，大阪平野では淀川に沿って大阪・京都府境まで，関東平野では中川低地に沿って群馬・埼玉県境まで，海域が及んだ（梶山・市原，1972；遠藤ほか，1983）．

　7千年前頃に，北半球の氷床の大半が消失し，海水準の上昇速度が鈍化すると（図3.35参照），溺れ谷の拡大は止まり，河川の堆積作用によって沖積層が堆積し，溺れ谷は縮小していった（図3.29下）．東京湾，伊勢湾，大阪湾は，埋めきれていない溺れ谷である[*4]．このように，陸海分布（海岸線の位置）は，海水準変動と河川作用によって動的に変化してきた．

　ここで注目したいのは，海岸線の後退から前進への転換期が，氷河性海水準上昇の失速時期とほぼ一致する点である．このことが人類史上の画期となった可能性について3.4.3項で述べる．

c. 濃尾平野における沖積層・沖積平野の形成過程

　上述した古地理の変遷は，沖積平野の地下を調べることによって復元できる．濃尾平野を例に説明する．図3.30は，濃尾平野の古地理の変遷図（Saegusa et al., 2009），図3.31は，濃尾平野の地下をほぼ南北方向に見た断面図（大上ほか，2009）である．図3.31中の6本の柱は，ボーリング試料の地質柱状図であり，下位からA（砂礫からなる河川堆積物），B（河川下流から河口の砂泥質堆積物），C（内湾底泥），D（デルタを構成する砂質堆積物），E（河川の洪水氾濫堆積物）の順に地層が累重している．このことから，各ボーリング地点は陸→海→陸と変遷してきたことがわかる．大上ほか（2009）は，放射性炭素同位体年代（^{14}C年代）を多数測定し，各柱状図に千年ごとの時間目盛を刻み，それらを柱状図間で滑らかに繋いで，等時間線を描いた（図3.31）．1万年前から8千年前にかけては，等時間線が水平に近く，海域が急速に拡大したことを示している．7千年前以降の7本の等時間線は，互いに形が似ており，海に向かって緩勾配の氾濫原区間，急勾配なデルタフロントスロープ（三角州前置斜面）区間，緩勾配な内湾泥底（三角州底置面）区間が連なり，全体としてS字をなしている．現在の地形断面（0年前の等時間線）の形もS字に近い．以上は，7千年前以降，河川の流送土砂の大半がデルタフロントに堆積して，デルタがS字の地形断面を保ったまま前進してきたことを物語っている．この間のデルタの前進速度は，年当たり数mに達する（大上ほか，2009）．

　デルタフロントが通過して，内湾が埋め立てられると，河川の洪水氾濫時に，河道と

[*4] 江戸時代以降，各湾の海岸線は干拓や埋め立てによって急速に前進してきた．

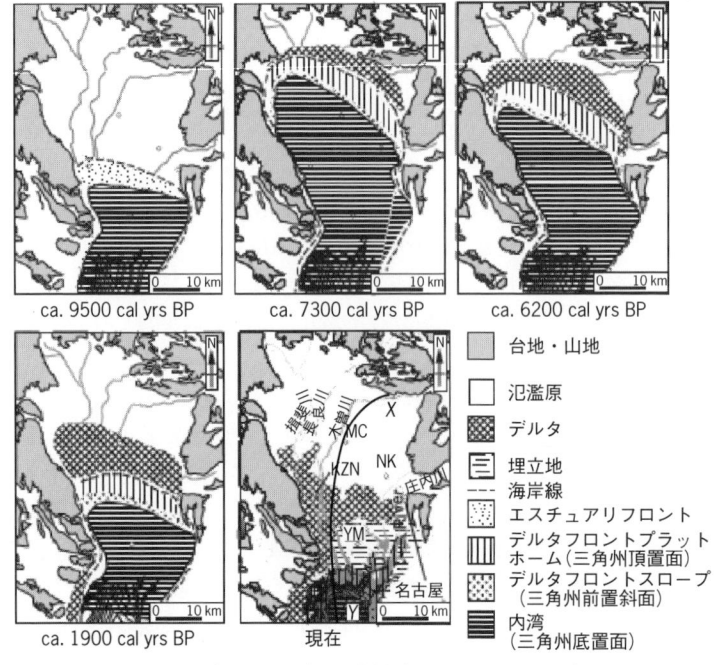

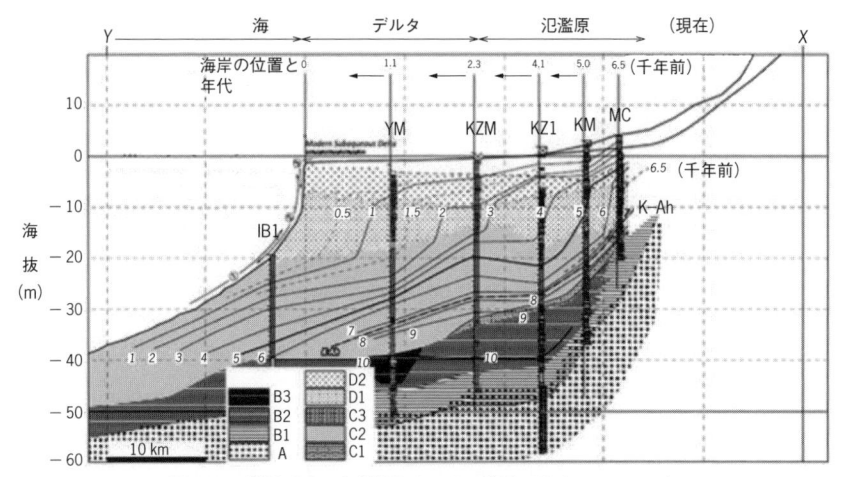

図 3.30 濃尾平野の古地理変遷（Saegusa *et al.*, 2009）
MC, NK, KZN, YM はボーリング地点を示す．*XY* は図 3.31 の断面の位置．Saegusa *et al.* (2009) は，ボーリング試料に含まれる珪藻遺骸群集を解析し，堆積環境を淡水・汽水・海水に分け，濃尾平野の古地理を復元した．7300 年前頃には古伊勢湾が拡大し，塩水生種の珪藻が広範囲に生息していた．

図 3.31 濃尾平野の完新統とその地下構造（大上ほか，2009）
XY 断面の位置は図 3.30 に示す．

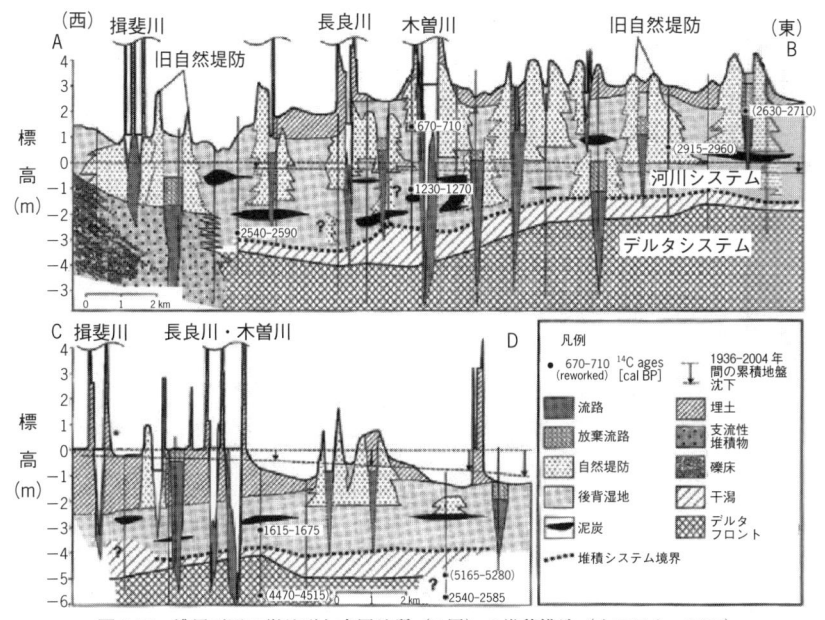

図3.32 濃尾平野の微地形と表層地質（E層）の堆積構造（山口ほか，2006）
濃尾平野の北部（上）と南部（下）の東西断面を示す．

その周辺一帯に土砂がデルタを覆って堆積するようになる．こうして形成された地層が洪水氾濫堆積物（E層）である．E層は，現河床堆積物，旧河道埋積物，自然堤防堆積物，後背湿地堆積物などに細分される（図3.32）．濃尾平野北部では，E層が数mの層厚で堆積するため，地表面は海面より高い（図3.32上：山口ほか，2006）．平野南部では，E層は薄層で，標高は海面下である（図3.32下）．平野の北側ほど，デルタフロント通過後の時間，すなわち，E層の堆積期間が長いために，E層が厚く堆積しているのであろう．後述のように，デルタと氾濫原とのわずかな標高差が，伊勢湾台風災害の明暗を分けた．

d. 海水準変動と河床縦断面形変化と沖積層（コースタルプリズム）の形成

沖積層の大局的な分布は，海水準変動に対応した河床縦断面形の変化によって，以下のように説明できる（図3.31，図3.33）．一般に，河口から沖への海底勾配は，河川の下流区間勾配よりも急である．最終氷期の海面低下期には，海底（陸棚）が陸化（離水）して，河川流路が延長した．この延長区間は急勾配であったために，河川は下刻して谷を形成し，河床には砂礫層（図3.31のA層）が堆積し，河床縦断面形は全体として急

勾配で直線的に変化した．

後氷期の海面上昇期には，海水が河谷に浸入し，溺れ谷が形成され，谷底に海成泥層（C層）が堆積した．続いてデルタおよび氾濫原堆積物（D, E層）が堆積し，現在の河床縦断面形になった．海面低下期の直線的な河床縦断面と現在の縦断面とに挟まれた「くさび」状の堆積物が沖積層であり，その形状からコースタルプリズム（CP：Coastal Prism）と呼ばれる．

日本の主要な30河川を対象として，河口から上流へ向かってCPの層厚変化を調べたところ，層厚は内陸へ向かって直線的に減少すること，CPのサイズは河川流域のサイズに比例的であることが確認できた（本多・須貝，2007）．ただし，信濃川を筆頭に，CPが特に厚く，上流への層厚変化が一様でない河川も存在しており，CPの形成に，地域によっては沈降運動が強く影響していることがわかってきた（本多・須貝，2007）．

世界に目を向けると，図3.28に示した土砂流出速度の大きい地域の河川ぞいには，CPが厚く堆積し，沖積平野の発達が良い傾向にある．日本のような島弧では，河床縦断面形が急勾配なために，相対的にCPの層厚が大きく，奥行きは短い（図3.33 a）．大

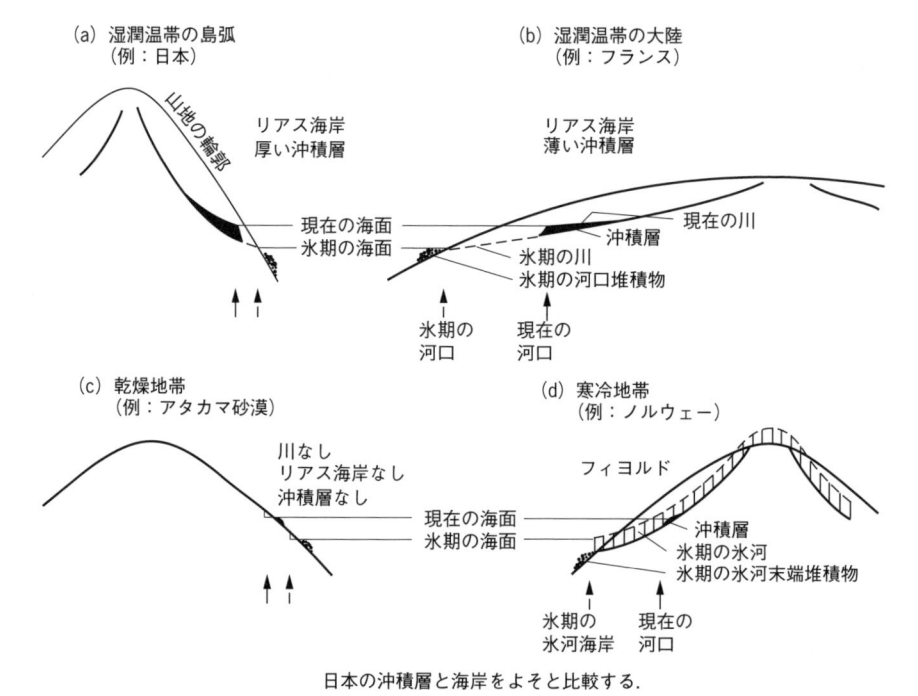

(a) 湿潤温帯の島弧
（例：日本）

(b) 湿潤温帯の大陸
（例：フランス）

(c) 乾燥地帯
（例：アタカマ砂漠）

(d) 寒冷地帯
（例：ノルウェー）

日本の沖積層と海岸をよそと比較する．

図3.33 氷期と現在の河床縦断面と世界の沖積層（コースタルプリズム）の分布特性（貝塚，1998）

陸の河川では，縦断面形が緩勾配なために CP は薄く，溺れ谷の埋積が進んでいないことが多い（図3.33 b）．氷期に氷河が発達した地域では，U字谷が溺れてフィヨルドとなり，その最奥部に小規模な CP が分布する例が多い（図3.33 d）．乾燥気候下で河川の存在しない地域では，CP が存在しない（図3.33 c）．後述のように，CP の形状や層厚は沖積平野の災害脆弱性を強く規定している．

3.4.3 文明を生み農業を支えてきた沖積平野

「エジプトはナイルの賜物」といわれるように，繰り返される河川の洪水氾濫がナイルデルタに土壌や栄養塩を供給し，生産性の高い農業を持続可能にしてきた．洪水氾濫堆積物が地表面を覆うと，新たに土地境界を定める必要が生じ，それが測量技術の発展を促した．幾何学（Geometry）が地表・地球を表す接頭語 Geo から始まる所以である．

a. アジア式稲作農業の萌芽と沖積低地・海面変化・人口爆発

人類は，その歴史の99％以上の期間，狩猟採取によって食糧を得ていた[*5]．先史時代の貝塚の分布は，生物生産性が高い干潟の周辺に人間が住んでいたことを物語っている．そこでは，魚介を含む多種多様な動植物が食されていたことが，安定炭素・窒素同位体分析によって明らかにされている（赤澤・南川，1989；米田，2004 など）．

稲作の起源は揚子江の下流域であると推定されている（佐藤，1996 など）．堆積物コアに含まれる花粉化石と燃焼炭素粒を分析した Zong et al. (2007) によれば，7700年前に，揚子江河口付近の沿岸湿地帯において，火入れと冠水管理によって最古の稲作が行われていた．その後，海面が上昇し，7550年前に沿岸湿地は再び海底に沈み，稲作が放棄されたという．

Li et al. (2009) は，1万地点を超える遺跡のデータをもとに，5千年前頃に，中国から東南〜南アジアの沿岸地帯に稲作が急拡大し，人口爆発が生じたとした[*6]．6千年前から4千年前にかけて，中国とインドの人口は，それぞれ80万人から2000万人，70万人から2000万人に増加した（Biraben, 2003）．低〜中緯度帯では，海面は7千年前頃まで上昇を続けたが，6千〜4千年前には安定し，若干下降傾向にあったので（図3.35上），この間に東〜南アジアの沿岸湿地帯が拡大して，揚子江から南アジア沿岸域への稲作の拡大と人口爆発に有利に働いた可能性がある．

[*5] 1万年前頃から植物の栽培化や動物の家畜化が始まった後も，化学肥料や大規模灌漑に支えられた近代農業が普及するまでは，居住地を選択する上で，食糧の制約が厳しかった．
[*6] Li et al. (2009) は，5千年前を境に水田からのメタン排出量が増大し，温暖化に影響してきた可能性を論じている．ここでは，この時期に臨海沖積平野において水田が一挙に拡大したことの持つ意味について，海面変化と沖積平野の発達という観点から考えてみたい．

b. 文明の発祥と沖積平野の形成

5900年前頃を中心に,世界各地の大河川の下流域で,都市文明が発祥したとする説が提唱されている(図3.34:Day et al., 2007).海面上昇が7千年前頃に終息すると,沖積平野は相対的に安定化し,河口周辺の豊富な食糧資源を支えに人類は定住を始め,その約1100年後に人口爆発が始まったという.

この文明発祥説に対して,懐疑的な見方もある(Washington, 2007).その根拠は,古代文明は内陸の河畔や湖畔にもみられること,文明が一斉に発祥したことを示す確たる証拠はないことである.古代遺跡は,海岸地域では海進時に浸食された可能性が高く,内陸では,河床上昇によって埋没した可能性が高い.すなわち,6千年前を境に遺跡が発見されやすくなったとはいえても,この時期に一斉に文明が発祥したことにはならないという反論である.この論争を決着させるには,上述した揚子江下流における古期稲作のような事例の蓄積が必要であろう.沖積面下に埋没している低地遺跡では遺物・遺体群が良好な状態で保存されやすいので,その発掘調査によって,遺跡周辺の生態系や人間と植生の交渉の歴史を復元可能である(辻,1987).また,濃尾平野の例で紹介した,海岸線の後退から前進へのタイミング,洪水氾濫堆積物の「嵩上げ」効果などを河谷ごとに復元して,ローカルな土地の形成史を理解する必要があろう.こうした理解は,現代文明が抱える自然災害問題の解決のためにも重要である.

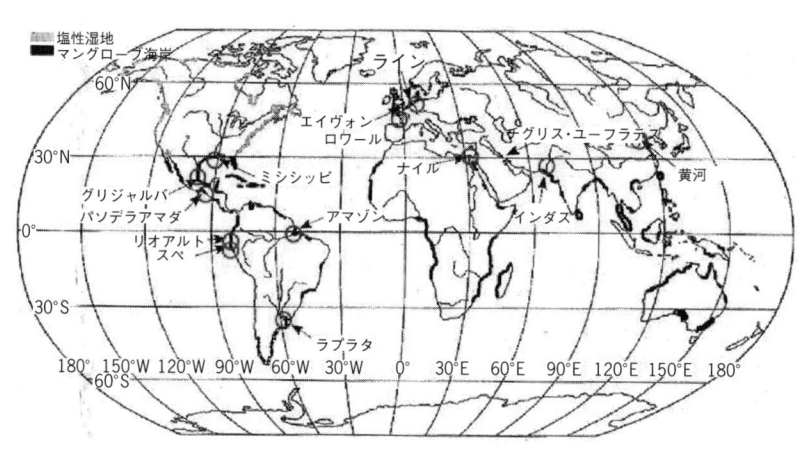

図3.34 初期都市社会発祥地の分布 (Day et al., 2007)
大河の河口域に都市が発生した.

3.4 陸域における自然の恵みと猛威　99

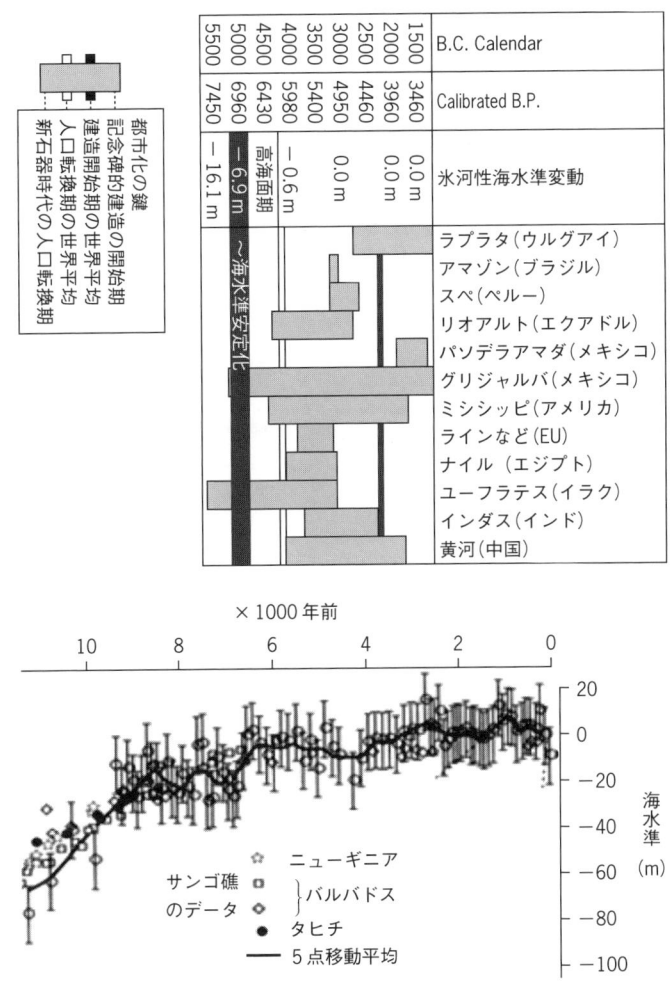

B.C. Calendar	1500	2000	2500	3000	3500	4000	4500	5000	5500
Calibrated B.P.	3460	3960	4460	4950	5400	5980	6430	6960	7450
氷河性海水準変動	0.0 m	0.0 m	0.0 m	−0.6 m	高海面期	−6.9 m 〜海水準変定化	−16.1 m		

（表中の文明名：ラプラタ（ウルグアイ）、アマゾン（ブラジル）、スペ（ペルー）、リオアルト（エクアドル）、パソデラアマダ（メキシコ）、グリジャルバ（メキシコ）、ミシシッピ（アメリカ）、ラインなど（EU）、ナイル（エジプト）、ユーフラテス（イラク）、インダス（インド）、黄河（中国））

（左枠）都市化の鍵／記念碑的建造の開始期／建造開始期の世界平均／人口転換期の世界平均／新石器時代の人口転換期

図3.35　世界各地における都市文明の編年図（上）と完新世の海面変化（下）
(Day *et al*., 2007 ; Siddal *et al*., 2003)

3.4.4　沖積平野における自然災害

「水は水を以て制す」という言葉がある．この発想で沖積平野の一部を占める扇状地河川を巧みに制御し，洪水害を軽減した先駆者として武田信玄は有名である．甲府盆地の霞堤と水害防備林は信玄堤の名で知られている．

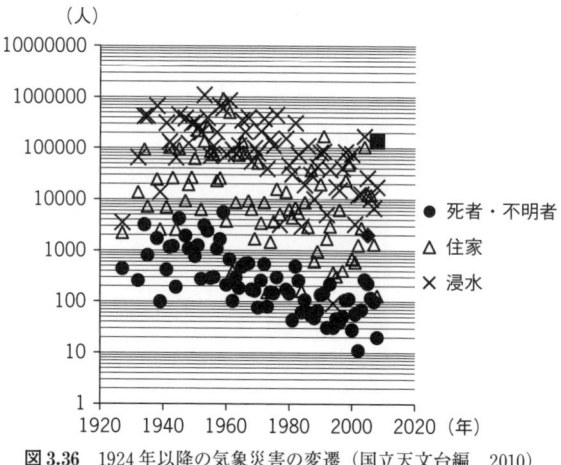

図 3.36 1924 年以降の気象災害の変遷（国立天文台編，2010）
◆：カトリーナによる死者，■：ナルギスによる死者．

a. 20 世紀までの災害

日本の沖積平野では，20 世紀中葉までは，台風に伴う高潮と外水氾濫*7 を中心とした気象災害によって多くの人命が失われていた（図 3.36）．沖積低地では，デルタ，旧流路，後背湿地を避けて，自然堤防やそれをもとに築いた人工堤防上に居を構えた．それでも母屋が浸水する場合を見越して，屋敷の一角を盛土し，その上に水屋（避難小屋）を設け，穀物を保管し，避難用の船を常備した．

濃尾平野では，仏壇が水没しないよう，滑車を使って屋根裏へ引き上げる工夫もみられた．破堤を阻止するために水防団が土嚢を積み，水屋を持てない人びとは地域の避難所に避難した．水害からすべての土地を守り，死者を出さないことは不可能であった．こうした人間と自然のタフな関係は，輪中ごとに運命共同体意識を発生・維持させるに十分であった．

日本の沖積平野の水害対策は，明治時代にオランダの治水技術を導入することによって本格化した（高橋，2008）．河川の排水機能を強化し，外水氾濫を防ぐために，河道の直線化・放水路の開削・連続堤防の建設が推し進められ，ダムや防潮堤が築造された．水害対策が進んだ結果，1960 年代以降，気象災害は激減した（図 3.36）．しかし，水害の撲滅は不可能であるにもかかわらず，水害に対する危機意識が薄らいできている面がある．風化させてはならない2つの教訓，1940 年代と 50 年代に発生した2つの大水害

＊7　洪水時に，河道（堤外地）から河川水（外水）が溢流して，周辺一帯が冠水する氾濫．人工的に連続堤防が築かれている場合には，破堤によって大規模化しやすい．これに対し，堤内地にもたらされた降水が十分排水されず，氾濫する場合を内水氾濫と呼ぶ．

について手短に記す.

1947（昭和22）年9月，カスリーン台風の大雨洪水によって，利根川―渡良瀬川合流点付近で，利根川右岸堤防が破堤した．多量の洪水土砂は中川低地に流れ込み，破堤の3日後には東京低地に流入し，東京湾へ注いだ．利根川は，元来，中川・東京低地を流下していたが，16世紀以降に中川・東京低地の新田開発と水害防止を目的とした「利根川の東遷事業」によって，現在の位置へ付け替えられた．カスリーン台風時の洪水氾濫流は，中世の利根川の再現に他ならない．自然に逆らった人為改変は，潜在的リスクを伴い続けること，外力（洪水流量）が人間の制御を超えると，人為がなければ生じる（た）はずの事象が発現することを忘れてはならない．

1960年代以前は，台風の高潮水害による死者が数百人以上に達することが珍しくなかった．その極みが1959（昭和34）年9月の伊勢湾台風による高潮災害であった．大矢雅彦が濃尾平野の水害地形分類図を発表した3年後に，伊勢湾台風が来襲し，デルタに分類されていた場所が高潮を受け，その最大水深は5mを超えた．デルタでは，洪水氾濫堆積物（E層）の層厚が薄く，標高が低いこと（図3.32下）が災いした．災害発生の翌朝，中日新聞は「地図は悪夢を知っていた」の見出しで，一面に水害地形分類図をカラー掲載した（大矢，1996）．被害を軽減するために，干拓地などでは，建物の低層階を倉庫などの非居住空間とすること，などの制限が実現した．また，濃尾平野以外の沖積平野を対象とした水害地形分類が進捗した（大矢，1996）．

20世紀は，外水氾濫の頻度が激減し，洪水による犠牲者が減少してきたという意味では，河川の流れの制御に成功した世紀といえる[*8]．他方，都市化の進行とともに，都市内で内水氾濫や局所氾濫が多発するようになった（松田，2009）．これには，集中豪雨の増加と地表の浸透率低下が誘因，素因としてそれぞれ関与している可能性が高い．こうした状況は先進諸国に共通したことのように思われた．ところが次に紹介するように，21世紀に巨大水害がアメリカを襲った．伊勢湾台風の教訓が生かされていれば，被害ははるかに軽減されていたであろう．

b. 21世紀にデルタを襲った巨大水害

2005年8月29日にミシシッピ川デルタを襲ったハリケーン・カトリーナは，ニューオーリンズを直撃し，高潮洪水による死者は2000名を超えた．防潮システムの破綻が

[*8] 2004（平成16）年には10個の台風が日本列島に上陸したが，関東平野や濃尾平野など大規模な沖積平野での外水氾濫は生じなかった．しかし，200名を超える犠牲者が出た．その原因は，船の転覆，土砂崩れや転倒街路樹の下敷き，水路へ転落などであった．破堤による外水氾濫の危険が残っていることを認識するとともに，風水害に対する危機意識や災害文化を継承していくことが課題として残された（須貝，2005）．

中心市街への海水の流入を許し，自然堤防上の細長い土地を残して，街は水没した．被災前に50万人を数えた人口は，被災後4年経っても半数にも回復していないという（佐藤，2009）．被害が拡大した理由として，防潮堤の一部が脆弱で，管理体制も不徹底であったことが指摘された（Tornqvist and Meffert, 2008）．沖積層の圧密，人為の影響による上流からの土砂供給の減少，さらには温暖化に伴う海面上昇，などの複合的原因によって，今後もミシシッピデルタでは地盤高の低下が進行すると考えられている（Blum and Roberts, 2009）．

2008年5月2日，サイクロン・ナルギスは，ミャンマーに大雨と高潮をもたらし，13万8000名以上の命を奪い100億ドルを超える被害を与えた．死者数は世界の災害史上8番目となった（Fritz et al., 2009）．高潮は低平なイラワジデルタを広域に水没させ，その範囲は海岸から50 km内陸にまで及んだ．多くの地点で水深は5 mを超え，2004年インド洋津波時のそれを凌駕した．海岸にマングローブ林が残されていた地域の内陸では，被害が相対的に軽微であったことから，マングローブ林の伐採が進み，デルタに人口が集中したことが高潮災害に対する脆弱性を高めたと考えられている．

3.4.5　沖積平野の災害脆弱性に影響を与える諸要因

これまで，沖積平野の形成史，および，それと人間との関わりの歴史について述べてきた．これまでふれなかった点を補足しつつ，沖積平野における自然災害の将来予測のために必要な情報を整理しておく．人為の影響を考慮しつつ，気候変動および山体崩壊イベントに伴う流域変動，海面変動，地盤変動の順に説明する．

a.　気候変動と大規模土砂移動イベント

3.4.4項で紹介した2つの高潮災害は，デルタが高潮に対して脆弱であることを見せつけると同時に，温暖化に伴う表層海水温の上昇が熱帯低気圧の発生規模や頻度を高める可能性について関心を集めることになった．地形地質記録（Leroy and Niemi, 2009；Hansom and Hall, 2009など）や古文書記録（Liu, 2007）にもとづく復元研究やモデル・シミュレーション研究が進捗し（Knutson et al., 2008など），中世の温暖期の熱帯低気圧活動が20世紀後半以降のそれと同程度であった可能性が活発に議論されている（Mann et al., 2009）．

3.4.1項で述べたように，気候のレジームシフトによって，流域の降水量，氷河量，植被率が変化し，河川流量や土砂供給量は変化する（Knox, 2003など）．新潟平野では，1千年オーダーの完新世の気候変動に伴って土砂供給量が変化し，沖積平野の微地形形成に影響を与えた（小野ほか，2006）．上流に氷河を持つ流域の下流では，氷河湖の決壊による土砂供給が環境を激変させる可能性がある．このことと温暖化による山岳氷河の

3.4.2項で紹介したように，土砂の流出速度は，気候変化のほか，火山活動や人間活動によって大きく変化する．日本を含む島弧や大陸弧には，成層火山が分布する．成層火山は成長過程で大規模山体崩壊を起こし（守屋，1983），下流の沖積平野へも多量の土砂を供給しうる．Yoshida et al. (2008) は，沖積平野へ供給される土砂フラックスという観点から，火山体の崩壊起源土砂を定量的に評価し，日本では非火山性の隆起山地からの流出土砂量と比べて遜色ないことを論じた．このように，低頻度大規模土砂移動は，平野形成において，一定の役割を果たしてきたことがわかってきた．

b. 海面変動

氷河性海水準変動が，沖積層（コースタルプリズム）の形成を支配してきたことや古代文明の同時多発説の論拠になっていることを紹介した．過去数十年間において，急速な地球温暖化によって海面上昇速度が加速し，100年当たり数十cmに達している．海面変化の将来予測のためには，気候変化予測と気候—氷河ダイナミックスの予測が必要であり，不確定要素が大きいものの，100年当たり数十cmのオーダーで上昇し続けると考えられている（Milne et al., 2009 など）．

こうした海面上昇は世界のあらゆる臨海低地の災害リスクを高めることになる．沿岸の堆積環境は地域によって多様である．3.4.2項では，濃尾平野を例に河川卓越型デルタの発達過程と海岸線の変遷を紹介し，河川の堆積作用の活発さに応じて，海岸位置が動的に変化してきたことを説明した．デルタには河川卓越型のほかに潮汐卓越型，波浪卓越型が存在する（堀・斎藤，2003 など）．九十九里のように浜堤列が発達する海岸もある．海面変化と地域特性の関係を丁寧に調べることが今後ますます重要になってくるであろう．

c. 地盤変動

地盤変動は，局所的もしくは地域的なスケールでの地表面の変位であり，臨海部においては，地盤の降昇は海面の昇降と同様の意味を持っている．地盤変動は，岩盤が変位する地殻変動と，岩盤を覆う軟弱層の圧密による地盤沈下がある．地盤沈下は，高度経済成長期の地下水汲み上げに伴って地層の間隙水が脱水し，著しく加速した．東京低地，濃尾平野，新潟平野などでは，海面下の面積が急激に拡大した．その後の地下水の揚水規制によって，地盤沈下は収まりつつあるが，過去の沈下が元に戻ることはない．

地殻変動は地震性の隆起・沈降と非地震性の変動とに分けられる．沖積平野の縁にはしばしば活断層が存在し，活断層が動いて大地震が発生すると，沖積平野の被害は甚大となる．明治以降の内陸浅発地震で震度7以上の揺れを記録した場所は，沖積層の分布

域と概ね重なっている(武村ほか, 1998). 後氷期の海進時に溺れ谷の海底に堆積した海成泥層は, 含水率が高くきわめて軟弱である. 地震波が沖積層に入射後, 多重反射を起こして揺れが増幅され, 震度が増す傾向がある. 関東大震災時の建物全潰率は, 震源から離れるにつれて減衰したが, 縄文海進時に海域となったコースタルプリズムの厚い場所(本多・須貝, 2007)では高値を示した(武村, 2003).

地震動は, 地すべり・崩壊・土石流による土砂災害の引き金となる. 同時に, 多量の土砂が河川に供給されて, 河川は氾濫しやすくなる. 地震性沈降により地盤標高が低下した平野では水害のリスクが増すことになる[*9]. また, 地震動を誘因とした人工堤防の決壊によって, 外水(河川水や海水)が堤内へ流入する地震水害の発生が危ぶまれている(松田, 2009 など).

d. 都市的土地利用の拡大

人間活動の影響については, すでに述べてきたが, ここでは特に2つの側面について述べる. 1つは都市的な土地利用の進行に伴う局所的問題, もう1つは, ハード面での自然力の制御がもたらす長期的課題である.

1つめの問題点は, 埋立地などで顕在化しやすい. 丘陵地の盛土地や切土と盛土の境界で, 地震動による建物被害が集中しやすい(田村, 1978). 東京湾を廃棄物で埋め立てた「夢の島」では道路が不等沈下し, 壁には亀裂が入っている. 1995(平成7)年の阪神淡路大震災では, 神戸沖の埋立地での液状化が顕著であった. 埋没旧河道では, 構造物が倒壊するなどして, 死者が集中したらしい(高橋, 2003). また, 地下鉄や地下街の開発が新たな災害リスクを生んでいる[*10].

2つめの問題は, 物質循環の視点から見た人工物の影響である. 連続堤防・ダム・直線河道・放水路の建設によって, 水の動きを堤外地に封じ込めることは, 土砂の動きをも封じ込めることになり, 長期的には, 山が削れて沖積平野ができるという自然の仕組みの破たんをもたらすことになる. ダム堆砂・天井川化・河床低下・海岸浸食・沖積低地の0m地帯の拡大などに, その兆しが認められる.

近代以前は, 河川の洪水氾濫によって, 沈下域に土砂が堆積し, 地盤が嵩上げされてきたが, カスリーン台風の洪水害の例で示した通り, その動きの再現が災害をもたらす状況にある. 河川による洪水氾濫堆積物がデルタに上方付加する速さと地盤沈下速度と

[*9] 濃尾平野の沖積層では, 平野西縁の養老断層系の活動に伴い沈降したことを示唆する痕跡が認められている(Naruhashi et al., 2008;丹羽ほか, 2009).

[*10] 内閣府が2009(平成21)年1月23日に公表した「荒川堤防決壊時における地下鉄等の浸水被害想定」はマスコミに大きく取り上げられた. 想定シナリオによれば洪水流は東京低地を下り, 地下鉄の構内へ流入し, 17路線97駅が浸水するという衝撃的なものであった. 地下鉄出入口の止水対策の必要が強調された.

海面変動のバランスによって，デルタのサイズは変化してきた．人間が土砂の流れを変化させることで，本来のデルタの形状からの乖離が激しくなっている（Syvitski and Saito, 2007；Syvitski *et al.*, 2009）．文明を萌芽させ，人類に恵みを与えてきた沖積低地は，皮肉にも文明の進歩とともに，温暖化とそれによる海面上昇，地盤沈下，都市的土地利用の拡大によって，その脆弱性を急速に増しつつある．

　科学の発展の歴史は，未知なる世界の発見の歴史であった．顕微鏡の発明に端を発するミクロ世界の探求は，原子や素粒子の振舞いをとらえるまでに進歩した．また人類は地球上をくまなく探検し，月面有人探査をも実現した．未知なる世界の解明は，既知なる世界の拡大にほかならず，2つの世界の間にフロンティアが存在してきた．既知なる世界の拡大は，生活水準を向上させる原動力となってきた．
　既知の世界の拡大がもたらす恩恵を人類が享受し続けるためには，既知と思い込んできた世界のなかに，それまで見えていなかった，あるいは，いつの間にか見失ってしまった「つながり」を（再）発見し，新たなつながりを創成していく必要がある．地球規模での環境問題や災害問題の出現は，グローバルスケールでの人間と自然環境とのつながりの発見にほかならない．発展途上国においては，「貧困化」と「災害脆弱性の増大」の間の悪循環（河田，1998）を断ち切る必要がある．先進国においては，「土地開発」と「災害脆弱性の増大」とのつながりをふまえて，開発のあり方を見直す必要があるかもしれない．伝統的な土地利用や生活様式を含む地域文化や災害文化を継承してきた世代間のつながりが何であったのかを学ぶことも必要だろう．　　　　　　　［須貝俊彦］

4 自然環境における生物

4.1 生物多様性へのアプローチ

　生物多様性（biodiversity）という用語は，1980年代後半から生物学的多様性（biological diversity）を簡潔に表す造語として広まったが，当初は「多様な生物がいることで生態系が安定する」「種の絶滅を防止することは重要である」「多様な天然林を画一的な人工林にすることは問題がある」といった定性的な議論にとどまっていたこともあって，具体的な生態学的研究とはあまり結びついていなかった．しかし，リオデジャネイロで開催された地球サミット（1992年）において「生物多様性条約」が調印され，日本でも絶滅危惧種をリストアップした「レッドデータブック（RDB）」が作成される（1991年～）とともに「絶滅のおそれのある野生動植物の種の保存に関する法律」が制定され（1992年），「生物多様性国家戦略」が策定される（第一次は1996年）など，生物多様性の重要性が社会的に広く認識されるようになった．

　これと並行して，地球上の様々な地域に固有な生物種が存在するに至った地史的な経緯や種内の遺伝的多様性，外来種による生態系の攪乱，似たような生活型を持つ多種の生物が同所に共存するメカニズム，被食者-捕食者と天敵といった三者以上の生物種の間の相互作用の複雑性など，従来様々な視点から個別に行われてきた分類学，生物地理学，生態学などの研究が，「生物多様性」という文脈の中に位置づけられるようになった．そればかりか，文化や社会の多様性までが，環境保全や持続可能性（sustainability）を語る上で欠かせないキーワードとされ，2005年にはUNESCO総会において「文化多様性条約」が採択されるなど，「多様性」という言葉も広く使われるようになってきた．

　ここでは，そのような広がりを持つ「多様性」全般について詳細に論じることは不可能だが，自然環境を構成する基本的な要素である生物群集において，多様性はどう定義され測定されるのかを，まず解説する（4.1.1項）．生物多様性を保全するための議論の土台として，生物多様性を定義し定量的に評価することは，その第一歩だからである．

　一方，生態系の構成要素として，生産者である植物，消費者である動物のほかに，分

解者として物質循環の重要な機能を担っている微生物の存在も忘れてはならない．ところが，自然界での微生物の生態について人類が知っていることはごくわずかで，自然生態系での微生物群集の多様性を評価することは，動植物のようにはいかない．実際はほとんど不可能というのが現実である．そこで，本節の後半（4.1.2項）では，まだ試行錯誤の段階だが，筆者らの研究室で最近行った自然生態系の中での菌類の多様性評価の試みを紹介する．

［福田健二］

4.1.1 動植物の多様性の調査・解析法

a. 多様性の調査法

一般に，植物や動物の種多様性を定量的に把握することは比較的簡単である．ある限られた生態系の範囲（湖沼，森林など）に見られる種数を，species richness（種多様性，種の豊富さ）という．種多様性を知るためには，現地で生態学的調査を行ってすべての出現種を記録すればよい．しかし，実際の湖沼や森林といった自然生態系は広大で，その全体をくまなく調査することは現実的ではない．そこで，何らかのサンプリング（標本調査）を行うことになる．サンプリングには，サーベイ（survey）ないしセンサス（census）と呼ばれる方法と，プロット（plot）法という2つの代表的な方法がある．

サーベイ法では，調査者は，対象地を横断するようにいくつものルートを通り，そこで見られるすべての種を記録していく．そのサーベイで確認された種数を種多様性とみなす．このサーベイ法は，ある地域の動物相や植物相を明らかにするために，最初に行われる方法であることが多い．

より詳細な調査としては，プロット法が行われる．プロット（調査区）は，調査地に設置する小さな区画のことである．プロットの大きさは，調査対象の生物のサイズや分布特性によって異なる．たとえば，草原の植物調査では普通1～2×1～2 mの方形区（コドラート）を設置する．一方，森林では調査区は20～40×20～40 mあるいはそれ以上の大きさにする．プロット法では，調査区の大きさを限定することで，サーベイ法よりも詳細で定量的な調査をすることができる．より大きな生態系を記述するためには，数個ないし多数のプロットを設置することもある．ある地域の温度や水分などの環境条件が，一定の方向に連続的に変化する（「環境傾度」という）ような調査地では，複数のプロットを，この環境傾度に沿って配置することがあり（たとえば，山岳で標高に沿ってプロットを設置するとか，川や湿地を含む場所で乾湿傾度に沿ってプロットを設置するなど），このような調査区の配置をトランセクト（transect）という．

b. 優占度（abundance）と均等性（evenness）

ある調査地において生育している生物の集団を「群集」（community）という（植物の

場合は「群落」). ある群集に含まれる種の多様性の指標として,種数 (species richness) は,非常に単純で計測しやすい点で優れている. しかし,研究上あるいは実用上の目的によっては,あまりに単純すぎて不適切なことがある. 種数を用いることの1つの問題は,実際の生物群集を構成している様々な種を見れば,ある種は非常に豊富で(たとえば個体数が多い),ある種は少ないのに,その違いを無視している点にある. 実際には,豊富に存在する種は頻繁に記録されるが,そうでない種は容易に見つけられずセンサスの結果から漏れてしまうこともあるだろう.

そこで,図4.1のような3つの仮想の植物群落を考えてみよう. A〜Eは出現した植物種で,図はそれぞれの種の生育位置を表している. この3つの群落のうち,群落①と群落②はいずれも5種からなる. したがって,どちらも種数 S は等しい ($S_①=S_②=5$).一方,右の群落③では,種Aしか存在しない ($S_③=1$). 群落①と群落②の種数は同じ5種だが,それぞれの種の優占度(豊富さ)には大きな違いがある. このような優占度の違いは何をもたらすだろうか? この調査地の左上隅から右下隅まで調査者がラインセンサス(サーベイ法)によって出現種を記録した場合を考えてみよう(矢印). 群落①では,調査者は5種を記録するが,群落②では種A以外のまれな種はセンサスから漏れてしまい,出現種数は1と記録されるだろう. 群落③ではもともと種Aしか存在しないので,もちろんセンサスの結果の種数も1である. このように,群落②と群落③の存在種数は実際には5倍もの違いがあるにもかかわらず,このサーベイ法での出現種数は同じ1種である! つまり,この群落②の出現種をすべて認識するには,群落①よりも多くの労力をかけて調査をしなければならないわけである. すなわち,群落②は群落①よりも多様性が低いということができる.

このように,多様性は,その群集に存在する種数だけでなく,それぞれの種の優占度の違いによって影響を受ける. そこで,均等度 (evenness) という概念を新たに導入することにしよう. 群落①のように種ごとの優占度が一様であれば均等度が高く,群落②のように種によって優占度が異なれば均等度が低いということにする. それぞれの種の

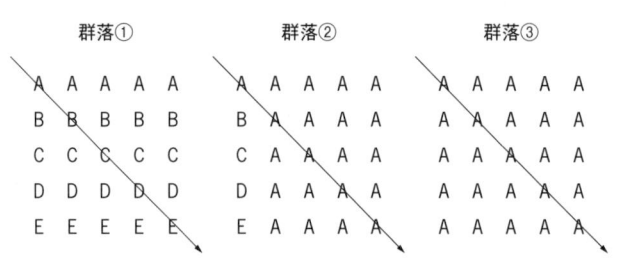

図4.1 3つの仮想植物群落における植物種 (A〜E) の成育位置とラインセンサスのルート(矢印)

4.1 生物多様性へのアプローチ

優占度の違い（群集構造と呼ばれる）は，ヒストグラムによって表すことができる（図4.2）．ここでは，優占度（abundance あるいは dominance）の指標は個体数としているが，実際には種によって個体サイズがまったく違うことがあり（高木と草本植物，ゾウとアリを個体数で比較するのは無理である），植物には個体を定義しにくいもの（たとえば，同じ根株から多数の幹が生える樹木や，コケのように個体の境界がわかりにくいもの）もあるので，その場合は別の指標を用いる．たとえば，バイオマス（生物体の乾燥重量）の合計や，「被度」（植物体の投影面積），樹木であれば「胸高断面積合計」（地上1.3 m の幹の断面積の合計）などを種の優占度の指標とすることが多い．これらの値は互いにおおむね比例するので，対象とする生物に応じて測定しやすい値を用いればよい．また，調査地に多数の小区画を設けて，それぞれの種の出現頻度（いくつの区画に出現したか）を記録する方法もある．図4.2の縦軸は，個体数から計算したそれぞれの種の相対優占度（この例では，群落ごとに全種の出現個体数の合計である25個体を1とした場合のそれぞれの種の個体数割合）である．群落②では，種Aが優占しているが，群落①ではどの種も出現頻度は均一である．つまり群落②は，均等度が低いことが見て取れる．

図4.3は実際の植物群落の優占構造を示すグラフである．A群落は種数が豊富な（50種以上）コーカサス山脈中央部の亜高山帯の干し草を刈り取るための牧草地（標高2100 m）である．この図の縦軸の相対優占度は，5×5 m のプロットの中に，250個の小区画（10×10 cm）をランダムに設け，それぞれの種が出現した小区画数（出現頻度）を優占度の指標として，全種の優占度の合計を1としたそれぞれの種の相対値である．これを見ると，実際の自然においては，それぞれの種の優占度は均一でないことがわかる．B群落は，A群落からさほど遠くない放牧地（標高3010 m）で，植生がやや疎な場所である．種数は34種と少なく，最も優占度の高い種が全体に占める割合はA群落よりも高い（Aでは0.094に対してBでは0.125）．しかし，全体的な優占度と順位の関係（グラフ

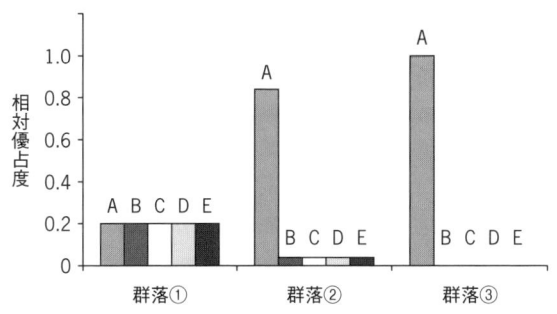

図4.2 仮想植物群落（①〜③）における植物種（A〜E）の優占度分布

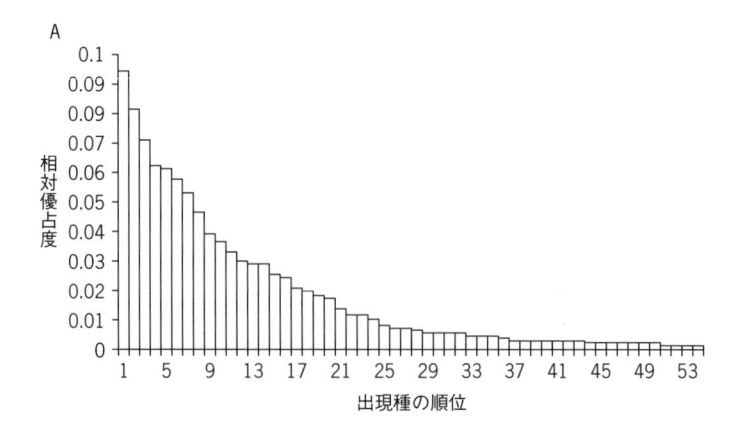

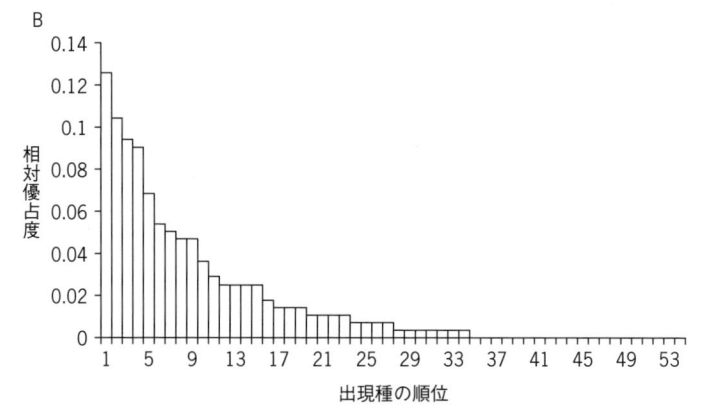

図 4.3 コーカサス山脈の草原群落の優占度分布
横軸は優占度が高い順に並べたそれぞれの種，縦軸は相対優占度．
A：コーカサス山脈中央部の亜高山帯の干し草刈り取り草地（標高 2100 m）．
B：同じ地域の高山帯の放牧地（標高 3010 m）．

の形）は似ている．次に，この2つの群落を多様性指数を用いて比較してみよう．

c. 多様性指数

多様性指数（diversity index）は，群集の多様性を簡単に表現するための数値である．これまで議論してきた種数（species richness）も多様性の指標の1つであるが，種数だけではなく，種の優占度のちがいを反映した指数が多数考案されている．それらのうち広く用いられているものが2つある．すなわち，シャノン（Shannon）の情報量指数

4.1 生物多様性へのアプローチ

と，シンプソン（Simpson）の優占指数である．

シャノンの情報量指数（多様性指数）(Shannon's information. Shannon-Wiener 指数，Shannon-Weaver 指数とも呼ばれている）は，コミュニケーション回路における情報量の計算方法として提案された．これを生物群集に応用するには，あるプロットにおけるそれぞれの種の相対優占度を変数として用いればよい．シャノン指数は，プロット間の相対比較のための数値である．この指数は，1950年代から広く使われており，たとえば，群落の長期にわたる変化で多様性がどう変わったかを調べたい場合など，古いデータと新たなデータを比較するのにも有効である．

シャノンの多様性指数は，以下の式で計算される：

$$H' = -\sum p_i \log_2(p_i) \quad \text{または} \quad H' = -\sum p_i \ln(p_i) \quad (4.1)$$

p_i は i 番目の種の相対優占度（相対出現頻度）である．左式で対数の底を2にしているのは，シャノンが2進法にもとづくビット（bit）を情報量の単位として用いたことによる．右式のように自然対数を用いても，群集間の相対的な比較の結果は変わらない．図4.1に示した仮想植物群落のシャノン指数を計算してみよう（表4.1）．

まず，(それぞれの種の出現個体数)/(全種の個体数合計) によって，相対優占度 p を求め，それぞれの相対優占度の対数値を計算する．そして，$p\log_2(p)$ の値を求めて合計

表4.1 仮想植物群落（図4.1の群落①，②）の多様性指数の算出

群落①

種	個体数	p（相対優占度）	$\log_2(p)$	$p\log_2(p)$	p^2
A	5	0.2	-23.219	-0.4644	0.04
B	5	0.2	-23.219	-0.4644	0.04
C	5	0.2	-23.219	-0.4644	0.04
D	5	0.2	-23.219	-0.4644	0.04
E	5	0.2	-23.219	-0.4644	0.04
計	25	1		-2.3219	0.20
				$H' = 2.32$	$1/D = 5.00$

群落②

種	個体数	p（相対優占度）	$\log_2(p)$	$p\log_2(p)$	p^2
A	21	0.84	-0.2515	-0.2113	0.7050
B	1	0.04	-46.439	-0.1858	0.0016
C	1	0.04	-46.439	-0.1858	0.0016
D	1	0.04	-46.439	-0.1858	0.0016
E	1	0.04	-46.439	-0.1858	0.0016
計	25	1		-0.9543	0.7120
				$H' = 0.95$	$1/D = 1.40$

することにより，シャノンの多様性指数 H' が求められる．H' の値を群落①と群落②で比較してみると，群落①では群落②より2倍以上も H' が高いことがわかる．つまり，種数が同じであっても，それぞれの種の優占度の違いによって多様性が異なることが，シャノン指数の違いとして表現されている．

シンプソン（Simpson）の優占指数 D も，多様性を評価するのに有効である．シンプソンは，ランダムに2個体を選んだ場合に，それらが同じ種である確率が高ければ，ある種が他の種を圧して優占していることを意味し，低ければ多様な種が共存していることを意味すると考えた．この確率がシンプソン優占指数 D であり，以下の式で計算される：

$$D = \sum p_i^2 \quad (4.2)$$

p_i はシャノン指数の場合と同様に，i 番目の種の相対優占度であり，ある1個体を取り上げたとき，それが種iである確率に等しい．2個体とも種iである確率は p_i^2 であるから，p_i^2 をすべての種について合計したものがシンプソンの優占指数 D である．D は0~1の値となり，大きいほど特定の種が優占していることを示している．図4.1の仮想植物群落①，②のシンプソン指数を計算してみよう．表4.1の右端に p_i^2 を示した．この値を全種について合計した値がシンプソン指数 D である．群落①では $D=0.2$，群落②では $D=0.714$ であり，群落②では種Aが優占しているために D の値が大きくなっている．多様性の指標としては，この逆数 $1/D$ が用いられる．群落①では $1/D=5$，群落②では $1/D=1.404$ であるから，群落①の方が多様性は3.56倍高いということになる．なお，$1/D$ の値は，群落①のようにすべての種の優占度が等しい場合には種数に一致し，優占度が異なると種数より低い値となる．

このシンプソン指数から，均等度（E）を簡単に算出できる．

$$E = (1/D)/S \quad (4.3)$$

E は，多様度（$1/D$）を総種数（S）で除した値で，0から1の値となる．群落①では，すべての種の相対優占度が等しいので，$E=1$ である．一方，群落②では種の優占度に大きな差があるので，$E=0.281$ である．

では，これらの多様性指数を，実際の植物群落（図4.3）で計算してみよう．低標高の刈り取り草地のA群落では $S=54$，$H'=4.84$，$1/D=21.4$，$E=0.40$，高標高の放牧地のB群落では $S=34$，$H'=4.38$，$1/D=15.63$，$E=0.46$ であった．これらの値は，高山の草原群落では典型的な値である．この2つの群落を比較してみると，種数 S は，高標高の放牧地では低標高の刈り取り草地に比べて37%少なかったが，均等度 E は放牧地の方が14%高かった．均等度が高いと多様性は高くなるのだが，高標高の放牧地との種数の差を埋めるには至らず，低標高の刈り取り草地では高標高の放牧地に比べて多様性が低い（シャノン指数で10%，シンプソン指数で25%の差）ということがわか

った.

d. β多様性：多様性の空間分化

これまでの議論は，ある均質とみなせる生態系の中に設置したプロット内部の種多様性の評価方法，つまり環境要因や種組成がほぼ均一とみなせる範囲での多様性を想定していた．これを α 多様性という．しかし，ある場所から別の場所へと移動すると，物理的環境要因（たとえば気候因子など）が変化し，種組成や種多様性もその影響を受けて変化する．つまり，ある広い地域全体の多様性を評価するためには，環境によって多様性がどう変化するかを知ることが必要であり，それは生態学的研究としても重要なことである．したがって，1つのプロットの中での種の多様性を評価するだけではなく，異なる環境下での多様性を比較することが必要となる．

そのためには，多くのプロットを環境傾度に沿って設置することが必要である．たとえば，高山帯から亜高山帯まで連続した草原が広がる山のことを考えてみよう．山地では標高に伴って気温が変化するので，それにつれて種組成も低標高と高標高では異なっている．そこで，標高傾度に沿って，2×2 m のプロットを6カ所，コーカサス山脈の調査地に設置した．低標高の Plot 1 から高標高の Plot 6 まで順に設置したプロットで，それぞれの植物種が出現したかどうかを表 4.2 に示した．全部で11種が出現したが，全部のプロットにその11種がまんべんなく出現したわけではなく，出現種はプロットの環境に応じて入れ替わっている．このような種の「入れ替わり」が，β 多様性あるいは群落分化による多様性といわれるものである．この α 多様性と β 多様性とを合わせた地域全体の種多様性を γ 多様性という．

表 4.2 コーカサス山地の標高傾度に沿ったプロットにおける単子葉植物の種組成（出現種：＋）

出現した植物種	Plot 1	Plot 2	Plot 3	Plot 4	Plot 5	Plot 6
Kobresia persica	＋	＋	＋		＋	＋
Agrostis planifolia	＋	＋	＋	＋	＋	
Hordeum pratense	＋	＋	＋	＋	＋	
Poa pratense	＋	＋	＋	＋	＋	＋
Pleum alpinum	＋	＋	＋	＋	＋	＋
Alopecurus glacialis		＋	＋	＋	＋	＋
Poa alpina			＋	＋	＋	＋
Helictotrichon asiaticum			＋	＋	＋	＋
Luzula spicata			＋		＋	＋
Alopecurus glacialis			＋		＋	＋
Carex trisitis	＋					＋
種　数	6	6	10	7	10	9

β多様性を知ることは，様々な空間スケールでの種の分布範囲を知るために必要であるばかりでなく，実際の保全の場面において非常に重要である．もしβ多様性が低ければ，ある小さなエリアを保全すればほとんどの種が保全できるということを意味し，逆にβ多様性が高いことは，非常に広い面積を保全するか，多くの保護区を結ぶネットワークを構築するなどの手段を講じなければならないことを意味する．

表4.2の例では，全11種が，γ多様性としての総種数ということになる．β多様性を表す指数としては，ホイッタカー（Whittaker）のβ_Wがよく用いられる．

$$\beta_W = (\gamma / \alpha_{mean}) - 1$$

γは，トランセクト全体の総種数，α_{mean}はα多様性の平均値である．すべての種が全プロットに共通して出現した場合は$\gamma = \alpha_{mean}$なので$\beta_W = 0$となる．表4.2の群落の場合，総種数$\gamma = 11$，プロットの出現種数の平均値$\alpha_{mean} = 8$である．したがって，$\beta_W = (11/8) - 1 = 0.375$である．この$\beta_W$指数が比較的小さな値であったことは，複数のプロットに共通する種が多いことを表している．

e. 類似度指数

ホイッタカーのβ_Wは，多数の群落（群集）間の平均的な違いの程度を評価する指標であるが，個々の群落（群集）間で，種組成が互いにどれくらい共通なのか，どれくらい異なるのかを評価することも重要である．そのために，様々な「類似度指数（similarity index）」が提案されている．類似度は，2つの群落の種組成やそれらの種の優占度分布がまったく同じであれば最大値となり，まったく共通種がない場合に最低値となるような指標である．最も普通に使われているのは，森下-ホーン（Morisita-Horn）の類似度指数（MH）で，以下の式により計算される．

$$MH = 2\sum (p_i q_i) / (\sum p2i + \sum q2i)$$

p_i, q_iは，それぞれの群落における種iの優占度である．MH指数は，共通種がまったくない場合に0，全種の優占度が完全に一致する場合に1となる．類似度の不便なところは，β_Wと違って1度に2つの群落しか比較できない点であるが，調査している群落の数がそれほど多くない場合には，すべての群落間の組合せについてMH指数を計算することも可能で，類似度にもとづいて群落を分類したりデンドログラム（樹形図）を描くことも行われる．

実際に，南米チリのパタゴニア地方で植物群落間の類似度を計算した例を説明しよう．南米大陸南端に近いパタゴニア地方では，低温や強風の厳しい環境のため森林は成立せず，クッションのような形をした低木や草本の群落が独特の景観をなしている（図4.4）．優占種であるセリ科のバルサムボグ（*Bolax gummifera*）がクッション状の構造をつくっているが，その内部には他のいくつかの種が生育している．このクッションの内

4.1 生物多様性へのアプローチ

図 4.4 パタゴニア地方のクッション植物群落（Badano, 2006）
左のクッション植物は *Azorella compacta*，右は *Azorella monantha* である．

外の植物群落を標高 700 m と 900 m の場所で調査範囲が同じ面積になるようにして調べた．その結果，標高 700 m の *Adesmia lotoides* などのようにバルサムボグのクッションと強く結びついている種がある一方，900 m の *Hamadryas kingii* のようにクッションの外にのみ生育する種もみられた（表 4.3）．

では，群落全体としてはどんな傾向があるのだろうか？ MH 指数を用いて，標高間，クッションの内外で群落の類似度を比較してみよう（表 4.4）．標高 700 m のクッションの内外を比べると，MH 指数は 0.96 で種組成が非常によく似ている．つまり 700 m 地点では，ほとんどの種がクッションの内側にも外側にも生育している．一方，900 m では，クッション内外の MH 指数は 0.71 とやや低く，種組成が異なっていることがわかる．次に，同じハビタット（クッションの内側もしくは外側）どうしで，標高間の比較をしてみよう．クッションの外では，700 m と 900 m の種組成はあまり共通していない（MH＝0.38）．逆に，クッション内部では，標高間で種組成がほとんど共通である（MH＝0.81）．さらに違うハビタットの違う標高間で比較してみると，700 m のクッション内と 900 m の外側とでは類似度は低い（MH＝0.44）が，700 m の外側と 900 m のクッション内は類似度が高い（MH＝0.80）．

これらの一見ばらばらに見える結果は，次のように統一的に説明できる．つまり，標高 700 m 地点では 900 m 地点に比べて環境（寒さや風など）はそれほど厳しくはない．そこで，700 m では多くの種がクッション内でも外でもよく生育する．しかし，標高 900 m の厳しい環境でクッションの外側で生育できる種は環境耐性が特に高い種に限られるため，クッション内外で群落の分化が生じているのである．900 m の外側の種組成は，700 m のクッション内側，外側のいずれとも類似度が低い．一方，900 m のクッションの内側と 700 m のクッション外側とは種組成がかなり共通している．これは，900 m の内側は 700 m の外側と同程度に厳しい環境であるためだろうと推測される．この

表4.3 パタゴニアの標高700 m, 900 m 地点でのクッション植物の内外の種組成
(Cavieres *et al.*, 2002 を改変)

植物種	植物群落			
	700 m 内側	700 m 外側	900 m 内側	900 m 外側
Abrotanella emarginata			22	0
Acaena antarctica	2	1	1	0
Acaena magellanica	1	0		
Acaena pinnatifida	8	5	2	0
Adesmia lotoides	14	1		
Adesmia parviflora	2	0		
Adesmia pumila	7	0		
Adesmia salicornioides	1	1		
Astragalus nivicols	16	5	2	0
Azorella fuegiana	5	8	4	0
Azorella lycopodioides	4	0	9	0
Azorella monantha	13	15	2	1
Calcella uniflora	3	2	1	1
Cerastium arvense	1	2	4	1
Colobanthus subulatus	1	1	2	0
Draba funiculosa	0	1		
Draba magellanica	5	7	1	0
Elymus glaucescens			1	3
Empetrum rubrum	23	1	3	0
Erigeron leptopetalus	8	8	7	0
Festuca magellanica	32	20	13	3
Gaultheria pumila	14	14	18	3
Hamadryas kingii			0	12
Hypochaeris incana	7	4		
Leucheria leontopodioides	3	0		
Luzula alopecurus	13	6	16	3
Luzula chilensis	5	2	3	0
Nassauvia aculeata	0	5	5	1
Nassauvia revoluta	0	1	0	1
Oxalis enneaphylla	3	5		
Perezia megalantha			0	3
Perezia pilifera	27	15	5	0
Phleum alpinum	1	0		
Plantago uniglumis	6	4	1	0
Poa alopecurus	3	0		
Poa pratensis	7	8	3	0
Poa spec	7	3	5	3
Senecio magellanicus	1	5	2	0
Trisetum sp.	21	12	16	2
Vicia bijuga	4	1		

注) 表中の数字は,それぞれの種の出現個体数.

表4.4 パタゴニアの標高700 m，900 m地点の植物群落の類似度マトリクス

	700 m 内側	700 m 外側	900 m 内側	900 m 外側
700 m 内側	–			
700 m 外側	0.96	–		
900 m 内側	0.81	0.80	–	
900 m 外側	0.44	0.38	0.71	–

仮説は，実際に気温などの微気象因子をそれぞれのクッション内外で調べてみれば実証できるだろう．

　以上のように，生物多様性の評価のための生態学的な解析方法を具体例に沿って解説してきたが，実際の生物多様性保全の取り組みにおいては，これらの基礎的な解析をベースに，絶滅危惧種の種数や帰化種数，生活型組成や，それぞれの種の個体サイズ構成や開花結実率など，様々な側面からその群落（群集）の多様性の成り立ちを知り，今後の推移を予測したり，種や群落ごとの保全上の重要性の評価と保全方法の検討を行うことが必要である．　　　　　　　　　　　　　　　　　　[キクビツェ・ザール]

4.1.2　生態系における菌類の多様性評価

　菌類（fungi）は，真核微生物の一部で，糸状菌または酵母という形態を持ち，一般にはカビと呼ばれている．菌類の胞子形成器官（子実体）が肉眼で見えるほど大型のものである場合は，キノコと呼ばれている．キノコは植物でいうと花に相当する繁殖器官で，本体は土壌や木材の中で生育している菌糸である．そのため，ある種のキノコが生えていないからといって，そこにその種の菌糸が生育していないとはいえない．さらに，菌類のほとんどの種類は肉眼で見えるような子実体（キノコ）をつくらないし，菌類の種のうち学名がつけられているものは数%程度であろうともいわれている．植物や動物においてさえ，センサス調査やプロット調査においてその生態系に存在するすべての種を網羅できているとは限らないことを4.1.1項で述べたが，微生物の場合はそこに存在する全種のリストを作成することはそもそも不可能ということである．したがって，ある場所に生育する菌類のすべての種の多様性を評価したり，菌類の絶滅危惧種を客観的な数値で決めたりということは，今のところできない．

　しかし，生態系において，菌類は落葉を分解し，無機養分を土に還元したり，樹木の根と共生して養分吸収を助けたりという重要な役割を果たしており，その多様性を知ることは大切である．たとえば，ターゲットとすべき菌類のグループを絞り込んだ上で，その菌類グループに適した調査方法によって，調査地の菌類の種組成を調べることなら一定の精度で可能である．その種組成を調査地間で比較して，菌類の多様性が調査地ご

とにどう違うのか，なぜ違うのかを分析し，環境が変化した場合に菌類の多様性がどんな影響を受けるのかを予測することもできるだろう．

ここでは，森林生態系における菌類の多様性を評価する試みとして，筆者らの研究室で行った2つの研究事例を紹介しよう．なお，現在の最前線の研究現場では，DNAを用いた菌類の種の同定や遺伝構造の分析，植物生理学や生物間相互作用解析にもとづく研究などが実際には中心になるのだが，それらの解説は専門書にゆずることとし，ここでは，4.1.1項で説明した動植物の多様性の解析に準じた方法で菌類を扱った研究例を紹介する．特に事例1は，学校のクラブ活動などの形で，菌類の多様性のモニタリングに役立てることができるのではないかと考えている．

a. 事例1：都市化に伴うスダジイ林の大型菌類相の変化

スダジイやカシ類などからなる常緑広葉樹林は，関東から西南日本の平野部や山地帯下部に卓越する自然植生であり，社寺林などの形で都市域にも残っている．天然記念物・文化財として保護されているものも少なくない．森林には様々なキノコがみられるが，それらは，落葉落枝の分解に関わる腐生菌や，樹木の根に共生して養水分の吸収を助ける外生菌根菌である．都市化に伴う温度や水分環境の変化，汚染物質の負荷，林分構造や下層植生の変化などに伴って，菌類の多様性にも変化が生じているかもしれない．菌類群集が異なれば生態系の機能にも変化が現れるかもしれない．そこで，同じスダジイという常緑樹の森林について，都市林から自然林にいたる様々な環境下の林分

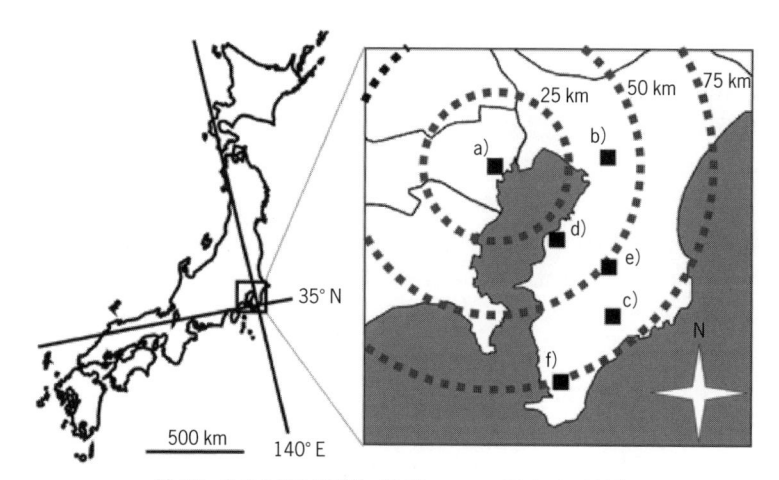

図4.5 きのこ相の調査地（Ochimaru and Fukuda, 2007）
a）自然教育園（都市），b）千葉千城台（郊外），c）千葉演習林（山地），
d～f）補足調査を行った調査値（説明省略）．

で，大型菌類相を比較してみた．

　子実体（キノコ）はいつも生えているわけではないし，毎年発生するとも限らないため，子実体から菌類相を評価するためには，1〜2週間おきに最低3年間は調査をしなければならない．筆者らは東京都心部から房総半島にかけて6地点のスダジイ林（図4.5）に固定プロットを設置して，菌類子実体調査を行った．特にa（自然教育園）は東京都心部，b（千葉千城台）は都市郊外，c（千葉演習林）は山地の原生的な自然環境を代表する調査地として，それぞれに10×10 mのコドラートを3つずつ設置して3年間調査した．

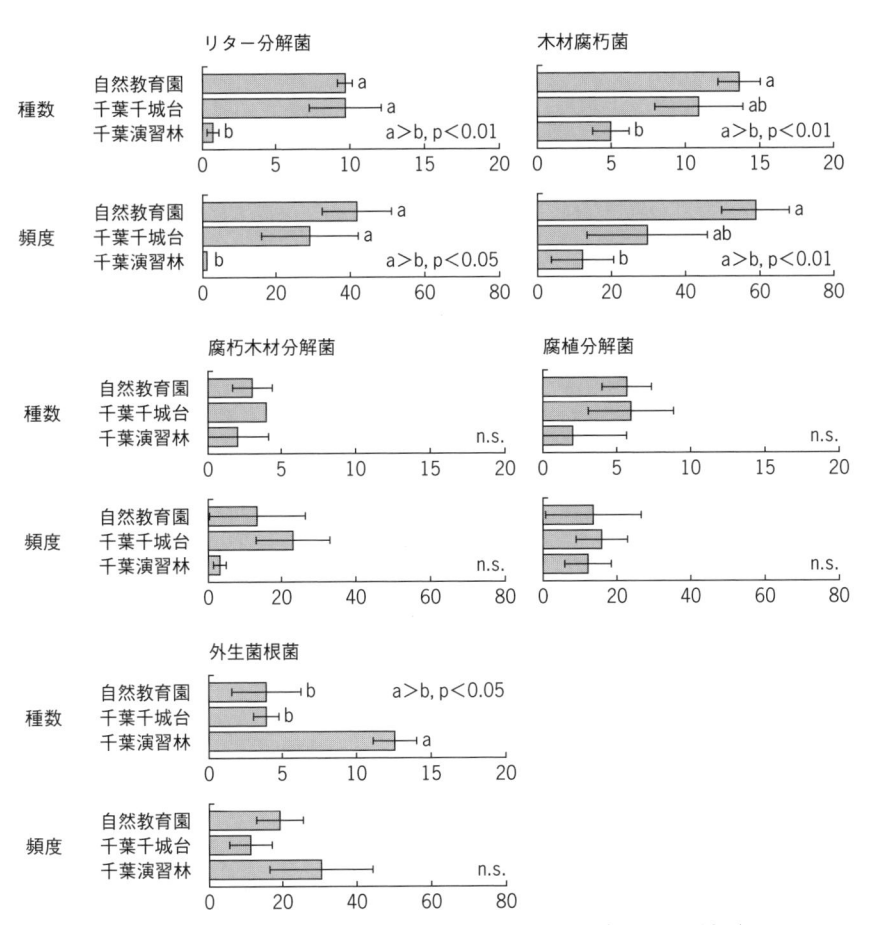

図4.6 調査地（図4.5のa〜c）における生活型別の菌類子実体の種数と発生頻度（Ochimaru and Fukuda, 2007をもとに作図）

調査の結果，132種のキノコが確認され，それぞれの種の生活型は5つに分類された．すなわち，リター分解菌22種，木材腐朽菌39種，腐朽木材分解菌10種，腐植分解菌23種，外生菌根菌38種であった．図4.6を見ると，自然林から郊外林を経て都市林に至る変化として，枯死した枝葉を利用する腐生菌の種数や発生頻度が増加した一方で，樹木の根と共生する外生菌根菌の種数や発生頻度は低下していた．外生菌根菌のキノコの主なものは，テングタケ科，フウセンタケ科，ベニタケ科，イグチ科に属していたが，都市林においてはテングタケ科の種数，発生頻度がともに減少し，代わってベニタケ科の発生頻度が顕著に増大した（図4.7）．これは，都市林でベニタケ科のシロハツモドキが長期間にわたって発生したことによる．つまり，山地林でテングタケ科の種が占めていた生態的地位（niche）が，都市林においてはシロハツモドキによって置換され，多様性が低下したことが推測された．シロハツモドキは，図4.5（d~f）の調査地でも都市化の進んだ場所ほど発生頻度が高かったので，この種はスダジイ林の外生菌根菌相の都市化の程度を表す指標として使えるかもしれない．ただし，この調査では，地上に出現したキノコを調べただけなので，スダジイの根に菌根を形成して共生している菌がテングタケ科からシロハツモドキへと交代したのか，それとも単にキノコを発生さ

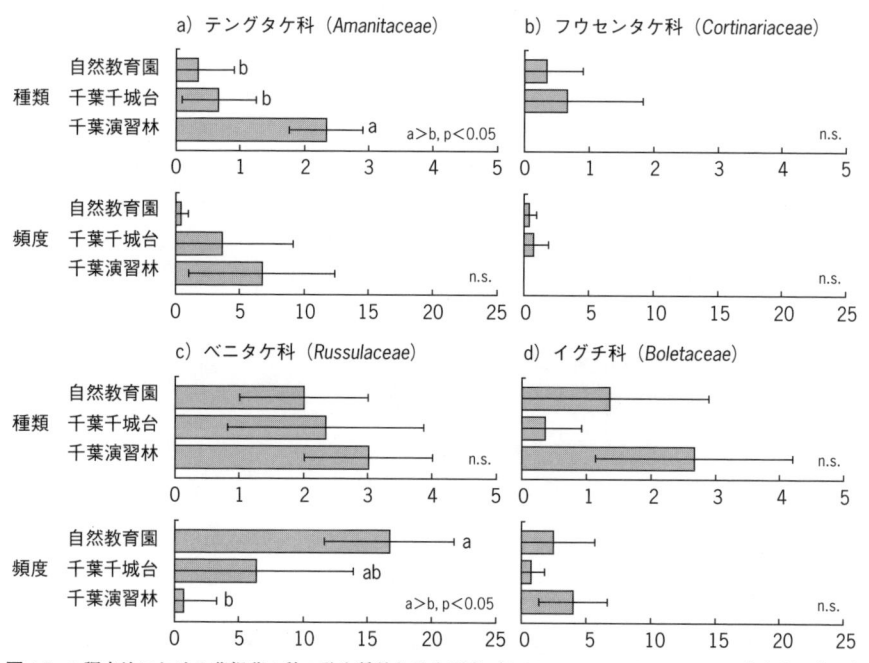

図4.7　3調査地における菌根菌4科の発生種数と発生頻度（Ochimaru and Fukuda, 2007をもとに作図）

せる頻度が変わっただけなのかはわからない．実際にそれらの種の菌根がどれくらいあるのかを調べて，キノコ相の変化のメカニズムを明らかにし，菌根菌の多様性が，樹木の健全度や森林生態系の機能にどのような影響を与えるのかを明らかにすることが，次の研究テーマである．

b. 事例2：植生の二次遷移に伴う外生菌根菌の多様性の変化

筆者らの研究室がある東京大学柏キャンパスは，戦前は日本陸軍の柏飛行場，戦後しばらくは在日米軍の無線基地だったところで，敷地の北側には森林や草原が残っている．米軍による接収から東大キャンパスとなるまでの間，ほとんど人手が入らなかったために，もともとわずかに残っていたアカマツ，コナラ，シラカシなどからなる森林とその周辺の草地では，二次遷移（secondary succession）が進行した（図4.8）．二次遷移とは，伐採跡地などで時間経過とともに植物群落が変化していく過程で，群落の発達による環境変化によって，もともとあった植物種が別の種へと交代していく現象である．日本の暖温帯では，1年草 → 多年草 → 低木 → 陽樹（日向で育つアカマツ・コナラなどの先駆樹種） → 陰樹（日陰でも育つシイ，カシなどの極相樹種）という順序で出現種が入れ替わっていく．このように草地へ樹木が侵入，定着し，複雑で多様な森林生態系が形成され，やがては極相（climax．遷移の終着点）のシイ・カシなどの照葉樹林へと変化していく過程で，微生物の多様性はどのように変化しているのだろうか？

筆者らは，樹木の根と共生する外生菌根菌に着目して，その変化をとらえようと試みた．現在も草地となっている場所からもともと森林だった中心部へ向かって帯状のトランセクトを設置し，それぞれのコドラートの樹種構成を比較してみると，草地からヌルデ低木林，アカマツ，コナラ・クリ林を経て，常緑のシラカシ林へと至る二次遷移に沿った樹木の種組成の変化が観察された．樹木バイオマスの指標である胸高断面積合計（地上1.3 mで測定した幹の断面積の合計値）も遷移系列に従って増加し，樹木の種数も遷移につれて増加していた（図4.9）．そこで，それぞれのプロットから土壌サンプルを採取し，そこに含まれる樹木の根を顕微鏡で観察して菌根の形態タイプ（菌根は菌の種や

図4.8 森林の拡大（左から1967年，1979年，1998年）とプロットの配置（Yamashita et al., 2007をもとに作図．空中写真は国土地理院提供）Plot 1は1辺5m，Plot 2～6は10m.

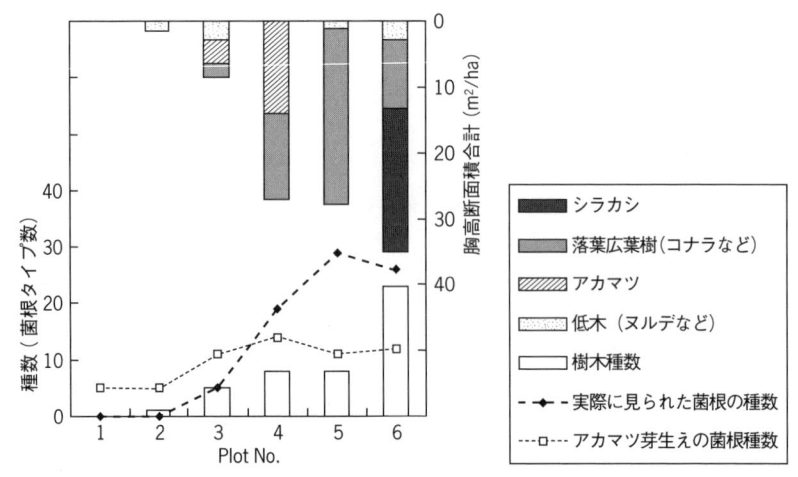

図 4.9 二次遷移に沿った樹木の種組成の変化と菌根菌の種数の変化（Yamashita *et al.*, 2007 を一部改変）

属ごとに特有の形態的特徴を持つので，おおむね菌根菌の種に対応する）の変化を見た．同時に，それらの土壌に潜在している菌根菌の多様性を評価するために，表面殺菌したアカマツの種子をそれぞれの土壌サンプル上で発芽させ，芽生えの根に形成された菌根の形態タイプの多様性を調べた．

その結果を図 4.9 に示した．Plot 3 から Plot 5 にかけては，二次遷移の進行に伴う樹木バイオマスの増大につれて菌根のタイプ数も増加したが，極相のシラカシ林のステージ（Plot 6）では，樹木バイオマスや樹木の種数は増大したにもかかわらず，菌根のタイプ数は低下した．

一方，アカマツ芽生えを用いた実験では，外生菌根と共生する樹木がまったく存在しない草原（Plot 1）やヌルデ低木林（Plot 2）の土壌に播種した場合でも，アカマツの根には菌根が形成された．つまり，草原や低木林の土壌にはアカマツの根に感染可能な菌根菌の感染源（「埋土種子」に倣って表現すれば「埋土胞子」や「埋土菌糸」）が樹木を待ち受けていることがわかった．なお，これらの土壌を滅菌した場合には，菌根が形成されずにアカマツの芽生えはすべて枯死した．アカマツ芽生えに形成された菌根のタイプ数は，草原やヌルデ林では少なかったが，アカマツ成木のバイオマスが最大となったステージ（Plot 4）で最大となり，コナラ・クリ林（Plot 5），シラカシ林（Plot 6）へと遷移するにしたがってやや減少した．

これらの菌根タイプのほとんどは，複数のプロット（遷移段階）にまたがって出現し，

表 4.5 二次遷移に沿って設置したプロットの菌根タイプ組成（Yamashita et al., 2007 を一部改変）

菌根タイプ	プロット内樹木の菌根						アカマツ芽生えに形成された菌根					
	Plot 1	Plot 2	Plot 3	Plot 4	Plot 5	Plot 6	Plot 1	Plot 2	Plot 3	Plot 4	Plot 5	Plot 6
T-15			1	1	2	1			1	1	3	2
U-5				2	3	2	1					
T-5				1	2	2			3	1		1
U-16				1	2	1					1	1
U-20				1	1	1				1		
T-16				1	1	3						
T-7				1	1	1					1	
T-6				1	1	1	3	3	3	2	3	1
U-9				1	2				1	1		1
T-1				1			1					1
T-14				1				1		1	1	1
T-4				1					1	1		2
U-7				1					1			
U-3					1				2			
U-10			1	2	1	1						
U-13			1	1	1							
U-14			1	1								
T-3			1									
U-25				2	1	2						
U-12				1	2	4						
U-21				1	2	2						
U-22				1	1	2						
U-11				1	1	1						
T-9				1	1	1						
U-23				1	1	1						
U-15				1	1	1						
U-26				1	1							
U-24					1	2						
U-19					1	1						
T-8					1	1						
U-17					1							
U-27					1							
T-13						1						
U-18						1						
U-28						1						
T-11						1						
U-6							2	1	1		1	1
T-12							1			1		
T-10									1	1	2	1
U-2								2	1	1	1	
U-8									1	1		
U-4									1		1	
U-1										1	1	1
T-2											1	1
菌根タイプ数	0	0	5	19	29	26	5	5	11	13	11	12
多様性指数 H′	0	0	2.32	4.60	5.52	5.84	2.36	2.36	3.56	3.96	3.67	3.55

出現率 1:～25%, 2:～50%, 3:～75%, 4:～100%.

それぞれのプロットの樹木の根と，アカマツ芽生えの根とに共通する菌根タイプが全体の約1/3を占めた（表4.5）．これらの結果から見て，土壌中にはりめぐらされた菌根菌の菌糸ネットワークが，複数の樹種，成木と実生をつないで，養分のやりとりをしている可能性が考えられる．このような複数の樹種の「橋渡し」をする菌根菌が，植生遷移では重要な役割を担っているのかもしれない．実際に火山などの一次遷移（植生や土壌がない所で始まる遷移）では，先に定着した植物の菌根菌が後に続く植物の定着を助け，遷移を進めることが明らかにされている（Nara and Hogetsu, 2004；奈良，2008）．この調査地では，急激に松枯れが広がり林分構造が変わってしまったため調査を継続できなかったが，DNAを用いて菌根菌の種を同定し，それぞれの菌根菌の宿主特異性（特定の樹種とのみ共生するのか，複数の樹種に感染しているのか）や養分吸収能力の違いを調べれば，植生遷移における菌根菌類の役割をより詳細に明らかにできるだろう．

［福田健二］

4.2 生物資源へのアプローチ

4.2.1 生物資源管理：海洋生物資源を対象として

生物資源は人間の生存基盤をなし，われわれに食糧，材木，薬品，衣料などを供給する．鉱物資源や水資源など他の自然資源と異なり，生物が増加能力を持つために再生可能な資源である．つまり，上手に利用すれば持続的に自然の恵みを享受できる．

生物資源管理とは，対象資源を人間にとって望ましい状態に保つ，あるいは近づけることである．対象は特定の個体群（ある空間内に生息する同種の集団）であったり，複数種であったりする．通常，対象資源を絶滅させずになるべく多くの収穫を持続的に得る状態を望ましい状態とみなす．しかし，ある資源と別の資源の間に捕食・被食，競争など生態学的関係があると，一方の最適利用と他の最適利用が両立するとは限らない．また，単一種管理であってもその種の利用が生態系に与える影響を考慮した管理，生態系そのものの管理の重要性が指摘されるようになった．人間の生活に直接に役に立たず狭い意味では資源とならない希少な生物種が有用資源とともに混獲されるとき，その希少種の保全を意図した管理も行われるようになった．対象生物への価値観の相違が管理のあり方を変えることもある．鯨類を例にあげると，魚を食い荒らす有害動物，ウォッチングの対象として観光資源，食糧としての水産資源，護るべきものと様々な見方があり，見方に応じて人間の関わり方が異なり，時に対立する．したがって管理の目的は，科学では決まらず，通常その時々の社会経済情勢を受けて社会あるいは行政が決定する．

4.2 生物資源へのアプローチ

生物資源管理は，対象種の生態とりわけ個体群動態（時間の経過に伴う個体数変動の記載と分析），管理手法の開発，人間を含む多様な生物の生命現象やそれを支える自然環境の理解，利用者や地域や国家の経済分析，生物観，自然や動物の権利などについて考察する環境倫理学，生物利用を規定する法令まで自然科学から人文社会科学までの学際的領域となっている．

ここでは海洋生物資源に焦点をあてる．海水に覆われた海洋と空気に覆われた陸域では，生物の生息環境が大きく異なる（白木原，2009a）．海洋には動く道としての海流があり，遊泳力の弱い動物（遊泳力の強い魚類の卵稚仔を含む）でも受動的輸送により大規模な移動を行うことはまれでない．大洋レベルの広大な空間を行き来する種もいる．したがって管理の対象域が広大になることもある．マグロ・カツオ類のように各国の排他的経済水域をまたいで回遊する魚類は高度回遊性魚類と呼ばれ，国連海洋法条約では関係国が参加する国際機関が管理することが明記されている．

海洋生物資源の特徴として，私的所有権が明確に設定されていないことがあげられる．個人の所有地で栽培された作物を無断で持って行くと罰せられるが，波止場で釣った魚を自分の所有物として持ち帰っても構わない．この無主物性が海洋資源の乱獲を引き起こす誘因となっている．漁獲が人間の眼の届きにくい海上で行われるために，違法操業の取り締まりが容易でない．これが管理を困難にする．

ここでは，海洋生物資源の管理についての最新研究，その基礎となる事項や関連する研究の実例について概説する．

a. 資源の定常状態を想定した古典的管理理論

生物資源は，生物の増加能力のために自然増加する．したがって，収穫や漁獲をしても，その量は減るとは限らない．銀行預金から利子の分だけを下ろしても元金は減らないように，自然増加量だけ漁獲すれば資源量は一定となる．ただし，資源量と自然増加量の関係は元金と利子の関係と異なる．後者で利率が一定の場合，利子は元金に正比例し，元金が100倍になれば利子も100倍となる．一方，資源量が増えるほど，自然増加量も増えるとは限らない．海の中が身動きのできないくらいにクジラだらけやイワシだらけになることはない．資源が利用できる餌や空間に限りがあり，その上限に相当する量（環境収容力）しか生息できない．この上限量で自然増加量はゼロとなる．ここで間引きを行うと，利用できる餌や空間の余剰が生じ，これによって自然増加が可能となる．ある程度の間引きは自然増加量を増加させる．しかし，過度の間引きにより資源量が大きく減少すると，自然増加量は減少し，資源量がゼロでは当然，自然増加量もゼロとなる．したがって，中間の資源量で自然増加量が最大となり，資源量がそれ以下でも以上でも自然増加量は減る．

以上は十分に想定できることである．1960年ごろにまでに完成された古典的管理理論は，このような見方を資源管理に応用するときに資源の定常状態を想定する．つまり，漁獲圧を一定に保つと，資源量や資源の年齢組成は一定になる．このときに，自然増加量に等しい漁獲量の最大値である最大持続生産量（MSY：Maximum Sustainable Yield）を定義できる．物的生産の最大化を考えるとき，MSYの実現あるいはMSYを与える資源量の維持が管理の目的となる．

このような管理理論は，資源の変動性や他種との相互変動を直接に考慮していないことなど，種々の批判を受けている．ただし，MSYの実現が国連海洋法条約に明記されているように，現在でも捨て去られていない．

b. 資源変動とレジームシフト

大漁不漁という言葉の通り，魚類の資源量は絶えず変動する．多くの魚類は多産であり，1尾の雌が1回の産卵期に数万個の卵を産み，資源全体の産卵数は億から兆のオーダーとなることもまれではない．この大部分が産まれてまもない仔稚魚期までに死んでしまう．卵や遊泳力の弱い仔稚魚は海流による受動的な輸送の影響を受ける．輸送された先が生息に適した水温を持ち，餌が多く外敵が少なければ，死亡率は低くなるであろう．逆に輸送先が生息に不適であれば，死亡率は高くなるであろう．多くの魚類は膨大な数の卵を産むので，仔稚魚期までの死亡率がわずかに変動しても，加入量（漁獲対象となるまで生残した個体の数量）は必然的に変動する．人間が制御できるのは加入以降の漁獲圧であり，産卵から加入までの生残過程は人間が関与できない．自然の摂理に従うのみである．

レジームシフトについて，渡邊（2005）は次のように述べている．1980年代半ばごろから，海洋生物資源の長期的な増減傾向が地球上のいろいろな海域において同期していることが認識され始めた．地球規模の気象変動や大洋規模の海象変動と魚類資源の増減傾向との関係が研究され，「海洋生態系のレジームシフト」という考え方が形成された．すなわち，風系や気圧配置などの気象現象が全球規模で1つの状態から別の状態へ変化するのに伴って，水温・流系・鉛直混合などの海象現象が大洋規模で変化し，それに対応して海洋生態系における生物資源生産などの構造的枠組み（レジーム）が不連続に転換（シフト）するという認識である．

この認識の下では資源が定常状態をずっと保つことはありえない．資源量がある定常状態のまわりでランダムに変動するという拡大解釈も適切ではなく，資源量は時に不連続に変化する．資源のこのような自然変動に対応した管理を行う必要がある．

c. 個体群動態研究の実例：鯨類を対象として

　個体群動態研究は資源管理や野生生物保全に必要な知見を提供する．海洋生物の個体数を推定するために，漁獲統計解析，標識再捕法，目視調査，音響調査など種々の研究手法が開発されており，技術的進展も急である．ここでは，ミナミハンドウイルカ，スナメリ，マッコウクジラについての筆者らの研究を研究手法に焦点をあてて紹介する．

ミナミハンドウイルカ

　本種は商業漁獲の対象となっていないが，人間の生産活動の盛んな沿岸海域に生息しており，個体数減少が危惧されている．

　熊本県天草の通詞島周辺海域では周年にわたってミナミハンドウイルカ（図 4.10）が出現する．この海域のミナミハンドウイルカは 100 頭以上の大きな群れをつくる．群れは複数見られることもあるが，大きな 1 群（主群）と小群となっていることが多く，複数の群れが 1 つにまとまることも頻繁に観察している．通詞島や天草下島の海岸近くの路上から，肉眼でもこのような群れを発見できる．

　多くの個体は背びれの後縁に後天的な傷を持つ（図 4.11）．新生個体にこのような傷はない．この傷をもとに個体識別が可能である．船による接近を許すために，次々に浮上してきた個体の背鰭の写真撮影を船から行うことができる．なお，識別個体の再発見状況から，この個体群は周年定住型であることが確認されている (Shirakinara et al., 2002)．この個体群には標識再捕法が適用できる．この方法では，通常，捕獲調査を行って捕獲した個体に標識を装着して放流し，その後に再び捕獲調査を行って再捕された標識個体と標識を持たない個体に関する情報を得る手順を踏む．しかし，この個体群の多くの個体は自然標識（背びれの後縁の傷）を持っている．写真撮影を捕獲調査，新規識別個体の撮影を放流，識別個体の再撮影を再捕とみなすことができるので，実際には捕獲の必要はない．異なる日に調査を繰り返し行うことで，個体数のみならず死亡率なども推定できる多回放流多回再捕調査を実施できる．

図 4.10　ミナミハンドウイルカ
　　　　（白木原美紀氏撮影）

図 4.11　ミナミハンドウイルカの背びれ
　　　　（白木原美紀氏撮影）

写真撮影調査から，個体数は 1995〜97 年に 200 頭台前半（平均 218 頭）と推定された (Shirakihara *et al.*, 2002). この間の個体数の変化は検出されていない. 多くの魚類と異なり，個体数変化は穏やかである.

しかし，この小さな個体群の存続を脅かす要因として 2 つのことが作用していると筆者らは考えている. 1 つはイルカウォッチングである. 昼間はほぼ毎日，ウォッチングボートが次々とやってきては群れを追尾している. ボートの数が多いと前後左右から近距離（10〜数十 m 以内）で群れを取り囲む傾向がみられる. ボートの数が多くなるにつれて浮上時間が短くなり，沈んでから浮くまでの距離が長くなる（松田ら，印刷中）. ただし，ボートの接近に対する群れの逃避行動が個体数減少に結びつくかどうかは不明である. もう 1 つは致死要因となる漁網への混獲である. 2007〜08 年の漁業者への聞き取り調査の結果，年当たり少なくとも 13 頭（2007 年個体数推定値の約 6.5%）が混獲されていると推定された（白木原美紀，未発表）. 生物学的除去可能量（Population Biological Removal）(Wade, 1998) は 2 頭と推定された. この高い混獲率が今後も続くと個体数は大きく減少すると予想される. 2007 年よりも前の混獲状況は不明であるが，個体数の年変化が認められなかったことから，2007〜08 年の混獲個体数が特に高かった可能性もある. 個体群の存続の面からは楽観視できない状況である.

スナメリ

スナメリ（図 4.12）はヒトくらいの体長を持つ小型鯨類である. 強沿岸性で岸から肉眼でみえる所にも出現する. スナメリは背びれを持たず，特徴の乏しい背中の一部分のみを海面上に出す. このため，個体を識別する自然標識を利用できない. 船で群れを接近を試みても逃げてしまう. ミナミハンドウイルカで用いた調査手法は利用できない. 代わりに船や飛行機からの目視法を適用できる（詳細は白木原，2005 を参照のこと）. 通常 1〜3 頭の小さな群れしかつくらないで，群れ構成頭数の計数を行いやすい（大きな群れをつくり，そのメンバーが次々と海面上に浮いては沈んでいくミナミハンドウイルカでは，正確な計数を洋上で行うことは困難である）. 費用の面は別にして，飛行機はスナメリ目視に有用なプラットフォームである. 船から海面にほぼ平行に観察すると，背中の一部分

図 4.12 スナメリ

しか見えない．上空からは背側全身が見えるので，他の鯨類やまぎらわしい物体と区別がつきやすい．スナメリの出現する沿岸海域は漁具や様々な構造物が設置されており，この近くに船は接近しにくい．浅すぎても接近できない．一方，飛行機では波打ち際まで観察可能であり，速く移動できるので広域調査に適している．

スナメリに関して，個体数変動の将来予測を行うのに必要な情報（出生率や死亡率など）は得られていない．とりうる実際的な方法は目視調査による個体数モニタリングを繰り返し行うことである．

Kasuya et al.（2002）は，瀬戸内海で船舶を用いた目視調査を 1976（昭和 51）〜78 年と 1999（平成 11）〜2000 年に行い，個体数密度の 23 年間の変化を調べた．その結果，中・東部とりわけ岸から 1 マイル以内で密度の著しい減少を指摘した．Shirakihara et al.（2007）はセスナ機を用いた 2000 年の目視調査から西部に比べて中・東部で密度の低いことを確認した．また，個体数を未調査の大阪湾を除いて 7572 頭と推定した．2000 年には環境省・海域自然環境保全基礎調査の一環として，他の海域でもセスナ機目視調査が行われた．その結果を踏まえると，瀬戸内海中・東部は今やスナメリ生息域の中でも最も密度の低い海域の 1 つになってしまった（白木原，2005）．減少の原因として，粕谷（2008）は漁業による混獲死亡，有害汚染物質の体内蓄積による生存力の低下，海砂利採取や埋め立てによるスナメリの好む浅い海の消失など複数の要因を指摘している．これら人為的な要因が複合して作用したためと考えられるが，主たる要因を特定し，それを除去することが，スナメリがいつのまにか姿を消すことを避けるために必要である．

マッコウクジラ

不確実性が資源管理の実行をいかに困難するかを示す実例として，国際捕鯨委員会（IWC）を舞台として行われた北西太平洋マッコウクジラの研究例を紹介する．

2 つの研究グループが過去の個体数変動を推定し，将来の変動を予測するための漁獲統計解析手法を開発していた（手法の詳細は白木原，1991 を参照）．両グループの解析結果は大きく異なっていた．

Cooke et al.（1983）は，1910 年の雄（11 歳以上）の個体数は 12 万 8 千頭，1972 年までは漁獲の影響を受けて減少を続け，この年以降は漁獲規制を受けて回復に向かうが，1982 年現在の雄は 1910 年の初期頭数の 48%しかないと推定した（推定結果は IWC, 1983 に記載）．当時，IWC は資源評価結果から漁獲可能量を決定する（漁獲禁止も含む）方式として，定常状態を想定した古典的管理理論を安全を見積もって鯨類に対して適用した新管理方式を採用していた．これによれば，初期頭数の 48%では漁獲中止となる．今後，漁獲を中止しても，雌雄ともに減少すると予測とした．

一方，Shirakihara and Tanaka（1983）は 1910 年の雄の個体数は 40 万頭，1982 年

現在の雄は初期頭数の85%とした．新管理方式では，この割合は漁獲可能とみなす水準である．1982年以降，当時の漁獲可能量であった雄800頭，雌90頭の漁獲を続けても，資源の回復傾向は維持されると予測した．

両グループともにIWCの保管された漁獲統計を用いたにも関わらず，結果に大きな相違が生じ，両グループの見解の対立が続いた．この事態にIWC科学委員会マッコウクジラ分科会は困惑した．手法の検証と相違の原因の解明のために，1982年に特別会議が開催された．その後の年次会議でも検討が続けられた．その結果，両グループの手法そのものはほぼ同一であること，資源が十分に漁獲の影響を受けているのであれば資源変動を偏りなく推定可能なことが確認された．一方，解析に用いられた成長曲線（年齢と体長との関係を表す曲線）の相違が浮かび上がった．Shirakiharaらは成長の実測データをそのまま用いたが，Cookeらは実測データの偏り（産業価値の高い大型個体をねらった漁獲のために生じる年齢別平均体長の過小評価）の可能性を考慮し，成長曲線を上方に変更した．成長曲線の相違が個体数推定に敏感に影響することがシミュレーション研究により明らかにされており，Cookeらの変更が妥当な処理であったかどうかについても討議された．マッコウクジラの当時の研究レベルでは，どちらが妥当かについての結論は出すことはできなかった．結局，見解の対立は解消せず，マッコウクジラ分科会は両論併記とした．これは，IWC科学委員会が科学的な見地から漁獲可能量を勧告し，本委員会でこれを審議・決定するという意思決定プロセスをとっていることを考えると，一種の責任放棄である．結局，マッコウクジラの漁獲は中止になった．1982年，IWCは商業捕鯨のモラトリアムを決定した．

d. 不確実性と資源管理

様々な海洋生物は海を3次元的に利用する．海洋生物の分布や資源量を調べるために，対象生物の形態や行動に応じた採集具が開発されているし，音響を用いた調査も行われている．広範な分布域を有する資源では，資源を代表するようなサンプルを得るのは決して容易ではない．商業漁獲対象種では漁獲統計の解析が有用な手段となるが，漁獲量などが誤差なく記録されているとは限らない．

資源の持続的利用を管理の目的とするとき，資源を絶滅させない安全な状態にすることを前提条件として，なるべく多くの漁獲量を安定的に得ることが具体的な目標としてふつう設定される．理想的な資源管理は，資源変動に関わる様々な過程のメカニズムを明らかにした上で，漁獲圧をいろいろに変化させたときの資源量や漁獲量の変動を予測し，それにもとづいて管理目標に合致した最適な漁獲圧や漁獲可能量を決定することであろう．一方，ある資源の変動は，種間相互作用のネットワーク，気候変動の影響をも受ける海洋環境の変動，さらに1つの漁業が1つの資源のみを利用しているとは限ら

ず,漁業のネットワークの影響を受ける.また,漁獲圧を最適値に固定しても,網を1回引いたときにたくさん獲れることもあればそうでないこともあるように,漁獲量は確率変動の影響を受けて1つに決まらない.漁獲量の確率変動を確率分布で表現できるかもしれないが,魚は動き回り,漁獲能率が集群の程度や海気象に影響されることを考えると,これも容易ではない.資源量推定のために上述の目視調査や調査船による漁獲調査が行われているが,資源の分布域を隙間なく全域をカバーする調査を行うことは不可能である.一部分を調べて全体を推定すると,統計学でいうところの標本誤差が必然的に入ってくるので,推定値はある幅として与えられる.推定精度が悪いほど幅は広がる.

われわれの持つ情報には誤差がつきものである.本当は資源量は年々減少しているのに,得られる情報からはその減少を検出できず,逆に増加傾向であると推論してしまうことは十分に起こりえる.この推論にもとづいて漁獲圧を強める管理を行うと,資源減少を加速させてしまうであろう.資源量変動を記述する数理モデルを用いて,管理の実行に伴う資源変動の将来予測が行われる.このモデルの仮定が現実と合わないと,将来予測に失敗する恐れがある.しかし,仮定の妥当性の検証も決して容易ではない.

1992年の国連環境開発会議(地球サミット)リオ宣言で「深刻かつ不可逆的な影響を及ぼす恐れがあるときには,十分な科学的確実性の欠如を,環境劣化を防ぐ費用対効果の高い方策を後回しにするための理由として,用いてならない」という予防原理(precautionary principle)が明記された.不確実性への認識と対処についての方針を示した点で,画期的なことである.

e. 資源管理の新展開

資源の不確実性,変動性,複雑性を直視した管理が検討されるようになった.このような研究を紹介する.

順応的管理

順応的管理(adaptive management)では,合意された管理目的を実現する際に,人間の持つ情報には不確実性がつきものであり,そのために人間が間違いを犯す恐れがあることを基本認識とする.最適と考えられる方法をそのまま適用しようとする従来型管理とは発想が異なる.「為すことにより学ぶ」(learning by doing)の姿勢でモニタリングを重視する.当初に考えたことに誤りがあれば,それを認め,モニタリングの結果に応じて事後的に目標達成の方法を変更する.また,利害関係者の合意形成を根幹とする.この際,管理目的のみならずそれを実現するために様々な手続きをあらかじめ合意しておかないと,利害関係者間の対立が生じる可能性が高い.ただし,海洋生物資源管理では,管理方策を提案する研究者やそれを実行する行政に対する不信感を持つ漁業者は少なくなく,合意形成は容易でないのが現状である.

モニタリングの結果に応じて漁獲圧を変更する発想は，1960年に先駆的に田中 (1960) が示していた．田中のフィードバック管理 (Tanaka, 1980) は，資源への入力としての漁獲圧，それに対する出力としての資源量の変化に注目する．資源量はCPUE (努力量当たり漁獲量) などの相対的な指標でも構わない．事前に目標資源状態を設定し，資源量あるいはその指標の観測値を得ると，目標状態と現状との差を縮めるように漁獲圧あるいは漁獲可能量を制御し，次第に資源を目標状態に近づける．いうなれば，サーモスタットを使って水槽の水温を一定範囲内に収める方式を資源管理に応用したものである．資源の変動性を考慮に入れると，資源管理の目的は望ましい状態に保つことより，それに近づけることである．その点でも，この管理は今日的である．この方法の利点は，目標資源状態を柔軟に設定できること，資源への入出力にもっぱら注目し資源の内部構造については問わないので，資源の不確実性に頑健なことである．

管理方式

管理方式 (management procedure) は資源管理方策評価 (management strategy evaluation) とも呼ばれることもある．

マッコウクジラの例に示されるように，不確実性が原因となって資源状態の評価が対立することはしばしば見られる．このとき，とるべき対策がわからないために何もしないのは，急病人 (枯渇が進みつつある資源) が目の前にいるのに放置することに相当するかもしれない．不確実な状況でも対策を講じるための手続きを決めておく必要がある．

資源管理に関する研究では，実際の生物を用いた実験的アプローチがとりにくい．漁獲圧が資源に与える影響を評価するための実験を行おうとしても，現実の資源を絶滅させる実験は行えない．資源や環境は絶えず変化するので，漁獲圧以外を同一条件とする対照実験も行えない．しかし，コンピュータを用いた数値実験 (シミュレーション) で，仮想資源を絶滅させることは構わない．資源や漁業について起こりえる様々な可能性を考えることができる．そのなかで不確実性に頑健な管理方法を探索する．

順応的管理の考え方を取り込むこともできる．フィードバック管理を例にあげる．今年に新たなCPUEが得たときに漁獲可能量を決定するルールとして，① 目標CPUEと観測CPUEの差だけを考慮する，② CPUE年変化のトレンドも併せて考慮する，など種々が考えられる．それぞれが管理方式の候補となる．各候補に対して，性能の良さの指標 (平均漁獲量，漁獲量の変動の大きさ，平均資源量など) をオペレーティングモデルと呼ばれる仮想資源の動態モデルを用いて算出する．最も性能の良い候補を管理方式として選択する．この方式から漁獲可能量など管理の実行に必要な情報を勧告する．

フィードバック管理以外の管理方法も考慮に入れてもよい．上記のように最良の方式を客観的に選択するので，最良とみなす方式を主観的に与える必要はない．利害関係者や管理の意思決定者が一緒に作業を行うことができれば，漁獲可能量の決定のプロセス

が透明かつ公正になる．管理方式が完成すれば，データを入力すると迅速かつ自動的に漁獲可能量が決定される．資源の状態に対する見解の対立やそれに伴う長時間の討議は解消される．もちろん，利害関係者がこのようなアプローチをとることを事前に合意することが不可欠である．

不確実性に全面的に立ち向かう管理方式は，方法論として確立されたものではない (平松, 2007). 管理方式開発の現状と今後に関するレビューが東京大学海洋研究所共同利用シンポジウム「シミュレーションを用いた水産資源の管理―不確実性への挑戦」講演要旨集 (http://cod.ori.u-tokyo.ac.jp/khiramatsu/Symposium.htm よりダウンロード可能) に記されている．

海洋保護区

海洋保護区（あるいは禁漁区）は，国内外で広く用いられていることから明らかなように，資源管理の有力な方法である．資源についての情報が乏しくても，適切な場所を保護区に設定すれば十分な効果が得られるであろう．その点で不確実性に頑健である．フィードック管理の考え方を用いて，資源変動に応じて順応的に保護区の大きさを変えることにより，資源を事前に設定した目標水準に接近させることができるかもしれない (Kai and Shirakihara, 2008). 場を保護することで，保護区の対象生物のみならず生物多様性の保全にも効果がある．ここで焦点をあてるのは，漁業に限らず，生物・非生物を問わず永久に採取を禁止する「厳格な海洋保護区」である．このような保護区を置くことについての基本的な認識は以下の通りであろう．

漁業による有用種の乱獲や希少種の混獲，種々の人間活動による生息場の劣化，海洋汚染などによる海洋生態系の変容など，海洋は危機的状況にある．この危機に対して，海洋を人間の手が加わらない保護区とそうでない海域に分けて，海洋生態系を本来の形に回復させようとする．これに成功すれば，枯渇した生物資源も回復し，資源の持続的利用を図ることができる．

このような発想では厳格な海洋保護区を大規模（たとえば，海洋全体の 20～30％）に置く必要があるし，実際，その動きが強まっている．

ただし，厳密な海洋保護区が枯渇した資源の回復に貢献しても，漁獲量が増えるかどうかははっきりしない．極端な例をあげると，ある資源の分布域全域が保護区の中に入ってしまうと，漁業が行えずに漁獲量はゼロとなる．保護区推進派と従来型資源管理で良いとする派の間で激しい論争がなされている（詳細は白木原，2009 b を参照）．

国連の予測によれば，2050 年の世界の人口が 91 億人に達するという．生物資源管理には，食物の安定供給，生物資源の枯渇防止，生物多様性の保全，生物資源利用産業の持続など，課題山積状態である．今や環境問題の中心的課題の 1 つとなっている生物

資源管理は，前述のように，自然科学から人文社会科学までを含む学際的領域であり，様々な専門分野からのアプローチが可能であろう．生物資源管理に関わる研究に参画し，難問解決を目指す若手研究者が数多く現れることを期待する． 　　　[白木原国雄]

東京大学大気海洋研究所の平松一彦博士から本稿に貴重なコメントをいただいた．お礼を申し上げる．

4.2.2 水産海洋学的アプローチ

a. 大規模に自然変動する水産資源

水産資源の資源量変動を語るとき，乱獲と汚染が代表的なキーワードとなっており，人的影響に支配されると考えられがちである．しかし，そもそも水産資源とは大きく変動するものである．その一例としてきわめて有名なのが，マイワシ，カタクチイワシといったわれわれにとって非常に馴染みの深い，資源量の多い魚類である．マイワシの日本での漁獲量は1930年代と1980年代に豊漁があり，1936年には159万t，1988年には448万tに達した．1988年当時の日本の総漁獲量が1100万tであったので，この漁獲量は全体の40%を占めていたことになる．しかし，2回のピークの間にある1960年代には1万tも獲れない時代が続き，1990年代以降，現在まで数万tから数十万tの低レベルで漁獲量が推移している．このような数百倍の資源変動をする魚は，他に例がなく，マイワシとは爆発的に増殖して壊滅的に資源が減少するという魚種なのである．1960年代にはマイワシがこのような資源量変動をすることがよく知られておらず，その後の資源の回復を見れば杞憂であったものの，国連食糧農業機関（FAO: Food and Agriculture Organization）が乱獲の危険性を訴えたこともあった．

マイワシの極端な資源変動は，統計資料が整った近代の話だけではなく，大昔からそのような変動をしているとみられている．日本に残っている古文書のうち，マイワシの豊漁不漁に関する記述が比較的きちんと書かれている16世紀以降の古文書を紐解いてみると，周期性の高い漁獲量変動が記述されており，豊漁期には漁港の整備などのいわゆる公共事業が盛んに行われてきたようである（平本，1991）．古文書の解析からだけではなく，海底に堆積したマイワシのウロコの解析からもこのような資源変動を知ることができる．くぼみのある海底には海水交換が行われずに無酸素の水塊が形成されることがある．このような場所では，ウロコは分解されずにそのまま堆積することになり，堆積層を年代別に分けてウロコの量を計量すると相対的な資源変動がわかることになる．このような海域は至る所に存在するわけではなく，アメリカ西海岸カリフォルニア湾奥にあるくぼみ状の海底がその代表例として知られている．この海底に堆積した泥を採集して分析した結果，西暦270年から1970年の1700年間に，イワシ類の資源量が数百倍

も変動している様子が確認できた（Baumgartner et al., 1992）.

つまり，日本のマイワシだけでなく，太平洋を挟んだ反対側にあるカリフォルニアのマイワシまでも，日本のマイワシと同じような極端な資源量変動をしているのである．さらに，南米のチリのマイワシも日本やカリフォルニアのマイワシと同じような変動をしているばかりではなく，太平洋ではなく大西洋におけるヨーロッパのマイワシも同様の変動をしている．ヨーロッパやチリの統計資料は，第二次世界大戦後からしかないので，20世紀初頭から統計資料がある日本のマイワシやカリフォルニアのマイワシと単純に比較することはできないが，日本やカリフォルニアのマイワシが1980年代に爆発的に増殖したのと時を一致させて，ヨーロッパとチリのマイワシも1980年代に資源が爆発的に増殖している．また，1990年代に入ると壊滅的に資源量が減少していることもまったく同じであるので，これを単なる偶然の一致として片付けるわけにはいかない．これら4つの海域のマイワシが海域間で相互に回遊するのであれば，遺伝的な交配が起こり，資源量変動が同期することがあるかもしれないが，遺伝子解析を行うと日本のマイワシとカリフォルニアのマイワシの間には遺伝的な交配が認められず，それぞれのマイワシ資源は独立して再生産を行っているということになる．

それでは，どうしてこのような同期した変動が起きているのだろうか．何千kmも離れた海域で，それほどのタイムラグもなく資源に影響を与える要因としては，地球規模で変動する気候変動でしか説明しようがないように思える．その要因として，レジームシフト（regime shift）と呼ばれる現象があげられ，数十年周期をもって地球環境の変動の位相が急に遷移する現象のことをいう．レジームシフトという言葉自体は政治用語でもあり，独裁体制から民主主義体制への変動もレジームシフトとなるので，状況が一変するということになる．最近では1976年にレジームシフトがあり，それ以降，太平洋ではエルニーニョ現象が頻発するようになった．最近では気候のレジームシフトというだけではなく，それをさらに広げて，海洋生態系全体で大きな変動が起き，それが海洋気象変動と関連づけられる場合にもレジームシフトと呼ぶようになり，マイワシの資源変動もまさにレジームシフトといえる．

b. 地球環境と関連したマイワシの自然変動メカニズム

それではマイワシの資源量変動は，レジームシフトでどのように説明することができるのだろうか．マイワシのような多獲性浮魚類の資源変動は，稚魚期の生き残り環境の変動が，重要な役割を果たすといわれている．つまり，稚魚にとっては水温が高くても低くても生き残りには悪い条件であり，餌となるプランクトンが少なくなれば飢えて死んでしまい，非常に微妙な条件の違いが大きな生き残りの違いをもたらす．

日本のマイワシが生息する海域は，黒潮から親潮にかけての海域であり，南からの黒

潮と北からの親潮がぶつかった鹿島灘から三陸沖にかけての海域でマイワシは大きく成長する．親潮そのものはアラスカ沖からのアリューシャン低気圧の影響を強く受けており，アリューシャン低気圧が強いということは風が強いということになるので，親潮の南下が風によって促進される．このとき同時に，強い風によって鉛直的な混合が促進されることにもなる．海洋では，深くなると，植物プランクトンが増殖するために必要な栄養塩がたくさん含まれているので，鉛直的に混合が盛んになるということは，植物プランクトンが光合成を行える有光層，つまり光が届く水深に栄養塩がたくさん供給されるということになる．そうすると，植物プランクトンが増殖することが可能となり，さらには植物プランクトンを餌とする動物プランクトンも増えることになる．つまり，アリューシャン低気圧が強いということは，マイワシの稚魚にとって食糧環境のより良くなった親潮が，より南に移動してくるということになり，このような状況では，マイワシ稚魚の成長が促進されてマイワシ成魚の資源量が増えるということになる．

しかし，アリューシャン低気圧が弱まると，深層からの栄養塩類の供給がなくなり，プランクトンの増殖も止まってしまう．また，親潮も親潮側に大きく南下することもなくなるので，暖かい黒潮とぶつかって海水が混合することによって，さらに良い生き残り環境が形成されることもなくなる．親潮の南下が弱まると，三陸から釧路沖にかけての海域の水温が高くなるので，夏場に餌を求めて来遊してくるカツオやマグロなどの大型回遊魚が，より北まで回遊することになるので，それらによって，マイワシの稚魚が捕食されてしまう確率も高くなってしまう．これが日本におけるマイワシの資源変動のメカニズムを説明するストーリーであり，アリューシャン低気圧の弱まりが起きたのが1988年で，マイワシの資源崩壊が始まった年となっている．

ここで注意しておかなくてはならない点がある．気候のレジームシフトが1976年に起きたこと自体は確かなことなのであり，アリューシャン低気圧が強まってマイワシの資源が爆発的に増殖する契機となったこととは一致しているが，マイワシ資源が崩壊した1988年に1976年のような劇的な気候のレジームシフトがあったとはいえない．また，日本のマイワシでは上記のメカニズムで説明が付いたとしても，カリフォルニアのマイワシ，ましてやチリやヨーロッパのマイワシに同様なメカニズムを当てはめることができるかどうかは別の議論であり，地球規模の環境変動として1988年のレジームシフトをとらえるには，まだ研究が進んでいるとはいえない状況である．したがって，本当にこのようなメカニズムでマイワシの資源量が変動しているかどうかの結論を得るにはまだ至っていないが，現在のところ，アリューシャン低気圧が日本のマイワシの資源変動を合理的に説明づけられるメカニズムだといえる．

c. 餌生物との時空間的な相違がもたらす影響

　水産資源の資源量変動を考える上で，稚魚の期間中の餌条件の善し悪しが，その後の稚魚の生き残りに大変重要な役割を果たしている．このことを最初に提唱したのがノルウェーの水産研究者であった Hjort（1914）である．この考え方をより具体的に発展させ，稚魚の餌となる生物の生産が稚魚の出現と時間的にも空間的にも一致した場合に高い資源量がもたらされると提言したのが，イギリス人の Cushing（1972）であり，彼の考え方は match-mismatch 仮説として知られている．春に海水温が高まることによって植物プランクトンが増殖するが，その水温の高まりが何らかの理由で遅れると，植物プランクトンの増殖が遅れ規模が小さくなったりする．この遅れは，植物プランクトンを餌とする動物プランクトンの増殖のタイミングを遅らせることになり，ひいては春に産卵された稚魚が成長する時期と微妙にずれてしまい，稚魚が十分な餌を摂取することができなくなる．この場合が Cushing のいうところの mismatch に当たり，資源量の減少をもたらすことになる．

　また，mismatch は時間的に起こるだけでなく，稚魚が分布する海域と餌生物が分布する海域が重なり合わなければ，空間的な mismatch が起こる．つまり，遊泳能力をあまり持たない仔稚魚が，通常の再生産に必要な輸送環境とは異なる海流系に遭遇し，生息環境の異なる海域に輸送されてしまった場合，流されていった先の海域で，その稚魚が成長するのに好ましい餌がなければ，仔稚魚は成長することはできない．そればかりではなく，輸送された海域の水温が，普段体験する水温と違っていれば，それだけで仔稚魚は成長することはできないし，仔稚魚そのものが普段出会うことのない他の生物に捕食されてしまう危険性も高まる．このように，仔稚魚が成長することのできない海域に運ばれてしまうことを，死滅回遊といい，マグロやウナギのように産卵海域と生息海域が遠く離れ大規模に回遊する高度回遊性魚類にとって，このような空間的な match-mismatch の影響は多大である．

　このような仔稚魚期における初期減耗には，さらに小さな空間での match-mismatch があり，同じ餌密度であっても海洋の乱流条件の違いによって仔魚の摂餌効率が異なること，効率的な摂餌にはある一定の乱流が必要であることが示唆されている（MacKenzie and Kiorboe, 1995；Lough and Mountain, 1996）．この種の研究は，もともと，風や潮汐による表層水の乱流混合と，動植物プランクトンのバイオマス変動との応答過程を明らかにするための研究として進められ，仔魚の摂餌に与える影響も含めた乱流混合が生物生産や成長に果たす役割に関する研究の総説がすでにいくつかまとめられている（Dower et al., 1997；Sanford, 1997）．その中では，たとえば，魚類の再生産と湧昇強度の関係について，湧昇強度が中程度で再生産が最大値を持つ放物線状の概念的なモデル "optimal environmental window"（Cury and Roy, 1989）が提唱されており，仔

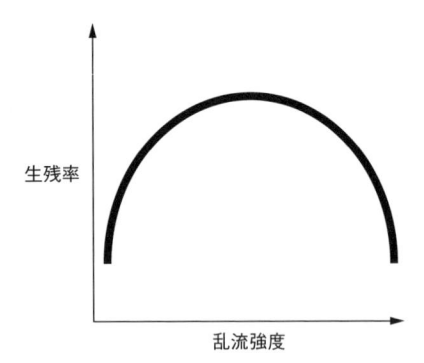

図4.13 乱流強度に依存した仔魚の生残率の変化

魚の成長・生残と乱流強度の関係にも同じモデルを当てはめることができるものと考えられる（図4.13）．このような乱流の影響の定量的な見積もり（木村ほか，2004；Kato et al., 2008）は，単に，魚類の再生産の成否に関わる自然科学研究としてだけではなく，水産重要魚種の増養殖技術の改善に向けた研究としてもきわめて重要な研究課題の1つといえる．

d. 高度回遊性魚類の空間的な match-mismatch

マイワシのように沿岸で産卵する多獲性浮魚類に比較し，遠く離れた北太平洋亜熱帯循環系に属する北赤道海流域や黒潮流域を産卵場とするマグロやウナギといった高度回遊性魚類は，マイワシに比べて数多い1尾当たり数十万から数千万個の卵を産卵する．これが数千 km にもわたる旅路の果てに最終的には2個体にまで減少する，きわめて大きな個体数の減耗を経験することになる．しかし，それ以降は海洋生態系の食物連鎖の中で最上位を占めることになるので，人間による漁獲がなければその地位を脅かされることはない．クロマグロの場合には，沖縄南方から台湾東方にかけての海域が産卵場となっており，ふ化後間もない仔魚は黒潮とその周辺の海流によって，受動的に流されるだけの初期生活史を過ごす．その後，成魚となったクロマグロは，太平洋を横断できるまでに遊泳能力を高めるが，太平洋のどこで回遊していたとしても初夏には先島諸島海域にまで帰ってきて産卵を行う習性があり，非常に限られた狭い海域に産卵場を持つ代表的な魚種といえる．

クロマグロの産卵適水温は26℃であり，過去の産卵調査の結果から判断すると，その変動範囲は±2℃以内ときわめて限定的である．これを外れると親魚による産卵自体が行われないか，産卵があったとしても仔魚の成長生残は悪くなるとみられる．つまり，仔魚期を生き残ることができたとしても，稚魚への変態時には十分な成長が得られ

ず，そのこと自体が生残の低下をもたらすばかりではなく，個体が小さいことや遊泳能力が低いことによる被捕食の可能性を著しく高める．地球温暖化に伴い，100年後，産卵場のある東シナ海の28℃等温線は著しく北上して現在の26℃等温線と重なり合うように分布すると予想されている（MIROC, 2004）．その結果，産卵海域の水温は2℃以上高くなり，その後の生残を考えると現在の産卵海域は産卵に不適な海域となってしまう．

現在のところ大部分のクロマグロは，沖縄南方から台湾東方にかけて海域で産卵しているが，ごく一部は日本海でも産卵しているといわれている．つまり，温暖化が継続すると亜熱帯の海域が産卵に不適となってしまうために，現在ではあまり産卵が行われていない北方の日本海が主産卵海域となる可能性がある（Kimura et al., 2010）．もともとクロマグロには，産卵海域と成育海域での水温環境の違いを考慮した仔魚の輸送拡散メカニズムと，広大に大洋を回遊するためのオーバーヒートを起こさない体温調節機構が存在している（Kitagawa et al., 2006）．これらのことから，地球温暖化が進行した場合，ピンポイントで産卵場を形成するクロマグロにとって，その影響は他の魚種に比べて大きくなるために産卵場の位置が劇的に変化することは想定されることであり，また，オーバーヒートが常態化してクロマグロ特有のダイナミックな回遊行動ができなくなると予測される．つまり，温暖化の促進を看過してしまった場合には，現在予備的な産卵場所である日本海に注目が集まり，そこの環境保全がクロマグロの資源維持にとって重要な役割を果たす可能性がある．近年，日本海でのクロマグロ成魚の漁獲量が著しく上昇しており，地球温暖化に伴って産卵海域がすでに北上している可能性が高い．

そして，クロマグロ以上にピンポイント産卵生態を持つ魚種として知られているのがニホンウナギである．ニホンウナギの産卵場は，グアム島に近いマリアナ諸島西方海域の北赤道海流中にあり，レプトセファルス幼生と呼ばれる柳葉状のふ化仔魚は，この海流に乗ってフィリピン東部を経由して黒潮流域に輸送される．間違って黒潮とは逆のミンダナオ海流方面に流されてしまうと，インドネシア周辺海域では成育ができずに死滅回遊となってしまうので，フィリピン東部での黒潮への乗り換え成功が資源維持のための重要な要件なのである（図4.14）．この乗り換えは，エルニーニョが発生すると成功率が著しく低下する．これは，bifurcationと呼ばれる北赤道海流がフィリピン東部で黒潮とミンダナオ海流に分岐する位置が，エルニーニョ発生時には大きく北に移動し，ミンダナオ海流方面に幼生が輸送される確率が2倍程度に高まるためであり（Kim et al., 2007；Zenimoto et al., 2009, 図4.15），親魚が産卵海域の指標としているとみられる北赤道海流の塩分フロントの位置がエルニーニョ発生時には大きく南に移動することも幼生の南への輸送に拍車をかけている（Kimura and Tsukamoto, 2006）．

1970年代の半ば以降，ニホンウナギのみならず，大西洋におけるサルガッソー海の

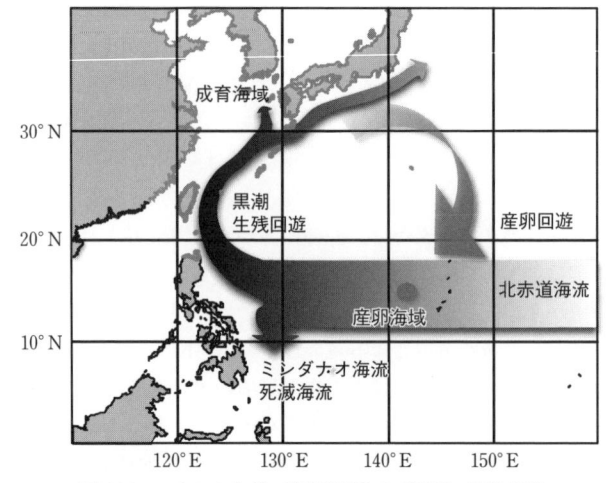

図 4.14 ニホンウナギの産卵海域および周辺の海洋循環

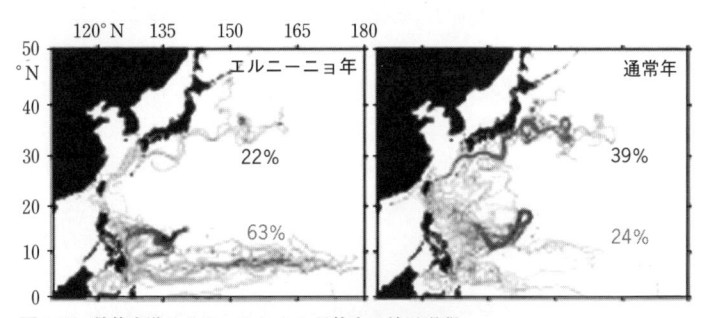

図 4.15 数値実験によるニホンウナギ幼生の輸送過程
濃い数字は黒潮流域，薄い数字はミンダナオ海流域への到達割合を示す．
エルニーニョ年は軌跡の数が黒潮流域で少ない．

亜熱帯収束線付近での水温の境界で産卵するアメリカウナギとヨーロッパウナギのシラスの資源量も，ほぼ同時に減少し始めた．その要因として，乱獲，河川環境の悪化，海洋環境の変動などが考えられるが，前者2つは太平洋と大西洋に同期した変動の要因としては考えられず，太平洋にだけ限ってみても日本，中国，台湾，韓国と広く生息場所が分布するニホンウナギに対して，特定の狭い範囲の環境悪化が，敏感にウナギ資源全体に影響を及ぼすとは考えにくい．太平洋と大西洋の海洋環境は，それぞれの大洋における気象条件と密接な繋がりがあり，気圧配置によってその状態の経年変動を代表させることができる．太平洋では，ダーウィンとタヒチの気圧差が，南方振動指数 (SOI: Southern Oscillation Index) として知られているが，大西洋ではアゾレス諸島とアイスラ

ンドの気圧差が北大西洋振動指数 (NAOI：North Atlantic Oscillation Index) として，気象状態を代表する指標として取り扱われている．過去 130 年間の南方振動指数と北大西洋振動指数の経年変動からは，太平洋の南方振動指数では，1975 年以前の約 100 年間はプラスマイナス 0 を中心に大きな変動をしていないものの，1976 年以降は過去にみられなかった大きな変動をしている．一方，大西洋の北大西洋振動指数は，70～80 年程度の周期的な変動をしており，1976 年を境にしてその正負が転じている．過去 130 年間の大西洋と太平洋のデータからは，2 つの海洋で相関性のある変動は認められないが，1976 年だけは大西洋と太平洋の間で同期した変動が起きた年といえるのであり，地球規模の海洋気象変動があったことがこのようなデータからも窺い知ることができる (Kimura and Tsukamoto, 2006).

つまり，ウナギにしろ，マイワシにしろ，大きな資源量変動の裏には地球規模の気候変動が，重要な役割を果たしているとみられる．しかし，それらの因果関係を単なる相関関係から結びつけて物語としてはならないことであり，飼育実験や数値シミュレーション，海洋観測などから，具体的なメカニズムをしっかりと裏づけるデータを得るための努力が必要となってくる．一方で，資源管理方策を策定する議論の中では，海洋気象変動に伴う資源量変動を資源変動の雑音として取り扱い，環境変動を考慮しない資源管理が行われることが多いのも現実である．しかし，より高精度な管理手法の確立のためには，環境変動を組み込んだ資源量変動モデルの構築はやはり不可避なのである．

e. 資源管理への取り組み

乱獲の結果，極端に資源量が減ってしまい，郷土料理すら満足に食べられない状況になってしまった例として，しょっつる鍋の食材として知られるハタハタがあげられる．1960 年代は秋田県で 2 万 t の漁獲があったが，1980 年代には 100 t にまで 1/200 に漁獲が激減した．そこで秋田県では，1992 年から 3 年間の全面漁獲禁止をして資源の保護に乗り出し，ようやく回復して資源の維持ができるようになった．限られた海域を回遊し，漁獲の減少が乱獲によるものであることが明らかである場合には，全面禁漁は有効な手段と考えられる．しかし，いくら危機に直面していてもその合意形成が得られるまでには時間がかかるのであり，秋田県の取り組みは苦労の末にでき上がった例外的な事例といえる．

このような事態を引き起こさないための枠組みとして，日本では 1996 年の国連海洋法条約の批准に伴って，排他的経済水域の設定とともに漁獲可能量 (TAC：Total Allowable Catch) 制度の導入がなされ，国家として漁業管理を行う局面に入った．TAC の対象魚種の設定は，① 漁獲量が多く国民生活上で重要な魚種，② 資源状態が悪く緊急に管理を行うべき魚種，③ 日本周辺で外国人により漁獲されている魚種，の

うちいずれかに該当するものであり，現在，サンマ，スケトウダラ，マサバ・ゴマサバ，マアジ，マイワシ，スルメイカ，ズワイガニが選定されている．これらの漁獲可能量は，科学的な研究から算出された生物学的許容漁獲量（ABC：Allowable Biological Catch）にもとづいて毎年更新されている．

このような資源管理の実施に先立ち，絶滅危惧種として魚類資源がワシントン条約（CITES，絶滅のおそれのある野生動植物の種の国際取引に関する条約）の締約国会議などで議論されるようになってきた．特に，クロマグロに代表される日本人が好むマグロ類がそのターゲットとなっており，この種の議論は捕鯨のモラトリアムと複雑に絡み合って必ずしも科学的根拠にもとづく議論がなされているわけではないことが大きな問題点である．誤解や誤った情報による間違った国際的な漁業規制を避けるには，魚類の生理生態を十分に解明した上で，地球環境変動を考慮した的確な資源量推定を行う努力が必要なのである．しかし，一方で，日本国としても漁業に対する責任ある行動規範を積極的に策定し，遵守する姿勢を明確に打ち出すことが国際的に求められる時代となってきているのも事実であり，その意味でマグロとウナギは注目すべき魚種である．

マグロに関しては，その主要6魚種であるクロマグロ，タイセイヨウクロマグロ，ミナミマグロ，メバチ，キハダ，ビンナガの1/3が日本で消費されているにもかかわらず，マグロ資源の持続的活用に対する大量消費国であるが故の日本の国際的な責務がなおざりにされている（図4.16）．ウナギに関しても同様のことがいえ，太平洋産のウナギであるニホンウナギの漁獲量の減少が，味のよく似た大西洋産のヨーロッパウナギの資源開発を推し進めたが，やがては中国や台湾を経由したヨーロッパウナギの乱獲を引き起こし，国際取引の規制がなされるに至っている．このような状況の中でマグロとウ

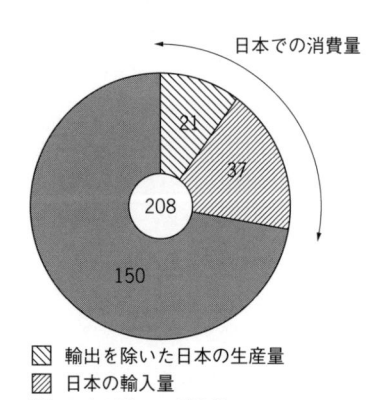

図4.16　2004年の世界のマグロ総生産量（単位万t）

ナギの資源の枯渇が懸念される一方で，それらの日本国内での小売価格は他の物価と比較して不当に安い状況が続いている．ウナギといえば「夏の風物詩」という言葉がよく似合うが，今日では一年中安く食べることができ，疲労を防止し生活に活力をもたらすという一昔の価値観が通じなくなった．サンマやカツオのように資源の豊富な魚があるのに，マグロをそんなに安く大量に回転寿司で食べる必要があるのだろうか．どちらの魚も現在の供給体制を続けていけば，いずれ資源は枯渇するであろう．日本の国際的な発言力を高めるには，魚類資源の管理に向けた方策を積極的に構築するとともに自ら食習慣を改善することによって，国際的に責任ある立場を明確に示すことも肝要と考える．

[木村伸吾]

4.2.3 資源環境研究の視座から

世界人口の増大やエネルギー資源の枯渇が叫ばれている．国際的な食料需給が将来的に不安定になると見込まれるなかで，食料資源の確保のための方策が大きな問題となっている．陸域に生物生産のさらなる増加を望めない現状では，海洋の潜在的な生産力を高め，それをどのように持続するのかが重要な課題の1つとなるであろう．

漁業生産の増減には，漁獲対象となる資源に年々添加する加入量と，漁場への魚群の来遊・集群の程度に左右される資源利用度の2つが関与する．後者に関して，いわゆる漁海況研究のなかで，生物資源の季節的な回遊あるいは漁場形成の時期や海域を決定づける環境条件について，これまで数多くの検討事項が蓄積されてきた（中田，1994）．

近年は海洋観測などに加え，ADCP（音波ドップラー流速プロファイラ）や計量魚群探知機などの音響機器，人工衛星を利用したリモートセンシングや漂流ブイ追跡システム，流速や水温の長期係留観測システムなど，環境計測技術の進展がめざましい．こういった技術により，たとえば，古くより好漁場として知られていたことについて，異なる水塊の潮境域は障壁効果・集積作用・生産機能といった潮境域の持つ漁場形成要因（宇田，1960）が科学的に考察されるようになった．また，河口や内湾など陸と海の接する水域（干潟・藻場・砂浜域・砕波帯）についても，生物生産が高く魚類の生息場としての重要性が古くから指摘されていたが，その実証的な知見が次第に集められるようになってきた（中田，1994）．

従来の研究で採られた手法は，基本的には，環境の時々刻々の変化を詳細に記述すると同時に，漁獲物や標本採集で得られた魚の分析を行い，両者を対比しながら，魚の移動や集散の法則性を探るというものであった．こういった検討や解析の基礎となるデータの多くは，漁場調査や試験研究機関の定線調査といった「定型的・スナップショット的な収集」に依存していたため，とらえられる現象が限られた海域の平均的なパターンの記述にとどまっていた．また，資源量の時間変化や漁場の空間分布などと「環境要因

との相関性にもとづく定性的な議論」のみが繰り返されたため，相関関係が因果関係の本質をとらえているのかどうか十分に検討されたわけではなく，さらに，「環境決定論的」な議論に偏ったりもしていた（中田，1997）．

そもそも回遊など魚類の行動のプロセスは，環境と魚の内的な生理状態との相互作用として理解される．魚をとりまく環境に何らかの変化が生じると，それは魚の直接の行動を引き起こすと同時にその生理状態にも影響を及ぼす．一方，環境に変化がなくとも，それに対する応答の仕方は魚の生理状態によって異なる．また魚の行動の結果として環境はおのずと変化していくことになる（図4.17）．資源の動態を明らかにするには，その基礎として個体の環境・生物状態・応答行動の相互連鎖のしくみを解きほぐしていくことが重要となってくる．つまり，従来の方法で魚そのものをブラックボックスとして扱ってきたのに対し，魚の内的な状態を表す座標軸を増やし，環境刺激に対する魚の行動をきめ細かく見ていくことになる．言わば従来の「死んだ」魚の分析から「生きた」魚の動きを通して環境を見ていく方向に，研究を転換させる必要があったのである（中田，1990）．

1990年後半から今世紀になって，魚類の行動を直接的に測定する方法の1つとして，マイクロデータロガーを用いたバイオロギング計測手法が用いられるようになった．マイクロデータロガーとは内部メモリに環境・生理情報などを記録する装置のことである．これにより，環境の作用に対する，個体の生理的変化を介した応答行動を，同時的に計測することが可能となった．

筆者らは温度（水温・体温）・水圧（深度）・照度（光の強さ）センサを備えたデータロガーを用い，クロマグロの行動研究にバイオロギング計測を世界に先駆けて適用した．その研究例を簡単に紹介したい．詳細は北川（2004，2005）などを参考にされたい．

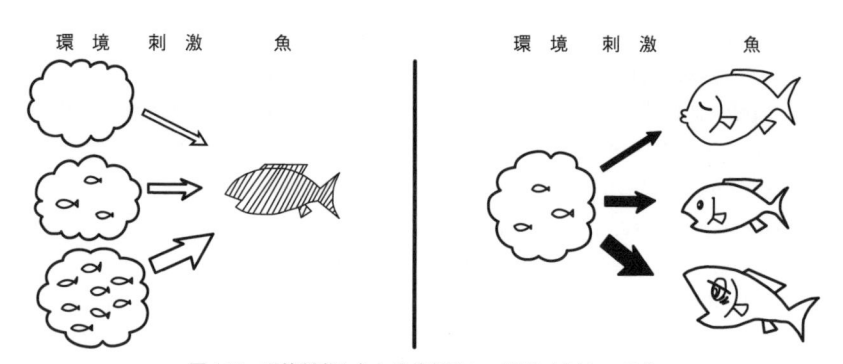

図4.17 環境刺激と魚と応答行動との関係（中田，1990）

a. マイクロデータロガー

　クロマグロの回遊研究に頻繁に用いられているのは，アーカイバルタグと呼ばれるカナダ製のデータロガーである．ステンレス製のシリンダーに温度センサと圧力センサが内蔵されている．シリンダーの一端から延びたケーブルの先端には，水温センサと照度（光の強さ）センサがついて，このケーブルの長さは，機器を取り付ける動物や調査の内容によって，ユーザーが自由に調整できるようになっている（図4.18）．

　このタグを魚類に使用する場合を例に，その活用方法を説明しよう．本体は魚の腹腔内に装着し，ケーブルは腹腔の外に出しておく．本体の温度センサによって魚の体温がわかり，圧力センサによって深度を計測できるようになっている．各センサの計測間隔は，4〜5100秒の間で自由に設定でき，さらに内蔵された時計によって，計測時刻が記録されるしくみになっている．

　ところで，魚がいた場所の光の強さを測ることにどんな意味があるのか．じつは，光の強弱を手がかりに，その魚がいた場所—位置情報（経緯度）を推定することができるのである．照度の変化から，その日の日長時間と日出と日没の時刻（世界標準時）がわかる．日出・日没の時刻がわかれば，その日の正午の時刻もわかる．地球は自転しながら太陽の周りを回っているので，正午の時刻は経度によって異なる．つまり，日長時間は緯度によって，正午時刻は経度によって異なるので，光の強弱から，その日のおおよその位置を推定できるというわけである．

　ただし，減衰の大きい水中で計測される照度は，地上での測定値に比べて精度が落ちる．そのため，位置の推定には誤差が生じる．そこで，同時に測定された海表面の水温データを衛星画像からの情報などと照合し，ときには，対象魚の1日のうちの移動可能範囲も考慮に入れて，位置データを補正することもある．

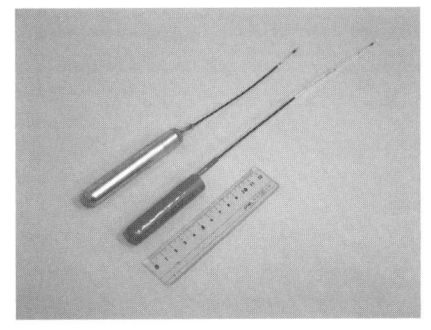

図4.18　アーカイバルタグと再捕されたクロマグロ

b. 東シナ海におけるクロマグロの分布

東シナ海はクロマグロ未成魚の越冬海域として知られる．彼らはそこから日本海から津軽海峡あるいは宗谷海峡を，五島列島近海から薩南海域を経て太平洋側へ，さらにその沖合へと分布域を拡大する．1995年から1998年の11〜12月，対馬沖の曳縄で漁獲されたクロマグロの腹腔内にこのデータロガーを装着し，合計229の個体を放流した

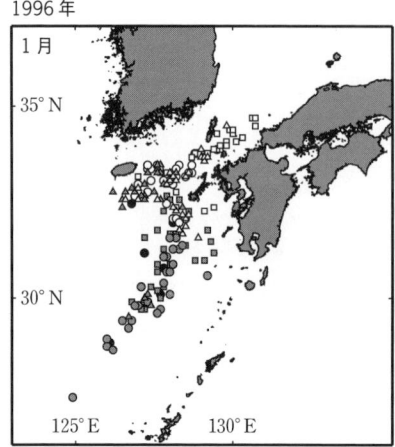

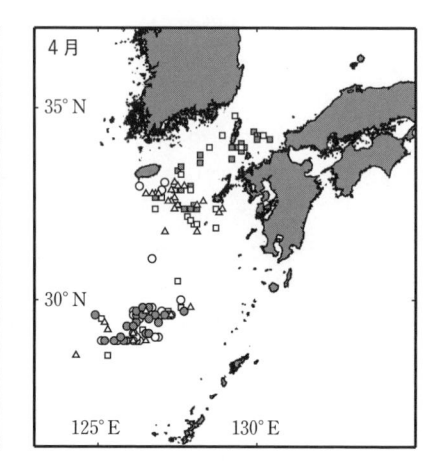

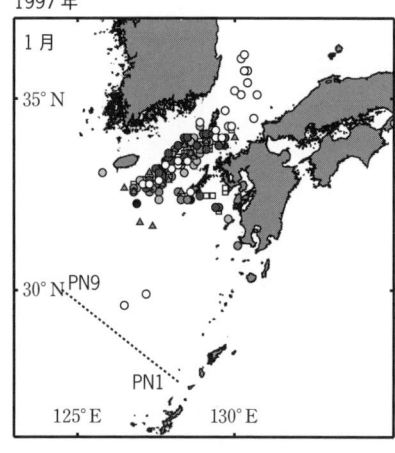

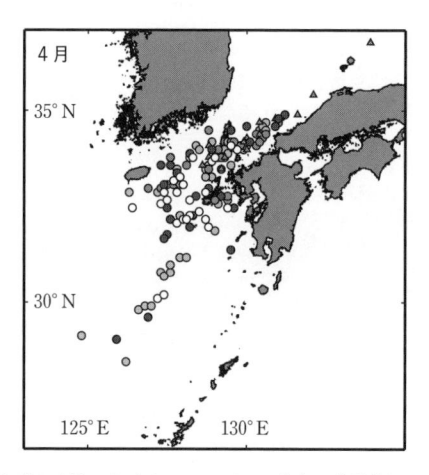

図4.19 アーカイバルタグデータより推定された東シナ海におけるクロマグロの分布・移動状況（Kitagawa et al., 2006を改変）
1996年（上），1997年（下），1月（左），4月（右），点線は長崎海洋気象台による定線観測線（PNライン）を示す．個体ごとに凡例が異なっていることに注意．

(尾叉長は43〜78 cm, 0歳もしくは1歳魚).

アーカイバルタグより得られた経緯度情報, 人工衛星画像, 定線観測情報をもとに, クロマグロの東シナ海における分布の経年的な違いに海洋構造が及ぼす影響について検討した例を以下に示す.

1月から2月にかけて, どの年も個体は基本的に対馬, 済州島, 五島列島に囲まれた

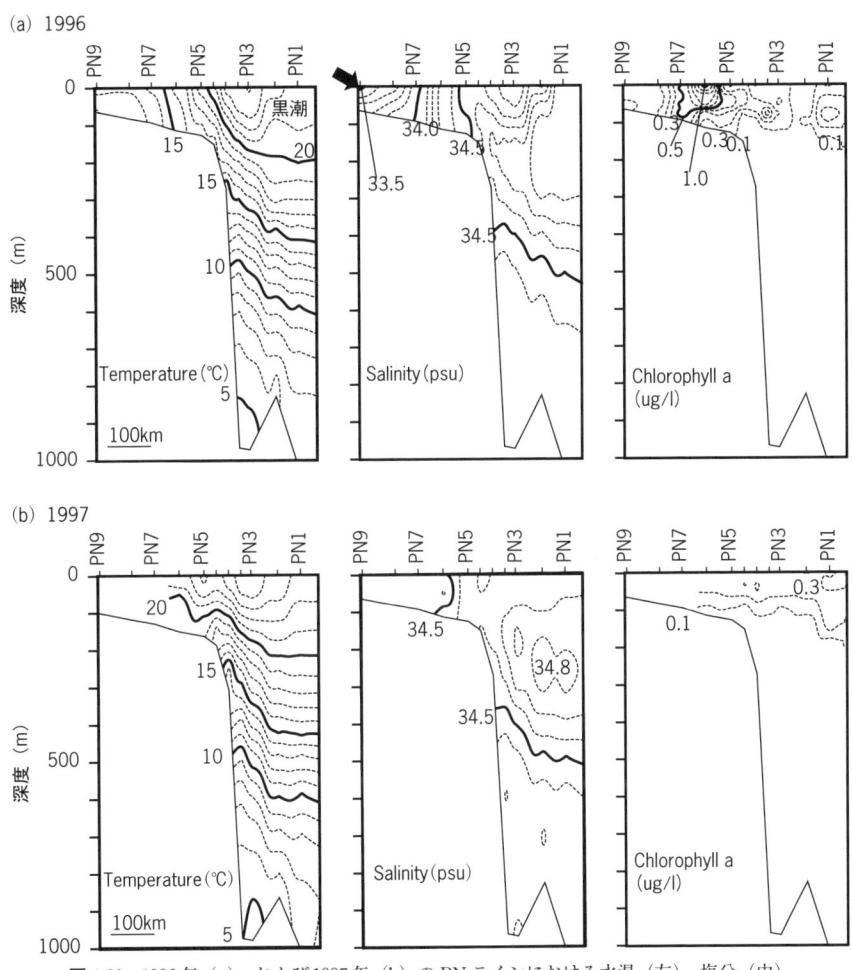

図4.20 1996年 (a), および1997年 (b) のPNラインにおける水温 (左), 塩分 (中), クロロフィル (右) の鉛直プロファイル (Kitagawa et al., 2006を改変)
矢印は低塩分水の流入を示す.

海域に分布していたが，なかには黒潮フロント域まで南下するものもあった．特に水温が比較的低かった1996年は南下傾向にあった（図4.19）．その後，3月から4月に黒潮の勢力が強くなるにつれ対馬暖流の勢力も増す傾向にあり，それに伴い，前月に黒潮フロント域にまで南下していた個体も対馬，済州島，五島列島に囲まれた海域にまで北上し，そこで6月末まで滞留した．

しかし1996年は，クロマグロの適水温よりも高い約25℃の黒潮系暖水が五島沿岸まで張り出してきており，五島と黒潮フロント域の間に貫入していた．このことにより，黒潮フロント域にいたクロマグロは北上を妨げられた．5月に入ってもこの暖水の張り出しが維持されたため，数個体は黒潮フロント域にさらに留まり続けた．そのうち1個体は結局北上が遅れ，日本海へ回遊することなく周年東シナ海に留まった．

長崎海洋気象台の定線（PNライン）観測調査によると（図4.20, Kitagawa et al., 2006），1996，1998年は，中国沿岸から長江起源と思われる34.0 psu以下の低塩分水が流入してきており，それに伴い，クロマグロの滞留していた黒潮フロント付近で高い一次生産が認められた（図4.20 b）．これらから，特に1996年は，フロント域が彼らにとって適度な水温環境であった上，餌生物もこの海域に多く集積していたため，クロマグロもそこに滞留したのかもしれない．このように，黒潮の勢力の経年的な変化やそれがもたらす海洋環境の変化が，東シナ海でのクロマグロの分布や回遊のタイミングに大きな影響を及ぼしていることを，バイオロギング計測により具体的にとらえることができた．

c. 渡洋回遊

東シナ海から太平洋に回遊したクロマグロの一部は中部太平洋域に留まるものの，一部は東部太平洋（アメリカ，メキシコ西岸沖）まで回遊することが漁獲情報より明らかになっている．これを渡洋回遊という．どういう経路を利用して，どれくらいの時間をかけて渡洋しているのかについて，近年，タグデータの解析によりその実態が明らかになってきた．

1996年11月に対馬沖で放流した個体（尾叉長55 cm）は，翌年5月初めに九州南端を越えて，四国，本州の南岸に沿って移動し，5月中旬に房総沖に達した．その後，三陸沖から道東沖に移動したが，11月中旬に渡洋回遊を開始した．この個体は約2カ月で太平洋を渡りきり，1998年1月中旬にカリフォルニア沖に到達した．その間の移動速度は100 km/day以上であった．8月の再捕時の尾叉長は88 cmになっていた．

アメリカのスタンフォード大学，Block教授のグループは，2000年以降，バハ・カリフォルニア沖におけるクロマグロの回遊生態の調査研究を精力的に行っている．図4.21は，2002年11月にタグ装着後放流されたうちの1個体（尾叉長110 cmの未成熟個

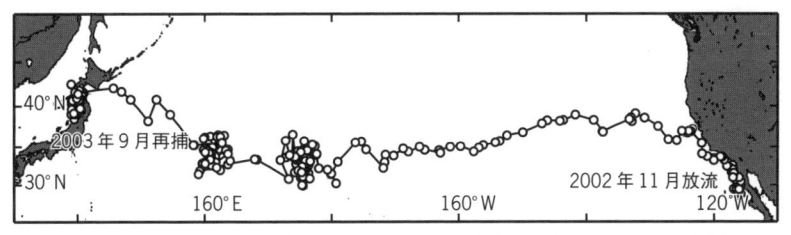

図 4.21 タグデータより推定されたクロマグロの渡洋回遊（Block, 2005 を改変）

体）の回遊状況である．この個体は翌年1月にカリフォルニア沿岸を離れ，亜熱帯フロント域に沿って渡洋回遊を行った．途中，天皇海山やシャツキーライズで数カ月滞留したが，その後，津軽海峡より日本海に入り，9月に同海域で再捕された（Block, 2005）．上述の西部から東部へ向かう経路と異なるところが興味深い．さらに，クロマグロは成熟を迎えると産卵のために西部太平洋に戻ると考えられていたが，成熟しないまま西部太平洋に戻ったり，西部に戻った未成熟個体が再び東部に渡洋回遊したりしていることもわかってきている（Block, 私信）．

d. 鉛直遊泳行動とそれに及ぼす鉛直水温構造の影響

クロマグロの東シナ海での鉛直遊泳行動について見てみよう．遊泳深度，水温，体温の時系列データを解析してみると，クロマグロの鉛直行動には，様々な規則性が潜んでいることがわかった．

冬季，表層の海水は冷たい空気によって冷却される．冷却によって水温が下がると海水の体積は小さくなり，密度は重くなる．そのため表層の海水はより低層に沈むようになる．これを対流という．これによって表層と低層との間で混合が起こり，水温はある程度の深さまで一様になる．この水温が一様な層を表層混合層という．

冬季の東シナ海では，水面から深度 100 m くらいが表層混合層になる．この表層混合層内で，クロマグロは夜間は表層を，昼間は低層を遊泳していた．遊泳深度の変化に日周性が認められた（図 4.22 a）．一方，夏季あるいは南方のより温かい海域では，表層は太陽放射によって温められ，水温が上昇する．そのため表層と低層とでは急激な温度差が生じる．この温度勾配のある層を水温躍層という．表面は高温だが，躍層より下層は低温である．夏の海は沸かしている最中の風呂に似ている．水温躍層が形成されていた南西海域まで大きく移動した数個体のクロマグロは，特に日周性が顕著であった．このことから，躍層の発達は，クロマグロの遊泳深度の日周性を顕著にする要因であると考えられる．

夏季，クロマグロは1日の大半を深度 10 m より浅い場所で過ごしていた．これは，

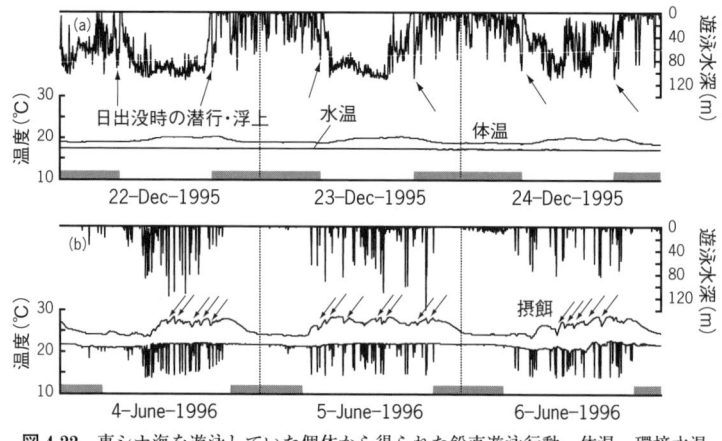

図 4.22 東シナ海を遊泳していた個体から得られた鉛直遊泳行動，体温，環境水温（Kitagawa et al., 2000 を改変）
下の影は夜間を示す．(a) 冬季（12月）の様子．矢印は日出没時の潜行・浮上を示す．(b) 同個体の夏季（6月）の様子．鉛直移動に対応して体温が急激に低下し，その後徐々に上昇している箇所がある（矢印）．この温度低下は，摂餌の際，冷たい餌や海水を飲み込むことによって生じ，その後の上昇は消化や代謝による産熱により生じたものである．摂餌直後の体温上昇は特異動的作用（SDA：Specific Dynamic Action）と呼ばれる．

水温躍層付近での急激な水温変化を避けるための行動だと考えられる（図4.22b）．しかし，昼間には水温躍層を越え，さらに温度の低い水深まで移動して餌を探すようになった．ただし，表層から潜行して餌を探して，再び表層に戻ってくるまでに要する時間は，たかだか5～10分程度であった．この行動を日に10回ほど行っていた．

冬季，クロマグロの体温は，昼夜ともに水温よりも2℃ほど高く保たれており，この温度差は水温が変化してもほぼ一定であった．一方，夏季には，基本的に体温は水温より高く保たれていたが，どの個体も水温が低くなるに従い両者の温度差が大きくなる傾向にあった．

ここでは体温と水温の関係から，クロマグロがどうして体温を高く保つことができるのかについて検討した．体温のデータ解析の結果，同属のメバチやキハダに比べて，体の断熱性が高いことに加えて，体内でつくり出される熱の量が哺乳類並みに高いこともわかってきた．しかし，何らかの原因，たとえば水温躍層よりも下層に長時間留まることにより，体温は下がってしまう．体温がいったん下がってしまうと，断熱性が高いがゆえに，冷めた体温も保たれてしまい，その結果，適切な体温に回復するには相当の時間がかかってしまう．そこでクロマグロは，水温躍層より下層に進入することをできるだけ避けて，基本的には表層混合層内を遊泳するものと考えられた．そして進入するに

しても，体温への影響が小さくてすむように短時間の移動ですませていることが推察された．また，彼らの鉛直行動は日照量にも左右され，照度が低下する曇りの日は，鉛直移動の頻度が減少することもわかってきている．

このように，バイオロギング手法を用いることで，クロマグロの鉛直遊泳行動を，水温環境からの作用に対する個体の体温生理的な変化を介した応答行動として具体的にとらえることが可能になった．

e. 今後の研究課題

日本の水産業は，国連海洋法条約の批准により本格的な200海里時代を迎えており，漁獲可能量割当を核とする水産資源の新たな保存・管理体制を構築することは，各沿岸国の環境・資源・人間の共存が保証される持続的な漁業生産システムを実現していくための最重要課題である．東シナ海・黄海などは中国・韓国など複数の沿岸国に囲まれており，排他的経済水域の境界画定が困難なため，共同管理水域を設定するなど変則的な海域となっている．また，この海域は大陸からの栄養塩の供給を強く受け，高い生産力を有する一方，人間活動による地球温暖化や環境負荷の問題が懸念されるなど複雑かつ変動性に富む海洋環境でもある．その上，クロマグロをはじめとする多くの重要水産資源も境界を越えて広く分布・回遊している．今後，持続的に海洋生物資源を利用する生産システムを構築するために，資源生産を支える食物網（生態系）構造・機能の変化や資源生物の離合集散にかかわる環境要因の解明などが課題として挙げられる．

こういった点からバイオロギングにかかる期待は大きい．バイオロギングは調査船による観測が不可能な時期や海域の，海洋情報と動物の生理生態情報を連続的にそして3次元的に動物自身がとらえ，われわれに提供してくれるものだからである．今後は，より一層高機能・マイクロ化されたデータロガーを，TAC（Total Allowable Catch）重要魚種のような比較的小型の多獲種へも適用し，それらとそれらの生息環境を同時にモニタリングする技術に応用していくことが求められるかもしれない．

また，生態系変動にはフィールドではとらえにくい生態系の変動過程の定量的で動的な側面がある．特に，魚類などの遊泳力の大きな生物の数量変動には，その移動・回遊行動，集群機構・規模が大きな影響を与える可能性があり，こういった現象の解明を数値モデリングと連携しながら進めていくことも重要な課題である（中田，1997）．

［北川貴士］

5 都市の世紀：アーバニズムに向けて

5.1 人間活動と調和した自然環境の管理

　人類の文明が開始されて以来，木材の使用量の増大や開拓地の拡大により，森林は絶えず減少してきた．近年とりわけ問題となっているのは，熱帯林の急激な減少や劣化である．

　国連食糧農業機関（FAO）の調査によれば，熱帯林は2000～2005年の5年間に毎年890万haの割合で減少している．熱帯林は生物多様性の宝庫であり，世界で最後に残った広大な自然生態系から，日本の森林面積の35％にあたる部分が年ごとに失われていることになる．こうした森林の減少は，地球的規模で複合的な影響をもたらすと考えられる．木材や工業原材料への影響はもちろんだが，森林土壌の高い保水性は土石流や山崩れを防止し，河川の流量を安定させる．したがってその喪失は，大洪水を含めたこれらの災害の一因となる．熱帯林に限っても，この生態系の損失は，多数の生物種の絶滅につながり，遺伝子資源という観点からも莫大なものがあり，また森林破壊によって大量の炭素が大気中に放出されれば地球温暖化を加速する可能性もある．熱帯林の減少の直接の原因として指摘されているのは，過度な焼畑耕作，薪炭材の過剰採取，放牧地や農地などへの転用，不適切な商業伐採などであるが，こうした事柄の背景に世界経済に深く組み込まれた開発途上国の貧困や急激な人口増加の問題が厳然としてある．

　今，人類の直面する課題は地球環境の劣化と資源の枯渇をどのように克服し人々の暮しや生命をいかに守るかということである．この目標を達成するために国際的に求められるのは公平さを基準とする倫理観であると考える．市場原理はそのためのルールとして重要であるが，あくまでも手段であって，すべてにおいて優先すべきものではない．近年，日本の人工林はその不採算性ゆえに，また，花粉症の発生源として切り捨てられようとしているが，スギ・ヒノキの針葉樹単純林は同じ再生可能な森林資源の中でも，広葉樹天然林と比較すると，より高い能力のある太陽エネルギーの効率的な変換装置であり，確実性の高い資源獲得手段である．また，地球温暖化を防止するために大気中の二酸化炭素をとりこむ装置としても優れたものである．21世紀という時間の長さと地

球全体の空間な広さを視野に入れた上で，森林に対して今なすべき事柄について考える．

5.1.1 森林資源の特徴

森林は太陽エネルギーを元に繰り返し利用できる再生可能な循環型資源である．森林は生態系の中心であり，その取り扱いを誤ると周辺の環境に多大な影響を与え，取り戻すのに数十年の単位の時間がかかる．また，森林が持つ国土保全や水源涵養機能は地域社会の安全にとって重大な問題である．したがって，森林資源を持続させるよう計画的な取り扱いが必要である．しかし，対象が広大であるため悉皆調査は難しい．最近は衛星写真も使われているが，熱帯林では雲が多く精度は低い．また，政治的事情から森林の定義が流動的であり，正確な資源量が抑えられていない．したがって，将来の資源予測となると大きな幅を持った数字にならざるを得ない．森林資源は生育期間が長く，生産装置と収穫物が不可分なため，過剰な収穫が起こりやすく，このことに人々が気づくのに時間がかかる．農作物は生育期間が短いので農地面積が制約条件になるが，森林資源は収穫の適期が非常に長い．経済的に閉じた社会で燃料材として扱っている分には収穫量もその地域で使う量に限られるが，換金商品として扱われ始めると収奪に際限がなくなる．

近年，多くの人が重視しているのが物質としての木材以外の森林の価値である．具体的な事例としては，まず，防災的な機能，水資源の安定供給と水質の保全，多様な生物の生育空間を提供していること，CO_2の固定，人々の心を癒す機能，精神的な寄与などがあげられる．これらの機能は森林が存在することによって機能を発揮する．一方，木材は森林を伐採してから価値を生じる．両者のバランスをどうとるかが課題である．

1992年にブラジルのリオデジャネイロで国際連合の主催により開催された，環境と開発に関する国際連合会議 (United Nations Conference on Environment and Development，地球サミットと通称される) において森林原則声明 (The Declaration of Forest Principle) が採択された．この声明では「森林資源および林地は現在及び将来の人々の社会的，経済的，生態的，文化的，精神的なニーズを満たすために持続的に経営されるべきである．これらのニーズは木材，木製品，水，食料，飼料，医薬品，燃料，住居，雇用，余暇，野生生物の生息地，景観の多様性，炭素の吸収源・貯蔵庫といった森林生産物およびサービスを対象とするものである．」とされている．この会議において，当初熱帯林保全のための世界森林条約 (Forest Convention) が検討されたが，木材を主要な経済資源とする開発途上国から「自国の森林資源を開発する主権」の侵害であるという反対があり，「全ての種類の森林経営，保全及び持続可能な開発に関する世界的合意のために法的拘束力のない権威ある原則声明（森林原則声明)」という声明文の形になっ

た経緯がある．

こうした動きを受けて，ヨーロッパ以外の温帯・北方林を持つ12カ国では，1995年にモントリオールプロセスを制定し，科学的裏付けと測定可能性を制定して，持続可能な森林管理のため指標として，森林資源量，生物多様性，森林の健全度と活力，森林の生産力，森林の環境保全機能，森林の社会経済的機能，法的・政治的・組織的なフレームワークの7要素を定め，これらに関する情報を組織的にモニターしている．

5.1.2 森林の文化的価値

コンピュータネットワークがもたらすグローバリゼーションは経済のみならず，社会のしくみにも変化をもたらし，20世紀とは異なる価値観が伝統や家族，信仰に対峙しつつある．現代文明のシステムが揺らいでいるなかで，その基盤をなす土壌ともいうべき文化は時間を超越し，その風土，民族にとって普遍的なものとして存在し続ける．近年，人々の間でそのアイデンティティを求め，自らの基盤となる文化を確認する要求が高まっている．日本では「木の文化」をあげることができる．その象徴は再生可能な生物資源を利用した木造建造物である．西欧文化と本質的に異なる循環型社会を築いてきた日本文化を端的に表現しているのが木造建造物である．こうした木の文化を育んだ背景には豊かな森林があり，この森の恵みを巧みに利用してきた伝統工芸技術があり，その表現形として見事な木造建造物がある．しかし，多くの日本人にとって，このような文化的建造物とそれを支えてきた森林との関係を連想することは困難である．

日本は国土の大半が森林で覆われており，世界で群を抜く高い森林率を維持している．文明の発達とともに世界中で森林の減少が続いてきたが，なぜ，日本だけが高い文化を保ちつつ，豊かな森林を守ることができたのであろうか？　そして，高度な木の文化を築くことができたのであろうか？　このことは私たち日本人が世界の中でのアイデンティティを見出すために見逃すことのできない重要な点である．急峻な地形が，他の用途，特に農地への転用を阻んできたのは事実であるが，森林の再生力にも注目するべきである．

豊富な降水量と温暖な気候に恵まれ，インド亜大陸から続く暖温帯林とユーラシア大陸の北部から連なる冷温帯林が交じり合った多様な樹種からなる森林は，気候の変動など環境の変化に対応できる柔軟な構造を備えている．こうした森林から，ケヤキ，クリ，クスノキ，ヒノキ，スギ，マツなどの耐久性の高い，優れた構造材を見出したのが日本地域に独特の木の文化である．さらに，檜皮のように樹皮の耐水性を利用して屋根を葺くという発想や漆，和紙といった森林資源の独創的な活用法は日本文化に固有のものである．日本で世界文化遺産として登録された建造物の大部分が木造の建造物である．西欧文化を象徴する構造物が再構築を想定しない一回限りの有限のものであるのに

対して，木の文化では樹木の再生により同じ物を再構築することができる．伊勢神宮の20年おきの式年遷宮が最も典型的な事例である．日本の優れた木造建造物は，多様で豊かな森林なくして成り立ち得ないもので，世界の他の地域と大きく異なる土壌を有しているということができる．われわれはこの点に注目するべきである．

有限な資源の中で21世紀の世界は進むべき方向を模索しているが，自然と共生することに原点をおく木の文化はこれに重要な指針を与えることのできるユニークな文化であり，木造建造物はその象徴として評価されるべきである．そして，日本の森林はこれらを支援する存在として認識されるべきである．このことが森林の新たな価値の創生に繋がる．人類の文明が発祥した頃，森林は陸地の大部分を覆っていた．しかし，森林の最大の産物である木材を用いて大型建造物を築いてきた文化はあまり多くなく，その中で日本の木の文化は世界に類を見ない高い水準を誇っている．この木の文化を理解することは，日本という地域とその民族を理解する上で非常に重要である．

森林の多面的機能が評価され，国土保全や水源涵養に加えて「文化的機能」が示されている．しかし，この文化的機能については十分な分析がなされておらず，今を生きる人々に対する精神的影響については研究がなされているものの，大きな時間的広がりの中で森林が有する文化的価値については十分に評価されているとは言いがたい．すなわち，温暖かつ湿潤な気候の下で形成された森林が優れた材質の樹木を育み，長い年月をかけて文化的建造物の資材となってきた事実は十分な分析がなされていない．飛鳥・奈良時代に造営された建物の資材が一体どのような森林から供給されたのか？　こうした森林は日本のどこにどれだけ残されているのか？　このような疑問に応えるのに十分な情報をわれわれは持っていない．貴重な文化財を維持してゆくためにはどれだけの資材が必要であって，どのような森林を維持しなければならないのかを明らかにしておく必要がある．

5.1.3　世界の森林資源

FAO (Food and Agriculture Organization of the United Nations) がまとめた"State of the World's Forests 2009"によると，2005年時点の世界の森林面積は，疎林を含め39.5億 ha であり，陸地面積の30.3%を占めている．このうち，52%は南米，アフリカなどに分布する熱帯林，25%はロシア，北欧に多い亜寒帯林，13%が北米，欧州，アジアなどに分布する温帯林である．面積，蓄積とも南米とロシアの合計が世界全体のほぼ半分を占め，単位面積当たりの蓄積は，南米が 155 m^3/ha，欧州が 141 m^3/ha と高い．世界の森林の96%は天然林であり，そのうち原生林は36%，2次林は53%である．人工林は森林面積のわずか4%にすぎない，その65%がアジアに偏在している．

2005年までの15年間に，世界の森林面積の3%に当たる1億2500万 ha の森林が減

少した．地域別に見ると，熱帯林を中心として，アフリカと南米の開発途上地域の減少面積が大きく，この2地域で世界の減少面積の96%を占めている．また，アジアでは，地域全体で300万haの減少にとどまっているが，これは東南アジアでの4200万haもの減少を中国での造林による4000万haの増加で補ったことによる．このように，森林の減少は，開発途上地域の熱帯林を中心に進行しており，その動きには今なお歯止めがかかっていない．

　開発途上地域の森林では，人口の増加，食料不足などを背景とした過度の焼畑や放牧，過剰な薪炭用材の採取，無秩序な商業伐採，大規模な森林火災，気候変動などによって疎林化や植生の衰退といった森林の劣化が進行している．このような森林の劣化がさらに進んだり，商業伐採が行われた際などに建設された道路に起因する森林の焼き払いや農地造成が行われたりすると，やがて森林の減少に至る．また，森林の劣化によって，森林内の乾燥が進み，結果として森林が失われる場合もある．特に，熱帯林では土壌の環境の変化に順応する力が弱いとされ，ひとたび森林の劣化が起これば，森林の減少は急速に進みやすいと考えられる．

　世界の森林面積は貧困や人口の増加を遠因とする無秩序な伐採，家畜の過放牧，農地への転用，戦争や内乱などにより開発途上国を中心に減少・劣化の傾向にある．このように，森林の減少・劣化には，1つの要因だけでなく，社会的，経済的，自然的な要因が複合的に作用している．今後は人口の変化が重要な要因となるが，途上国では人口が増加しており，食糧,住居，燃料の確保のため森林への圧力がさらに高まる．

　熱帯林では，狩猟，採集や焼畑農業により，森林と共生しながら住民の生活が維持されてきた．焼畑が熱帯林の減少の大きな原因といわれているが，本来の焼畑農業は，森林の減少を伴うものではなく，森林が回復するまでしっかり耕作を休む期間を組み込んだ持続的生産方法であった．現在，地球上で焼畑農業に使われている土地は3.6億haにのぼる．これは，地球上の森林面積の1割，耕地面積の1/4にも相当する．また，焼畑農業により生活をしている人々は，世界人口約63億人のうち2億人といわれている．

　焼畑農業は，原始的な耕作法のようにみられがちであるが，場合によっては労働生産性も高く，森林の恩恵をうまく利用することのできる優れた耕作法である．樹木を焼き払うことによってつくられる灰は，農作物の肥料となり，作物が育つ3年から5年の間利用し，その後，10年以上たって森林が回復するまで放置し，再び焼畑にされる．

　焼畑農業は，本来，森林に過剰な負荷を与えない持続的な生産システムであったが，人口の増加に伴い，より多くの収穫が必要になると，次第に火を入れる期間が短くなり，森林が回復しないうちに焼畑を繰り返すことで森林が劣化し，やがて減少につながってしまう．さらに，商業伐採のために建設された道路が過剰な焼畑を誘発する原因にもなっている．南米のアマゾン川流域の熱帯雨林でも，道路の建設を契機に過剰な焼畑

や牧場などの農地開発による森林の減少が急激に進んでいる．このような森林減少によって，多くの住民が森林と共生してきた生活を維持できなくなり，都市へ移住したり，商業伐採の労働力となったりしている．

温帯林でも，大規模な森林火災，大気汚染による森林の立ち枯れ，天然林伐採後の生育不十分な更新地などの発生により，森林が劣化する状況もみられる．

ロシアでの森林火災による被害面積は，年間400万～700万haと推定されており，野生生物への影響，固定されていた炭素の放出による地球温暖化への影響が懸念されている．また，東シベリアでの皆伐による森林伐採は，永久凍土の融解を引き起こし，湿地化により森林再生を困難とするだけでなく，温室効果の高いメタンガスの発生という深刻な環境問題をはらんでいる．

世界の森林蓄積は約4340億m^3で，ha当たりの平均蓄積は110 m^3である．途上国と先進国を比べると，森林面積の割合は55：45であるが，バイオマスでは75：25となる．したがって，途上国の森林減少が世界の森林に与えるインパクトは相対的に大きいものがある．

世界の木材消費量は2005年時点で年間38億m^3と推定されている．木材の消費は，燃料用に使用される薪炭用材と製材，合板などの生産に使用される産業用材とに大別され，開発途上地域での薪炭用材の増加および世界全体での産業用材の増加がこれに大きく影響している．消費量の47%が薪炭用材である．アフリカ，アジアでは70%以上が燃料用となっており，特にアフリカでは，急激な人口の増加に伴い薪炭用材の消費量が大幅に伸びている．このペースで需要が増加するならば，森林面積の減少とあいまって，成長量と伐採量のバランスの崩れが顕著となるであろう．一方，南米における2005年の産業用材の消費量は，経済の発展により1990年の1.6倍に増加している．

世界の木材の3割を消費するアジアでは，中国が経済成長による都市部での住宅建築の増加や，活発な公共事業などを背景に，消費量を増加させている．現在の人口63億人の1人当たり年間木材消費量は0.6 m^3であるが，2050年における世界人口の推計値は80～120億人となり今と同じ消費水準としても年間48～72億m^3の需要が見込まれる．

世界の木材生産量のうち，59%が開発途上地域で生産されている．産業用として生産された丸太17億m^3のうち，約7%はそのまま輸出されており，製材や合板などに加工された製品を含めると，約27%が貿易の対象になっている．木材貿易は，輸出量の81%，輸入量の79%を先進地域が占めており，主に先進国間を中心に行われているが，輸入に占める開発途上地域のシェアは，拡大している．これは，開発途上地域の中で経済発展のめざましい国において，消費量が国内生産量を上回って推移していることなどによるものと考えられる．中でも，東アジアの開発途上国の輸入量は，急激に増加して

おり，特に中国の2000年の輸入量は，1990年の3倍，1965年の16倍となった．その結果，中国は，1998年以降，金額（紙・板紙を含む）では日本を抜いてアメリカに次ぐ世界第2位の木材輸入国となっている．木材の貿易と環境の関係のあり方は，現在でも国際会議の場で議論されており，未だ意見の一致を見ていない．しかしながら，利便性やコストなどの経済的な側面のみを優先し，森林資源の持続的利用への配慮を怠った木材貿易が行われた場合，過剰伐採や違法な伐採を誘発することにより，森林の減少・劣化に拍車をかけるおそれがある．また，他の産品と同様に輸送距離の長い木材貿易は，輸送に大きなエネルギーを消費することから，地球環境への負荷を生じていることに考慮を払う必要があると考えられる．以上のことから，世界の森林資源は増えつづける需要に対して，供給能力の低下が懸念される．今世紀中に深刻な木材資源の逼迫状態が生じるであろうという認識のもとに，日本の森林資源について以下に述べる．

5.1.4 日本の森林資源

日本の41%の人工林率は世界でも頭抜けた存在である．世界の森林のうち人工林は1.9億haと推定されており，森林面積全体に占める割合はわずか4%にすぎない．

森林蓄積は44億m^3で世界の森林蓄積の1%にあたり，1ha当たりの森林蓄積は平均161 m^3で世界平均の1.5倍である．主な森林国で日本より平均蓄積が大きいのはドイツとスイスだけである．最近の35年間で森林蓄積は2.1倍に増加しており，増加分の83%を人工林が占め，人工林の蓄積は4.1倍になっている．この間の伐採量を考慮すると，人工林の年成長量は約7500万m^3，天然林を合わせた年成長量は約1億m^3と推定できる．1ha当たりの年平均成長量は約3m^3で人工林は6.0m^3，天然林は1.1m^3となり，1976（昭和51）年に37:63であった人工林と天然林の蓄積比が，2002（平成14）年には57:43と逆転している．

2008（平成20）年の日本の木材消費量は丸太換算で年7800万m^3，1人当たり約0.6m^3であるが，そのうち76%を海外に依存している．一方，世界の木材貿易量は3.4億m^3で総消費量に占めるシェアは10%程度である．日本は総貿易額の9%程度を占め，世界3位の木材輸入国である．国内に豊富な森林資源がありながら消費量に占める輸入材のシェアが76%というのは特異な状態である．日本で利用されている木材について，世界のどのような森林から生産されているのかを見ると，2001年では，113カ国もの国々の森林から生産された木材が輸入されている．製材用材は，北米大陸のカリフォルニア州北部からアラスカにかけて広がるダグラスファー，スプルースを主体とした温帯，亜寒帯性の常緑針葉樹林や北欧のホワイトウッドと呼ばれるトウヒ，モミなどの常緑針葉樹林からのものが多い．最近では，ホワイトウッドに代わりレッドウッドと呼ばれるヨーロッパアカマツの輸入が増えている．また，ニュージーランドや南米大陸のチ

5.1 人間活動と調和した自然環境の管理

リのラジアータマツも輸入されており,近年では,アフリカの熱帯雨林からも広葉樹が輸入されている.パルプ・チップ用材は,世界各地の森林から輸入されているが,北米大陸の常緑針葉樹林やオーストラリアのユーカリを主とした常緑広葉樹林からのものが多い.

合板や合板用材では,マレーシアやインドネシアの熱帯雨林に生育するフタバガキ科の樹木,東シベリアの落葉針葉樹林で生産されるダフリカラマツが多くを占めている.

さらに,人口比で2%の日本はエネルギー消費で世界の5%のシェアを占め,エネルギー自給率(原子力を国産と見なした場合)は18%で主要先進国のなかでは著しく低く,アメリカに次ぐエネルギー輸入国である.現在は日本経済に購買力があるため需要に見合った輸入が可能であるが,世界の資源状況を鑑みれば,21世紀の国際社会の中で資源の公平分配という理念のもとでは倫理的に許されるものではなく,早急に是正を図る必要がある.なぜならば,木材資源は他の非生物資源と異なり,その過剰な採取によって産地国の自然環境の破壊を引き起こす可能性があるからである.また,日本経済が21世紀においても現在と同様な国際的地位を保ち続ける保証はなく,資源の購買力が低下する可能性を考えておかねばならない.それにもかかわらず,現行の森林・林業基本計画は一斉林を35%減らし,660万haを育成単層林として維持することを目標としている.これらの人工林の伐期平均成長量を10 m³/ha・yr.とすると,収穫量を平準化すれば年間6600万m³の国内供給が期待できる.これを丸太に換算すると約4620万m³で,「林産物の長期需給見通し」の需要予測9100万m³のおよそ5割である.現在の24%という自給率と比べればかなり高い数値であるが,この水準が妥当であるか,人工林に関する適切な情報をもとに十分議論した上で社会的コンセンサスを得る必要がある.

人工林の森林資源が着実に充実してきたにもかかわらず,木材生産量は林業基本法の制定とともに下降線をたどり,1967(昭和42)年の5200万m³をピークとして,現在は4割以下の水準に落ち込んでいる.同じ第一次産業でも米の収穫量や漁獲量は30年前の80%程度であるのに対して木材生産の低下は著しい.これに伴い造林面積も1960年代には年間30万ha以上の人工造林が行われピーク時には40万haを超える植林がなされていた.しかし,1970年以降減少を続け,現在は1割以下の水準に落ち込んでいる.このため,人工林の樹齢構成はいびつなものとなり,41~50年生に当たる9・10齢級の面積は1~10年生の1・2齢級の12倍以上となっている.これらの森林からの収穫量を平準化して,持続的に資源利用するためには,人工林面積の1/3を占める41~50年生の人工林の取り扱いにいくつかの配慮が必要である.まず,アクセス条件の良い場所での後継林分の確保である.造成の落ち込んだ1~10年生の谷間を埋めるためには,早い段階から小面積皆伐更新地をある程度造成する.また,アクセス条件の悪い林

分では伐期を延長するなどして，9・10齢級のピークを分散させる方策が必要である．これまで，こうした森林政策を実行に移すための推進装置として森林計画制度が整備されてきたが，近年は計画と実行の乖離が指摘されており，社会全体の資源を管理するシステムとして，より実効性の高い制度に改善するべきである．

5.1.5 森林計画制度

日本の森林計画制度は世界で最も情報量の多い精緻なシステムで，政府の責任のもとに樹立されるトップダウン的性格が強い制度である．1951（昭和26）年に改正された森林法により整備され，1950年代前半は過伐状態により荒廃した森林の復興が課題であり，保安林などの制限林や若齢林については伐採許可制とし森林の伐採抑制を行った．1950年代後半からは森林資源の造成に転じ，森林生産力を高めるために広葉樹の伐採制限を緩和して積極的に拡大造林を推進した．この結果，民有林の人工林の半数近くが1970（昭和45）年までの15年間に植栽されている．1970年代には経済の高度成長に伴う無秩序な土地開発を防ぐための林地開発許可制度を制定し，乱開発に対する抑止力としての役割を果たした．森林計画制度はその時々の社会のニーズに対応して日本の森林資源政策を支えてきており，特に人工林の造成により森林資源の増大に果たした役割は大きい．しかし，国民生活が豊かになるにつれて，森林に対する要求は木材生産から国土保全や水源涵養にシフトし，複層林化や広葉樹林の造成など多様な森林づくりが求められているが，森林経営者の意向や技術的な課題もあり，これに十分応えているとはいえない．

森林計画制度の目的は国民のために森林資源を安定的に増大させることである．森林資源とは木材生産，水源涵養，山地災害防止，生活環境保全形成，保健文化の機能を総合したものである．これらは市場原理に委ねると公共の福祉に悪影響を及ぼす分野に深く関わっている．現行の「森林資源に関する基本計画」では山地災害防止と水源涵養機能を特に重視して発揮すべき森林を全森林の約5割，木材生産機能を重視する森林を約3割，生活環境保全と保健文化機能の発揮を重視する森林を約2割と定め，それぞれの機能に応じた森林整備の方向を提示している．しかし，その機能を供給する森林の多くは私的に所有されているため，森林計画制度は森林所有者を誘導して整備の目標を達成しようとしてきた．その誘導は税制上の優遇措置と造林補助制度による優遇措置，普及制度によって進められてきたが，この誘導装置が機能するためには林業経営が成立することが前提となる．しかし，林業活動の停滞により伐採や造林の計画に対する実行の乖離は大きく，現時点では森林計画制度が有効に作動しているとは認められない．社会的には不都合が生じていないように見えるが，このように計画と実行が乖離していても社会的な問題にならないこと自体が問題なのである．

森林計画制度は元来，資源管理，国土管理の制度であったが，林業基本法の制定により産業政策の1つとして林業政策の達成手段の1つとして位置づけられるようになり，二重構造が発生した．当初は資源造成が目的であったものが，生産流通の部分までをも包含するようになった．このことが計画全体の方向を不明確なものにし，森林経営者にも理解されにくいものとなっている．

このように現在の森林計画制度は形骸化していると評価せざるを得ないが，大きな課題を抱く21世紀の日本の森林資源政策を実行するための装置としては高い潜在的能力を備えており，再整備を図りその中心に据えるべきである．

5.1.6 森林認証制度

消費者の環境意識の高まりに応えて，木材製品や紙製品の生産者は環境に配慮した製品であることを客観的に示す必要に迫られている．このような背景のもとで民間レベルの認証制度が持続可能な森林経営を達成するための有効なシステムとして注目されている．良好に管理された森林は独立した評価機関によって認証され，生産物は消費者に認識可能な方法でラベリングされる．この認証を獲得できない商品は市場での地位を失う恐れがある．最も代表的な認証機関は The Forest Stewardship Council (FSC) である．2009年時点で世界の認証森林面積は3億3700万 ha，全森林面積に占めるシェアは8.5%である．こうした国際的認証システムが信頼性を確保するためには貿易の障害とならないことが必要であり，かつ，一定のシェアを確保しないと差別化の効果が期待できない．

しかし，認証の獲得には所有規模が大きく影響しており，小規模森林経営に不利な仕組みとなっている．このためスウェーデンの民有林所有者の組織はFSCのシステムを支持せず，FSCに代わる認証制度として Pan-European Forest Certification Scheme (PEFC) を設立した．カナダ・マレーシアなど主な木材輸出国でも独自の認証制度を確立させている．この結果，PEFC系の認証森林面積はFSCによる認証森林面積の2倍に達している．しかし，最も保護が必要な熱帯林の認証森林面積は2300万haにとどまっている．

日本でも国内生産量が増加し，森林経営者が消費者の嗜好を意識する時期が来れば，国内でシェアを広げる可能性があり，消費者側にもグリーン購入の動きがあるため森林経営の立場としては，認証制度を軽視することはできない．2009年の時点で105万haの森林が認証されているが，森林面積に占める割合は4.2%と世界平均の半分にとどまっている．森林認証の本来の趣旨からすれば，日本の育林方法は国際的な水準でも環境に配慮した適切な森林施業であると考えられるが，このことを客観的に立証するための情報が十分に整備されておらず，一般の森林経営者が認証を得ようとするならばハード

ルは高い．

5.1.7 「公」による森林管理システム

　森林管理のための意思決定の仕組みについて考える．日本の法律の枠組みの中では，個人の財産処分権がかなり優先され，公益性よりも森林所有者の意思が尊重されている．しかし，森林の果たす多面的機能は，森林所有者以外の多くの利害関係者に影響を与えており，その機能の一部は流域住民の生命財産にも影響を及ぼす可能性を秘めているため，森林は私有財産でありながら同時に社会的共有財産でもある．したがって，高域な森林の管理に当たっては，社会的な支援を前提として，流域住民の意思を反映させるため所有権に対抗しうる新たな公的管理に関わる法的な権限を整備する必要がある．

　一般に「公」という言葉には，公権力の行使という意味あいが込められている．これに対抗するために，日本の民法では「私」権が規定され公権力に対する歯止めとなっている．公共の福祉に反しない限り個人の権利は最大限に尊重され，財産権は憲法で保障されている．いま，日本の多くの森林において，その森林に対して権利を持つ者が適切な管理を放棄している状況がある．皆伐跡地に植栽しない林地，間伐をせずに過密になった林地，竹の侵入のために植栽木が被圧された林地が増加している．こうした林地がある閾値を超えると公共の福祉に反する事態が生ずることが想像されるが，個々の森林所有者の行為や不作為に対して公権力を発動させるには相当の根拠が求められる．明らかに法令に反する行為でない限り私権に対抗することは困難である．

　都市近郊のアクセスのよいところでは，産業廃棄物や建設残土の処理場として，森林が「一時転用」されている．これらの土地は，森林法に基づく開発許可に際して処理場として機能が終われば森林に戻すことを条件づけられている．しかし，現実には事業者が破綻したり，事業を継続し続けたりすることによって，何十年にもわたり，「一時転用」の状態で森林としての機能を果たさない林地が存在することがある．林地開発行為に対する審査にあたり，土砂崩れや水質汚濁に関する基準を満たした開発行為に対して，森林法は「これを許可しなければならない」としている．こうした制度のもとでは，土砂流出防備保安林に指定された林地が，周囲の森林が砂利採取によって失われてしまったために保安林としての機能を失い，保安林を解除された後に砂利採取の対象となってしまうということが，合法的になされている．

　なぜ，このようなことが合法的に行われるのか？　これには森林法の枠を超えた，より広範囲で多角的な視点から土地利用を制御する制度が必要である．「国土利用計画法」は自治体を単位とした土地利用計画の制度を定めているが，その計画の拘束力は個人の財産権を凌ぐものではなく，現状の追認に終わっている．自治体ごとに，あるいはよりきめ細かく小流域を単位として，森林の多面的機能を維持するために最低限必要な森林

の質と量を定め，これを超えるような開発行為に歯止めをかける制度を創設しない限り，国土を保全し，水源を涵養し，炭素を貯蔵し，多様な生物の生息環境を維持するような森林と土壌を維持することができなくなり，その森林にかかわる人々の生命や財産を脅かすという結果を招くことが危惧される．このことは，公共の福祉に反することであり，私権に制約を課す根拠となりうるものであるが，残念ながら森林科学はこれを国民誰もが納得する形で立証する段階に到達していない．どれだけ森林が減れば災害が発生するかを自然科学的に明確に示すことは困難である．ある程度の基礎的な情報を整備した上で，社会科学的に利害の調整を図るのが現実的な解決策であり，このような明らかに森林機能を喪失した林地が多く生じる場合には，民主的に公権力を発動させて開発行為を抑制することは可能であろう．

これに対して森林が存在しながら，手入れ不足などによりその機能が低下している場合，事態はより複雑である．植栽林である限り適切な人為を加えて健全な森林を維持し，土壌を保全することが森林としての機能を維持することになるが，こうした行為が経済的に成り立たない状況が生じており，他方で失われた森林機能を経済的に評価することが難しい場合は公的な調整が必要となる．しかし，国や自治体が公権力を行使し，公的資金を投入するためにはその妥当性や公平性が厳しく問われることになる．その結果として，全国一律の硬直的な助成制度が導入されることになる．ほぼ均質な工業的材料を使用する構造物の場合，こうした制度による問題は比較的小さいであろうが，本来異質な生命体から構成される森林を対象とした制度を考える際に，立地条件の違いに配慮したより柔軟な助成制度が必要である．今後は国から地方への財源委譲に伴い，こうした融通性が期待されるが，あくまでも公権力の行使による税収を基礎にした制度である以上，制度の硬直性から脱却するにはかなりの時間が必要であろう．現行の森林法体系のもとでは，森林計画制度がその役割を担っており，都道府県知事や市町村長が，その地域の森林計画や森林整備計画を樹立しているが，必ずしも流域住民の意思を反映したものになっていないのが実情である．その背景の１つとして，森林管理に関する十分情報が流域住民に提供されていないことがあげられる．そのために限られた専門家によりマニュアル化された森林管理計画が画一的に各地域で樹立されているものの，地域の事情を踏まえ，森林所有者や地域の住民の理解を得たものとは言いがたく，両者から関心が示されないままにその多くは形骸化している．

こうした問題を克服するためには，情報を持つ側から住民の理解を得ようとする積極的な情報開示の姿勢が必要である．また，情報の内容として，これまでの木材生産に必要な材積主体から，そこに生息する生物の多様性，森林の健全性，土壌の保全などの持続可能な森林管理の指標となる情報をメッシュのような一定の規格で収集し，森林管理に反映させることが必要である．さらに，シミュレーションによる将来の森林の状況を

提示することができるならば，適切な森林管理が住民の利益に資することを証明するための重要な情報源となる．森林の安定的管理が社会全体の福祉に資することを社会の構成員に理解してもらえるような客観的な説明が必要である．また，地域社会の構成員が，森林の管理に対する関心を高めるような教育啓蒙を積極的に行い，住民自らの手で，森林の機能を評価するしくみを提案する必要がある．こうした中で，北海道で提案されている地域住民を対象とした「森林の働きを測るものさし」としての森林評価基準は，住民自らが森林のモニタリングに参加することができる仕組みとして，参考にするべきである．

現行の森林計画制度は，中央政府から地方自治体を経て，森林所有者に繋がる上位下達の一方的な体系となっているため，地域の実情や森林所有者の意向を十分反映できず，自治体の意欲もわかず，画一的な森林計画になりがちである．これらを改善するために小流域からの積み上げ方式と，市町村森林整備計画の自由裁量権の強化が必要である．こうしたボトムアップ的システムからの情報を中央政府で調整して，各地域へフィードバックする．このことによって森林計画の責任の所在が明確となり，人材が育ち，植栽樹種，伐採時期，間伐の方法などに地域特性を活かすことが容易になるものと期待できる．

また，森林の状態を常にチェックし，その変化を監視するモニタリングシステムの整備が不可欠である．日本ではモントリオールプロセスに対応するための森林資源モニタリング調査がある．これは全国の森林を対象に 4 km のメッシュごとに調査地を設け，5 年間隔で調査を繰り返すものである．現在約 1 万 5000 点の森林資源，下層植生，土壌浸食度，林分被害などの調査データが整備され，公表されれば国際的にも通用する科学的な森林現況の評価指標として，広く国民の信頼を得るための重要な資料であり，今後は，地域社会の合意形成のために共有すべき基礎情報として位置づけることができる．このほかにも衛星データや空中写真を定期的に GIS (Geographical Information Sysyem, 地理情報システム) に取り込み，森林の変化を客観的に示すとともに，森林の機能を評価するための情報をよりきめ細かに整備する必要がある．

われわれの社会が森林を「みんなのもの」として，その機能を十分に発揮させるためのしくみをどのようにして構築して行くべきなのか，具体的な方策を考えてみたい．森林を公共財として位置づけるからには，公的資金をもとに公的機関が森林の管理を担うことが第一義的に考えられる．もちろん，こうしたしくみが土台になることが重要であるが，これだけでは十分ではない．先に述べた硬直性の問題もあるが，それだけではなく，国家や自治体の意思の継続性に疑念を持つからである．まず，公的資金の面から見れば，森林の育成という長期の視点に立てば，現在 900 兆円を超える債務を抱える国や自治体の財政が破綻する可能性があることを念頭に置いておく必要がある．また，森林

管理の考え方についても超長期にわたる意思の継続性を国家に求めるべきではないと考える．それはこれまでの僅か50年程度を振り返ってみても森林をめぐる政策はめまぐるしく揺れ動いており，経済的条件や国際的な通商関係といった外的な制約も働いている．

こうした状況のもとで長期的に一貫性のある森林管理を実行するためには，国家や自治体から独立した意思決定を行うことのできるシステムを組み込む必要があると考える．具体的には，地域コミュニティを核とした流域ごとの意思決定を行うことできるしくみを築き上げる必要がある．かつての日本社会ではこうした機能が存在しており，地域の公共の利益に反する行為は法律以前の問題として，人々の行動を規制する力が働いていたと思われるが，国家や自治体に資金や権力が集中することによって，地域社会の機能が低下してしまっている．産廃処理場に山林を売ったために地域社会で孤立し，自殺したという事例もあるが，地域社会が崩壊しつつある状況のもとでこうした規範がなくなりつつあるのが実態である．森林を「みんなのもの」として，活かして行くためには地域社会の再生から始めなければならない．

それには税金だけに頼らずに，寄付金やボランティア活動を組織した，非公務員型の組織づくりが重要である．この組織には，川上から川下に至る多様な関係者が参画し，それぞれの利害を調整するしくみを構築しなければならない．こうした組織を下支えするために，公務員や公的資金が使われるとしても，あくまでも地域の意思を反映した調整システムを創造することになる．これまで日本の森林に関する意思決定は国や自治体に知識と情報を集中させて，上意下達の意思伝達システムによってなされていたため，個々の人々が公の立場からものを考える機会を設けてこなかった．その結果として，森林という本来公共的であるべきものに対して，私的な権限にもとづく要求が優越することが多く起こってきた．これまでも，流域を基礎にした組織が公的に設置され，流域レベルの調整機関としての機能を期待されているが，現在のところ，必ずしもその機能を十分に発揮しているとはいえない．これからは既存の流域レベルの組織を活かしながらも，より実質的な権限を与えながら，地域社会の意思を的確に反映したものに育て上げる必要がある．

森林計画制度の中で地域森林計画の計画事項を市町村森林整備計画に移し，森林整備に関する権限を市町村長に委譲することが行われた．現時点では現場の混乱の方が目立っているが，長期的視点に立てば，より地域社会に近いレベルで森林に関する意思決定がなされることは望ましいことである．しばらくは，辛抱しながらも地域の判断力を養うことが大切である．そのためには森林資源情報の共有が重要である．今のところ，個人情報の保護が優先され森林簿の開示は限定的であるが，人工衛星や航空写真からの情報を地域社会の構成員が共有することによって，直接影響を受ける森林の状況を知るこ

とができる.前述した砂利採取や残土処理の現場は一般道からは見えにくい所にあることが多く,地域住民が知らないことがあるが,これを空から見れば一目瞭然である.また,こうした地理情報を管理するGISが整備されつつあるが,自治体によって情報システムが異なり,国有林と民有林の間でも情報を共有できていない状況にある.こうした技術レベルの問題は比較的容易に解決が可能であり,早急に取組むことのできる課題である.

もう少し時間をかけてじっくり取り組む課題として「地域文化」の再生がある.長い年月にわたって人が住み続けてきた土地には,それぞれの風土に応じた地域固有の文化が築かれている.祭りや郷土芸能がその象徴であるが,このように他の地域とは異なる何かを見出し,その地域のアイデンティティを見直すことは地域社会の再構築に繋がるものである.グローバリゼーションの流れの中で猛烈な勢いで文化の均質化がなされようとしているが,生物の世界では均質な集団は環境の変化に脆いことが知られている.森林を維持するためには,多様な地域文化の存在が必要であり,異質であることを重視してその独自性を活かしたコミュニティの存在が重要である.

5.1.8 気候変動枠組条約

地球温暖化とその危険性の指摘については,1980年代には防止のための対策の必要性が国際的に認められるようになり,1988年に初めての公式の政府間の検討の場としてUNEPと世界気象機関(WMO)の共催による気候変動に関する政府間パネル(IPCC)が設置された.ここでは地球温暖化に関する科学的側面からの検討がなされ,1990年に第一次報告書,1992年に補足報告書がまとめられた.これらをうけて,1991年より気候変動枠組条約(United Nations Framework Convention on Climate Change)の交渉会議が開始され,6回にわたる会議を経て1992年国連環境開発会議において条約を採択,1994年に発効.2004年現在の締約国数は188である.

この条約は大気中の温室効果ガスの濃度を安定化させることを目的とした条約で,温室効果ガスの国別発生量を,2000年時点およびそれ以降も,1990年のレベルに抑制するよう求めている.しかし,この目標設定には全世界の二酸化炭素排出量の22%を占めるアメリカが反対したため,各国は拘束力のない目標「1990年の水準に戻すことを目指す」という表現に改め,アメリカの加盟を確保した.1995年〈気候変動枠組条約第1回締約国会議〉が170カ国代表の参加を得てベルリンで開かれ,①先進国が2000年以降,例えば5年ごとの一定期限を設けて削減目標値を定める,②1997年の第3回締約国会議に数量化された抑制・削減目標を含む議定書,または他の法定文書の採択を目指す,ことを内容とする〈ベルリンマンデート〉を採択した.1996年ジュネーブで行われた第2回締約国会議を経て,1997年12月,第3回締約国会議は京都で開催され

た．この会議では定量的な削減目標を含む法定文書に向けて，削減の大きさや期限，その目標を各国一律の削減率とするか国ごとに異なるものとするか，が争点となった．結局，国ごとに異なる目標とし，温室効果ガスの排出量を2008～2012年に先進国全体で1990年レベル比5.2%削減するとの議定書を採択．日本6%，米国7%，EU 8%といった削減内容であるが，森林による吸収効果を計算するネット方式の導入，排出権取引の容認，途上国の参加など多くの課題を残した．

京都議定書の発効には，締約国のうち1990年の先進国全体のCO_2排出総量の55%を占める先進国が締結し，かつ55カ国以上の国が締結することが発効要件とされている．アメリカは締結しなかったが，152カ国が締結し，ロシアが締結したため排出総量の発効要件が満たされ，2005年に京都議定書が発効した．日本は2002年に京都議定書の締結が国会で承認されている．

1990年以降に人為的な活動が行われた森林の吸収量については，透明かつ科学的検証が可能な手法で算定し，気候変動枠組条約事務局に報告し，さらに，条約事務局の選定した専門家検討チームの審査を受けなければならない．このため，吸収量報告に不可欠な森林簿情報の精度の検証・向上，吸収量の算定に必要なデータを一元管理するシステムの構築を図る必要がある．FRA 2005によれば，世界の森林は1 ha当たり平均161 t，総量で283 Gtの炭素をバイオマス，枯死木，土壌として固定していると推定されているが，トレンドとしては減少している．

日本において，二酸化炭素吸収量の算定の中心となる「森林経営」が行われている森林については，森林経営の実態や国際的な説明・検証可能性を勘案し，①1990年以降，適切な森林施業（植栽，下刈，除伐・間伐などの行為）が行われている森林，②法令などに基づき伐採・転用規制などの保護・保全措置がとられている森林，とするとの考え方が示されている．林野庁の試算によれば，日本では「森林経営」によって年間1350万tの炭素を固定する能力があると評価されている．なお，伐採された木材に固定されている二酸化炭素については，第1約束期間において吸収量として評価されていない．しかしながら，伐採された後も燃やされたりされず，木製品などとして利用されている限り，木材は二酸化炭素を固定し続け，大気中に二酸化炭素を排出するわけではないことから，伐採された木材の持つ二酸化炭素の固定効果を評価すべきとの意見もある．さらに，木材は加工にかかるエネルギー消費量が少なく，バイオマスエネルギーとしても活用できることから，その利用を増やすことができれば，化石資源の消費による二酸化炭素排出の抑制に貢献することができる．このため，今後の目標設定においては，木材の持つ二酸化炭素固定機能や化石資源の使用抑制・代替効果を積極的に評価する観点からの議論が必要である．

［山本博一］

5.2 都市に「農」を織り込む：都市化の世紀と食料・エネルギー

5.2.1 都市化の時代

　21世紀は環境の時代といわれる．確かに，全球レベルで進む温暖化など，人類共通に取り組むべき環境問題は数多い．現在の環境問題は，かつての公害問題のように，深刻な健康被害等をもたらす汚染物質の高濃度な排出に伴う問題というよりも，各々は軽微であっても，汚染や破壊が同時多発的かつ長年にわたり発生し続けることでもたらされる問題であることが多い．温室効果をもたらす二酸化炭素の排出は，その代表的な例だろう．

　こうした，現代の人類が直面する環境問題の背景に，全球レベルで急速に進む「都市化」があることを，見逃してはならない．20世紀の初頭，世界の都市の人口は，総人口の1割程度にすぎなかった．人口の圧倒的多数は農村に居住していたわけである．それが今世紀の初頭には，都市と農村の居住人口割合が逆転し，今後ますます両者の格差は拡大するとされる．2050年には，都市人口は60億人強，それに対して農村は30億人弱．端的に言えば，今世紀の半ばには，世界の人口の2/3は都市に住む時代となるわけだ．

　都市とは，多くの人々が集積して暮らす，農村と比較し相対的に人口密度が高い地域であるとともに，商工業を中心とした第二次・三次産業が集積した場でもある．第二次・三次産業は，自然資源の消費の上に成立する産業である．都市へ人口が極度に集中することはすなわち，自然資源の消費の爆発的な増加を促す一方，食料やエネルギー源としての農林産物の生産という，資源のストックや二酸化炭素の固定に寄与する産業の衰退をもたらすことになる．「都市化」は，環境問題のさらなる深刻化をもたらす元凶の1つになりかねない．

　とはいえ，特に世界の新興国で急速に進む都市化を，今更，抜本的に食い止める有効な手段を，私達は持ち合わせていない．20世紀を通じて世界を席巻するようになった資本主義が今後も続く限り，資本の集積する都市に魅せられ，就労の場を求め集まる人々の流れを押し戻すことは難しいだろう．

　とすれば，グローバルに進行する都市化と深刻化する環境問題を同時に受け止めるには，事実上，2つの道しかないのではないか．1つは，都市に集積した資本を農村に還元し，それによって都市への資本と人口の過度な集積に歯止めをかけることである．たとえば水源税や環境税のように，都市に集積した資本の一部を公的資金として徴収し，それを，水や緑などの自然資源の供給地として都市をサポートする農村に還元する方策

を確立することである．今後は，低炭素社会の構築に向けた二酸化炭素の排出権トレードも含め，こうしたスキームがさらに広がることが期待される．

もう1つは，都市を自然資源の一方的な消費の場とするのでなく，都市内で自然資源を生産し，またその循環利用を促すことで，都市そのものを，環境に配慮した姿に作りかえていくことである．それはすなわち，都市が自然資源の生産の場としての「農」を内包することを目指すものである．

5.2.2 都市と「農」

都市の近代化が目指したものは，街路を整え様々なインフラを敷設することであるとともに，その内部から「農」を排除し「工」「商」に特化した空間を形成することであった．かつての平城京や平安京が，碁盤目に整備された街区のなかに多くの農地を内包していたことはよく知られている．江戸時代中期の儒学者・荻生徂徠は，当時の江戸における都市と農地の混在を批判している．こうした，農を内包した都市空間から第1次産業を排除し，第二次・三次産業に特化した空間を形成することで，都市としてのアイデンティティを築く．都市の近代化とは，その内から農を消すことであった．

しかし，そうした意図とは裏腹に，日本の都市では，その内部に多くの農地が残存してきた．こうした特徴は，農の消去を標榜する観点からは，日本の都市の前近代性を象徴するものとされる．都市計画法をはじめとした，都市圏での土地利用にかかわる日本の各種制度は一貫して，市街地と農地をいかに峻別するかに腐心してきた．都市の中心から郊外に向かって市街地が次第にフェードアウトし，農地が卓越するようになるうちに，いつしか農村地帯に至っている．都市と農村がグラデーショナルに連続することを特徴としてきた空間に，あえて一本の線を引き，両者の峻別を図ろうとしてきたのが，つまりは日本の都市政策の歴史であったといえる．

ところが，ここに来て，わが国の都市をめぐって大きな方向転換が起き始めている．人口減少と超高齢化，経済の停滞のなかで，これまで常に外縁にむかって拡大してきた都市が，一転して縮退を始めるというものである．こうした新たな現象は，無秩序に拡散した市街地をコンパクトに集約し，混在のない，凝集した都市圏を形成する契機となるものとも期待されている．しかし現実には，相当に強権的な施策のもと，膨大な公的資金の投入でもない限り，コンパクトシティは実現し得ないだろう．全国の自治体の大半は財政難に喘いでいる．民意を反映したボトムアップ型の政策決定が必須とされる時代である．チカラとカネに頼った強権的な政策展開は，今の時代，とうてい望めるものではないし，望むべきものでもない．市街地をコンパクトにという期待に反し，都市の縮退は，市街地内での小規模な低未利用地の同時多発的な発生を促し，より一層の混在を進行させることにもなりかねない．

しかし，本当に都市と「農」は，相容れないものなのか．もちろん，乱開発や放棄による無秩序な市街地と農地の混在が肯定されてよいはずはない．だが，21世紀の都市が直面する諸問題，とりわけ環境の保全や食料問題を見据えたとき，そこに浮かび上がる都市の姿は，必ずしも市街地と農地が峻別されたものとは限らないのではないか．むしろ「農」が都市にもたらす環境・食料にかかわる様々な恩恵を都市が最大限に利用できるよう，「農」を積極的に内包すべく都市をデザインしなおすことこそ，今後の都市が目指すべき方向なのではないか．市街地と農地の混在は，そうした都市と「農」との新たな関係性を実現する上で，むしろ肯定すべき形態ともなり得ると思われる．

たとえば環境保全について考えてみよう．現代の都市が抱える環境問題の1つに，ヒートアイランド現象がある．人工被覆面や排熱の増加により，都市の気温がその周囲の農村地帯に比べ特異的に高くなってしまう現象である．都市の高温化はエネルギー消費や二酸化炭素排出にも直結する問題ゆえ，その軽減策が焦眉の課題となっている．緑地の確保は，ヒートアイランド現象の緩和に有効な手段の1つとされるが，市街地と混在した農地は，都市緑地の1つとして，同現象の緩和につながるものと期待される．たとえば水田上空の気温は市街地の気温と比較し，最大で約2.5℃の差がある（横張ほか，1998）．農地で冷却された大気が周囲の市街地に滲み出ることで，市街地の気温が低減されるわけである．しかし緑地の気温低減効果は，せいぜいその周囲200m程度までしか及ばない．市街地が農地からの冷気を十分に享受しようとすれば，市街地と農地は適度に混在した方がよいことになる（Yokohari et al., 2001）．

一方，食料供給についてはどうか．自給率がカロリーベースで4割を切り，食の安全保障の観点から自給率向上の必要性が叫ばれている．しかし食の安全保障は，総量としての食料自給の問題ばかりではない．自然災害や伝染病の蔓延などの非常時において，通常の食料供給がストップした際に，ローカルな食料自給をいかに図るかの問題でもある．たとえば厚生労働省は，強毒性の新型インフルエンザが発生した場合，その流行から2週間程度は外出を控えることを対策の1つとし，各世帯における食糧備蓄を奨励している．市街地内に残存する農地は，こうした非常時における食料供給地としても機能し得ると期待される．また，被災者の精神面でのケアの一環として，嗜好性に配慮した食の必要性が指摘されているが，市街地内の農地で栽培される野菜やハーブなどが，単調な食事に変化をもたらす一助となり，被災者の精神的ストレスの緩和に寄与し得ることは，想像に難くない．

5.2.3 都市の農をだれが担うのか

しかし問題は，だれが農を担うかである．日本の農業は，今や瀕死の状態にある．都市近郊の農家が所有する農地は，もはや不動産としての価値しか認められていない場合

も多い.都市と農の新たな関係性の構築も,農地の維持管理主体の問題の解決なくしては展望し得ない.

こうしたなか,注目すべき新たな動きの1つに,都市住民と農の新たな関わりがある.従来,都市住民が農にかかわる機会は,市民農園などにおける農作物栽培に限られてきた.それは余暇であり,産業としての農業とは相容れないものとされてきた.ところが最近は,都市住民が自宅付近の農家の農作業を援助したり,農地を借りて農作物栽培を行ったりと,本格的な農作業に従事する例が見られるようになってきた.

では,こうした新たな「農」が,今どこで,どのように生まれつつあるのか.いくつかの具体例に,新たな農の萌芽を見てみよう(横張ほか,2009).

a. 都市から浸み出す「農」

都市近郊を歩いていると,図5.1のような農地をしばしば目にする.これらの農地は,細かく区割りされ,多種類の野菜類が栽培され,農具入れなどが設置されているなど,周囲の他の畑地や水田とは異なった特徴を持っている.細かな区画や多品目の生産といった特徴は,いわゆる市民農園にも見られる.図5.1の農地でも,近くの市街地に

図5.1 様々な住宅地から周囲の農地を浸み出す都市住民による「農」
右下の写真の樹林地の奥にはニュータウンが立地する.

住む住民が,農家から農地を借りて耕作している.栽培される野菜も,市民農園と同じように,自家消費や親戚・近隣住民へ配布などの中で消費されている.では,これは市民農園なのか.

こうした農地の実態を調べると,しかし,市民農園とは違った特徴が見えてくる.一件当たりの耕作面積は $100\,m^2$ を超えるものが多く,おおよそ $30\,m^2$ を標準とする市民農園に比べ,規模がかなり大きい.なかには,小型の耕耘機を所有し $1000\,m^2$ を1人で耕作している人もいる.これらの耕作者に農地を借り受けた理由を尋ねると,市民農園では狭すぎて飽き足らないという.狭苦しい市民農園を離れ,一歩プロの領域に踏み込んだ農作物の栽培を目指した人々が,農家から直接,市民農園よりもかなり広い農地を借り受けて,耕作に勤しんでいるわけだ.

また市民農園は一般に,農家や自治体が市民農園としての整備をし,お膳立てをしたところに都市住民を迎え入れている.ところが,こうした農地のなかには,耕作が放棄された農地を都市住民が見つけ,所有者である農家にかけあい,耕作ができるように自ら環境を整えている例もある.借地料や使用料なども支払われていない.むしろ農家が,農機具を貸したり耕作の指導をしたりといった場合すらある.従来の市民農園には見られなかった,新たな農家と都市住民との関係が生まれている.

図5.2は,そうした農地の代表例である,15年前に定年退職したS氏が耕す $1000\,m^2$ の農地である.有機無農薬により,20種以上もの野菜類を育てている.S氏は他にも,隣接する保育園の草刈りを引き受ける,園児にジャガイモ掘り体験をさせる,保育園の畑で栽培指導をするなど,単なる余暇にはとどまらない,社会的な性格を持つ活動をもこなしている.さらに,苗や種などは種苗業者から,堆肥づくりのための豚糞は近

図5.2 定年退職した15年前に始めたS氏の菜園
10aの畑地に20種類以上の野菜類が育てられている.

くの豚舎から，農機具は農家から，それぞれ直接交渉して調達するなど，すべてがお膳立てされた市民農園における農作物栽培とは，活動の量ばかりでなく質がまるで異なる．市民農園が，農が都市を迎え入れようとする姿勢を象徴するものとしたら，図 5.1，5.2 に見られる現実は，むしろ都市が農を求め，農にむかって浸み出したものと理解できるだろう．

農学の原論における「農」や「農業」の定義を整理すると，「農」とは「土地への働きかけを通じて植物を育てる行為」，「農業」とは「土地への働きかけを通じて植物を育て，利潤を生み出す業」とまとめることができる．土地への働きかけを通じた栽培行為そのものが「農」であり，栽培行為が利潤を生み出すと「農業」になるというわけだ．こうした整理にもとづけば，従来までの市民農園は，いわば「農遊」．栽培行為が趣味や遊びの範疇において営まれているものと理解される．他方，図 5.1，5.2 に見られる活動は，そうした域を越え，しかし業という形態をも取らない，いわば第 3 の行為と位置づけられるのではないか．

b. セミプロを目指す都市住民

東京都国分寺市では，早くから自治体ぐるみで都市住民の農業参入が取り組まれている．なかでも，労働力が不足する農家にボランティアを派遣する「援農ボランティア」制度は，今年で 16 年目を迎える．

ボランティア人材を育成するために研修を行っているのが，市民農業大学である（図 5.3，5.4）．ここでは，農業に興味を持つ市民を対象として，施肥，耕耘，種蒔，栽培，収穫などに関わるプロの技術を教えている．指導員は国分寺市内の農家．市内に面積約 $2200\,m^2$ の研修農場を有し，週 3 回，4〜11 月の 8 カ月間と，長期にわたる講習を行っている．

図 5.3　東京都国分寺市の市民農業大学　　図 5.4　農作業の講習を受ける市民農業大学の受講生

援農ボランティアの資格を得るためには，さらに翌年にも10カ月間の自主研修を行わなければならない．自主研修とは，指導員の指導を受けず，都市住民だけで農作物栽培を行うものである．また，実際の農家に出向いて農作業を手伝う模擬派遣も実施される．このように，1年目は本格的な農作業を体験し，2年目は体験を実践に結びつけていく，という2年間にわたる研修を全うすることで，ようやく援農ボランティアの認定証を手にすることができるのである．

自主研修を修了した人々は，援農ボランティア人材バンクに登録された後，農家へと派遣される．毎年2月にはボランティアと農家のマッチングを図るべく，JA東京むさしので，両者の面接会が行われている．そこで両者の合意が得られれば，晴れて4月から農家で援農，ということになる．このように国分寺市では，従来は市民農園や庭先園芸で自家消費野菜の生産だけにとどまっていたアマチュアとしての都市住民が，市民農業大学を通じて段階的にプロの農業技術を習得し，セミプロとして農家に送り出されているのである．

それでは，どのような人々がセミプロを目指しているのだろうか．毎年，市民農業大学には40人前後が入学しているが，その約7割が60〜70歳の男性，すなわち定年退職者層である．彼らの多くは年金を受給しているため，生計に困らず時間にも恵まれている．それゆえ彼らの活動はともすると，余生の道楽ととらえられがちである．しかし，彼らに市民農業大学の入学動機についてインタビューしてみると，「自分のつくった野菜を地域の知人に配りたい」「美味しい野菜をつくって人から褒められたい」というような，地域や人との関わりを志向する声が多く聞かれる．

高度経済成長を支えてきた彼らには，2つの特徴がある．1つめは，向上することで自己のアイデンティティを形成してきたこと．2つめは，仕事に明け暮れていた時分は，地域社会とのつながりがきわめて希薄だったことである．しかし定年後の彼らは，社会的にも経済的にも向上する機会を失い，自己の活動を評価してくれる他者の存在にも欠くようになってしまった．市民農園や庭先園芸でとれた野菜を自家消費しても，技術の向上には限界があり，またそれを評価してくれる人もいない．彼らは，技術の向上と評価主体を求め，「農」を通じて地域デビューを果たそうとしているのではないか．彼らにとって農とは，未だ現役であることの証し，すなわち，社会とのつながりを維持し，その中で自己を向上させるための手段でもあるものと考えられる．

c. ボランティアから自主耕作へ

国分寺市の援農ボランティア人材バンクには，2007（平成19）年現在，80名が登録されている．しかし実際に活動しているのはそのうちの約4割，6割近くが待機中の状態である．援農ボランティアを受け入れる農家は，比較的営農意欲が高く，積極的な場

合が多い．しかし最近は，後継者不足に加え不動産経営に走る農家も多く，営農意欲が減退傾向にあるため，援農ボランティアを受け入れる農家がなかなか増加しないのが現状である．また，受け入れ農家が見つかったとしても，農家主導で進められる作業を断片的に手伝うだけで，活動に発展性がなく，失望感とともに辞めてしまう人も少なくない．援農ボランティアだけでは，都市住民の意欲を受け止めきれていないわけだ．

そこで近年は，都市住民自らが農家と交渉し，農地を借りて耕作を行う，いわゆる自主耕作の動きが見られるようになった．自主耕作は，作付計画から収穫まですべてを都市住民が主体的に行うものである．グループで行われる場合が多く，国分寺市では市民農業大学の卒業生によって3団体が組織されている．ここでは，そうした団体の活動実態を，「グリーンエイト」を通じて見てみよう．

グリーンエイトは，99年に市民農業大学8期生の有志によって結成された自主耕作団体である．メンバー数は20名，70歳代の定年退職者が中心になっている．2000（平成12）年に府中市内に住む農家Aさんに交渉し，農地6400 m^2 を借りることに成功．現在では週に2回，6〜8名のメンバーで耕作活動を行っている．

結成のきっかけは，市民農業大学の卒業を控えた1999年夏に，第8期生の班長が同期メンバーに呼びかけたことに始まる．一方，農地の所有者A氏は，1980（昭和55）年まで専業農家だった．しかし1988年に夫が亡くなると，労働力不足に陥り農地は荒地となってしまった．生産緑地指定を受けていたため，農業委員会から農地の適切な管

図 5.5 グリーンエイトの会が活動する農地と野菜の直販スタンド

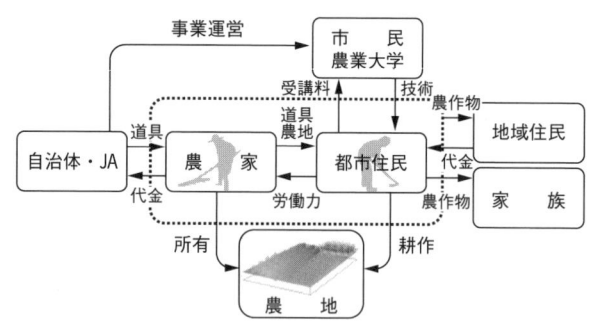

図 5.6 国分寺市における自主耕作

理を行うよう指導を受けたが，1人で6400 m² もの農地を管理することはできなかった．そうしたとき，2000年にA氏は友人を通じ，グリーンエイトの受け入れについて誘いを受け，これを承諾した．

2001年までの1年間，グリーンエイトのメンバーは，荒地となっていた農地の雑草やゴミの撤去作業を行った．その結果2002年には，6400 m² の農地すべてが耕作可能になった．A氏はグリーンエイトのメンバーが確かな農業技術を身に着けていることに信頼を置き，2005年から作付計画を任せるようになった．また農園の入口に野菜の直売所を設け，その売り上げを農地の維持費やグリーンエイトの活動費にあてるようになった（図5.5）．現在ではキュウリ・ナス・トマト・ピーマン・サトイモ・トウモロコシなど約70種類の野菜と花卉の栽培が行われている．

このように，自主耕作によって都市住民はより発展的な活動を展開することが可能になり，また農家は労働力不足と荒地の解消につながった．営農が立ち行かなくなった場所にこそ，セミプロの活動が生きたという事例である（図5.6）．

5.2.4 都市と里山

河川の流域を考えた場合，最上流の山地に森林が広がり，中～下流の台地・低地に農地，最下流の低地に都市というのが，一般的な地形と土地利用のパターンとされる．それゆえ森林は一般に，都市から最も遠い箇所に広がるものと思われがちである．しかし歴史的に見ると，都市の近在にも森林は存在してきた．一般に「里山」と称されるそれらの森林は，かつては薪炭材や柴，堆肥の原料であった落ち葉などの供給地として，主に農業と密接に関連しながら維持されてきた．「農」的な利用のもとにあった森林というわけだ．環境省（1992, 1994）によれば，里山は現在でも日本の国土面積の約2割を占め，農地や市街地を合わせて面積よりも広いとされる．しかし，特に戦後の燃料革命

などにより経済的価値を喪失し，多くは放棄され，開発予備地としてしか認識されていない場合も多い．そうした里山を，都市における自然資源の生産とその循環利用の核と位置づけられないか．特に，二酸化炭素の排出削減という観点から，里山を現代の都市における農の再生の中核とできないだろうか．

里山が二酸化炭素削減に果たしうる役割は，里山の緑が大気中の炭素を吸収・固定する役割と，里山を管理する際に発生するバイオマスをエネルギーとして利用し，化石資源由来の燃料を代替する役割の2つに大別される．しかし両者は一般に，トレードオフの関係にあるとされている (Marland and Schlamadinger, 1997)．里山が二酸化炭素削減に果たしうる役割を定量的に考える上では，拮抗する両側面の総和として，削減ポテンシャルを把握する必要がある．そこで本項では，里山が持ち得る二酸化炭素削減ポテンシャルを，大気中の炭素の吸収・固定とバイオマスのエネルギー利用の2つの観点から考えてみることとする．

5.2.5 里山のバイオマスと二酸化炭素削減ポテンシャル

里山は二酸化炭素削減に寄与するばかりでなく，生物多様性保全の観点からも注目される存在である．環境省は3次にわたる生物多様性国家戦略のなかで一貫して，わが国の生物多様性保全における里山の重要性を指摘してきた．しかし，里山の生物多様性は，定期的な伐採や林床管理などの人為的なインパクトを伴って，はじめて維持されるものとされる．また里山は，レクリエーションの場となるなど，アメニティの保全という観点からも注目されるが，この場合にも適切な管理がなされることが重要である．

里山は，生物多様性の保全やレクリエーション利用など，様々な環境保全上の価値を有する緑である．二酸化炭素の削減にかかわる里山のポテンシャルを考える際にも，そうした環境保全上の役割とバランスさせつつ，管理スキームを検討する必要がある．そこでここでは，既往研究を参考に複数の管理スキームを設定した上で，各々の管理を行った際の二酸化炭素の吸収・固定量とバイオマス発生量の推定を試みる (Terada et al., in print)．

a. 里山管理時のバイオマス発生量

設定した管理スキームは表5.1に示す4つである．まず，年1回の下草刈りを繰り返し，立木の伐採などは行わない「景観型」．林床に繁茂したバイオマスを定期的に取り除くことにより，林内の見通しを最低限確保しようとするものである．次に，「休息レクリエーション型（略：休息レク型）」．この管理スキームでは年1度の下草刈りに加えて弱度の間伐を行い，林間に一定程度の広がりを持たせ，里山を森林浴や植物観察などに適した空間に導いてゆく．「運動レクリエーション型（略：運動レク型）」は，休息レ

表5.1 4つの里山管理スキーム

管理スキーム名	目標とする景観	管理の方法
景観型		下草刈り（年1回）
休息レクリエーション型（休息レク型）		下草刈り（年1回） 間伐（目標密度600本/ha，10年に1回）
運動レクリエーション型（運動レク型）		下草刈り（年1回） 間伐（目標密度300本/ha，10年に1回）
生物多様性型		下草刈り（年1回，ただし皆伐後3年間は行わない） 皆伐（20年を周期とした輪伐）

ク型よりも強い間伐を与えることにより，公園のように広々とした空間を創出する管理スキームである．最後の「生物多様性型」は，20年周期で里山を皆伐，萌芽更新を促す低林維持型の管理である．皆伐のタイミングを各林分でずらすことによって，1時間断面において多様な遷移段階の林分が存在する状況を生み出されることになる．このことがランドスケープレベルの多様性の向上に大きく貢献する．

以上の4つの管理スキームを仮想的に展開する場として，茨城県南部に位置する筑波稲敷台地を選んだ（図5.7）．環境省の「第5回自然環境保全基礎調査」における現存植生図によると，台地面の23%，1万950haがクヌギ・コナラ林，スギ・ヒノキ林，アカマツ林を中心とする森林系の植生であったが，このうち6578haを占めたクヌギ・コナラ林を，典型的な里山として研究対象に選んだ．

代表地点において立木調査を行い，それによって得られたバイオマス現存量や成長量のデータを，既存の森林動態予測モデル（松本・三輪，1989）に適用することによって推定値を得た．推定期間は100年間の長期であるが，はじめの20年間は各管理スキームに移行するための「初期整備」期間とし，21〜100年目の計80年間，定常的に発生するバイオマスの1年当たり平均値を，乾燥重量に換算して算出している（Terada et al., in print）．

結果を見ると，筑波稲敷台地における里山からのバイオマス発生量は年間約1300〜2万8500 dry-tと予測され，各管理スキームによって大きな開きがあることがわかる（図5.8）．とくに，林床管理（下草刈り）のみを行う「景観型」の管理は，立木管理（間伐，皆伐）を伴うその他の管理と比較して，バイオマス発生量の観点からは大きく劣っ

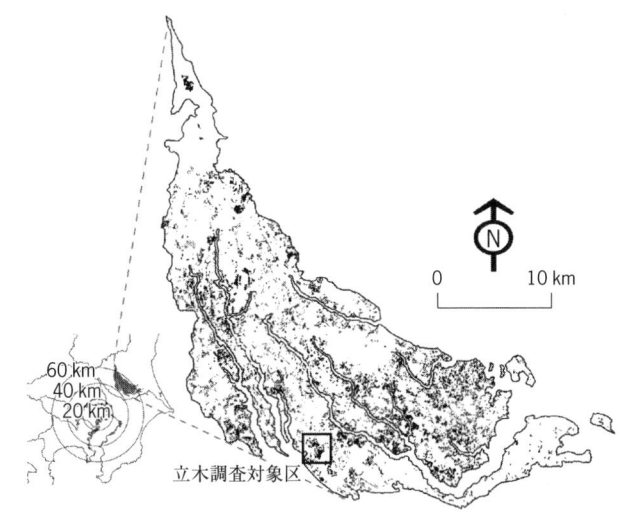

図 5.7　筑波稲敷台地におけるクヌギ・コナラ林の分布

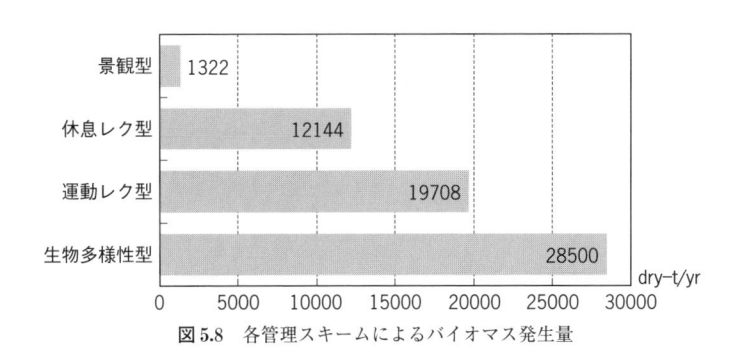

景観型　1322
休息レク型　12144
運動レク型　19708
生物多様性型　28500
dry-t/yr

図 5.8　各管理スキームによるバイオマス発生量

ている．一般に，バイオマスのエネルギー利用の経済性を高めるためには，エネルギー変換施設の規模を拡大し，スケールメリットを得ることが必要とされる．従って，里山をバイオマスエネルギーの供給源として位置づけるためには，林床管理のみでは不十分であり，立木の計画的な伐採を伴う管理スキームが必要といえる．

b.　里山の持つ二酸化炭素削減ポテンシャル

次に，各管理スキームによる二酸化炭素削減効果について見てみよう（図 5.9）．先述したように，ここでの二酸化炭素削減効果は，里山の木質部に吸収固定される炭素と，バイオマスのエネルギー利用によって化石燃料を代替した際の「みかけ上の」炭素削減

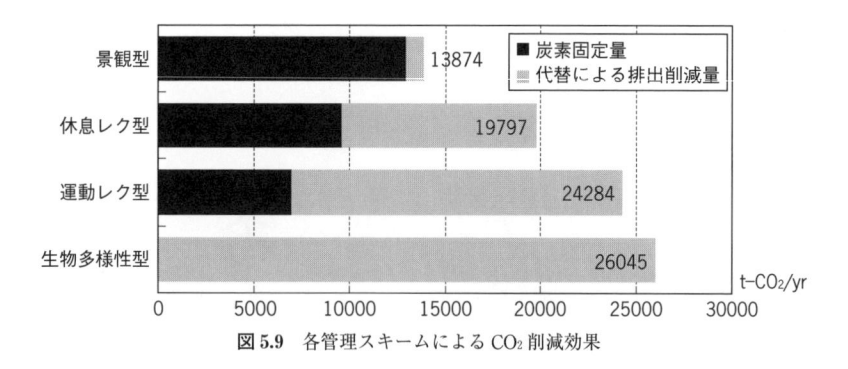

図5.9 各管理スキームによるCO_2削減効果

（横軸: t-CO_2/yr）
- 景観型: 13874
- 休息レク型: 19797
- 運動レク型: 24284
- 生物多様性型: 26045

凡例: ■ 炭素固定量　▨ 代替による排出削減量

量とを合算したものである．炭素固定量に関しては，期末（100年目）における里山への炭素固定量から，期首（21年目）におけるそれを差し引き，1年当たりの平均値をとった．これは「蓄積変化法」と呼ばれる手法で，京都議定書における森林吸収源の評価に際して正式に用いられているものである．一方，バイオマスのエネルギー変換技術は，原料となるバイオマスの種類や含水率による影響が少ないガス化発電を想定した．これが火力発電を代替すると仮定し，火力発電時に排出される二酸化炭素（0.704 kg-二酸化炭素/kWh）を代替するものとして，削減可能量を推定している．

結果を見ると，各管理スキームによって，約1万3900〜2万6000 t-二酸化炭素の削減が可能であり，バイオマス利用による削減量の間には明確なトレードオフ関係があることがわかる．だがそれでもなお，バイオマスを最も多く発生させる「生物多様性型」の管理スキームが，最も多くの二酸化炭素を削減し得るとされた．「生物多様性型」の管理スキームは，燃料革命以前に広く行われていた管理と近く，その意味では歴史的な管理スキームといってもよいだろう．同管理スキームが，二酸化炭素排出量削減という現代的な命題に対しても有効に答えうる可能性を持つことは，非常に興味深い．

5.2.6 様々な緑による二酸化炭素削減ポテンシャル

里山の二酸化炭素削減ポテンシャルは，しかし，それ単独では限定的と言わざるを得ない．上記の「生物多様性型」管理スキームによる26000 t-二酸化炭素という数字は，たとえば，本研究のケーススタディである筑波稲敷台地上の8つの市町村に期待される削減目標値の，わずか2.1％というレベルにとどまる[*1]．里山の少ない都市部においては，その貢献度はさらに限定的にならざるを得ない．

---

*1 茨城県地球温暖化防止行動計画における県全体の削減目標値（578万t-二酸化炭素）を，関連市町村（つくば市，土浦市，龍ヶ崎市，牛久市，稲敷市，つくばみらい市，阿見町，美浦村）と県全体との人口比で按分することにより算出（126万t-二酸化炭素）．

しかし，里山以外に目を転じると，特に都市やその近郊部には，公園緑地や街路樹，事業所や公共施設内の緑地，一般住宅の庭といったように，様々な緑地があり，剪定などの管理により定期的にバイオマスが発生する．また，建設廃材としての木材も，地域内で多く発生している．これらのバイオマスは，現状では廃棄物として扱われ，費用やエネルギーをかけて焼却処分されている．里山から発生するバイオマスをこれらのバイオマスと複合的・一括的に利用することができれば，里山単独では期待できないスケールメリットが確保でき，コスト的なアドバンテージも期待できる．

そこで，近郊部に位置し，様々な緑地が存在する千葉県柏市をケーススタディに設定し（図5.10），先ほどの里山の場合と同様，バイオマス発生量および二酸化炭素削減効果について推定を行った（寺田ほか，2009）．図5.11は，柏市に存在する様々な緑地を管理した際に発生するバイオマスと，現在未利用の建設発生木材について，その量を示したものである．管理の種類については，管理強度に従って3段階設定した．A（固定重視型）は，里山であれば弱度の間伐，施設系の緑地であれば弱剪定といったように，バイオマスのストックを増加させることを重んじた管理．一方C（利用重視型）は，皆伐，強剪定といったように，バイオマス利用を重視した管理であり，B（中間型）はその間をとったものである．各緑地の年間成長量について予測式を立て，40年間の管理をシミュレートして，年間の平均バイオマス発生量を算出した．

バイオマス発生量について見ると，公園緑地や街路樹などの施設系緑地からの発生分

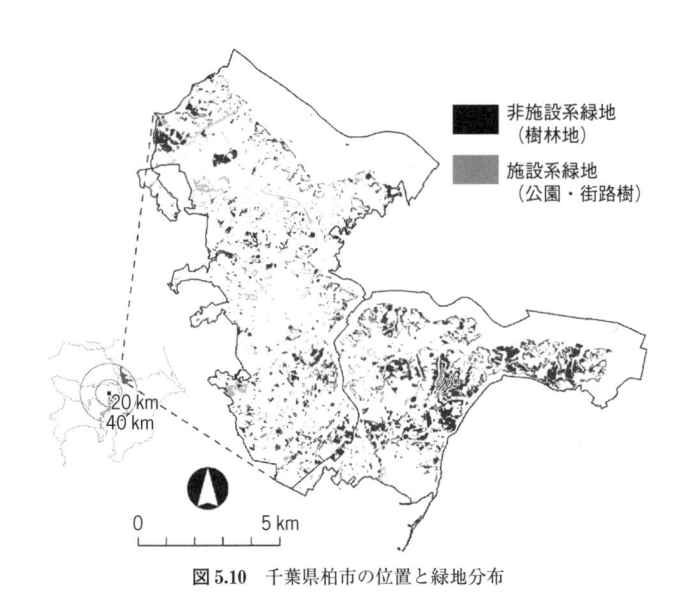

図5.10 千葉県柏市の位置と緑地分布

は，ほぼ里山におけるそれと同様であることがわかる（図5.11）．また，柏市のような市街地を多く抱える自治体においては，建設発生木材の利用可能量が比較的多く，複合利用によるメリットは大きいようである．

図5.12は，緑地への炭素固定量と，発生したバイオマスをエネルギー利用した際の二酸化炭素排出削減量とを示したものである．炭素固定量の推定は蓄積変化法に従った．バイオマス利用による削減量は，比較的小スケールでのエネルギー利用にも対応可能な，ガス化発電・廃熱利用（CHP：Combined Heat and Power）と木質ペレットによる施設熱供給とを組み合わせた利用形態を想定した．それぞれ，火力発電（0.704 kg-二酸化炭素/kWh）とA重油の利用（69.3-二酸化炭素/MJ）とを代替するものとして，二酸化炭素削減可能量を推定した．

結果を見ると，A（固定重視型）の管理が，その他の管理と比較してやや削減効果が高いものの，管理によって大差はなく，年間約6800〜7200 t-二酸化炭素の削減が可能であることがわかる．固定重視型の管理がやや削減効果が高い理由は，シミュレーションの期間が40年と，前述した里山の場合に比べ短く，植物の成長が旺盛な時期を含むため，炭素固定量が多めに見積もられるためである．とりわけ公園緑地，街路樹，施設

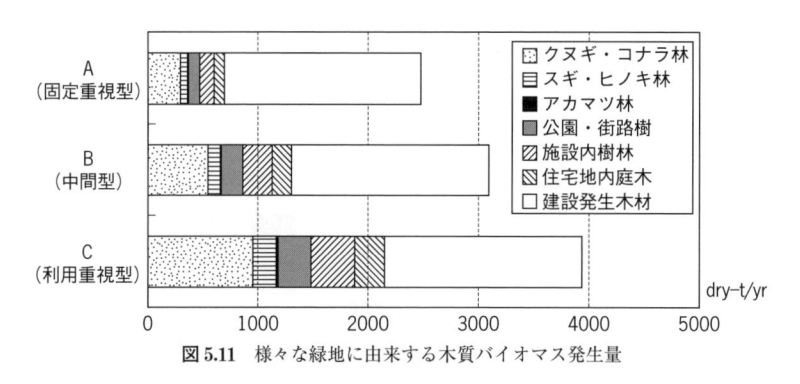

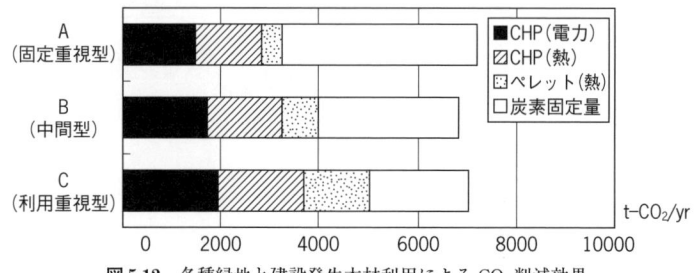

図5.11 様々な緑地に由来する木質バイオマス発生量

図5.12 各種緑地と建設発生木材利用によるCO_2削減効果

内の樹林地といった施設系の緑地において，その傾向が顕著であった．

　居住域近くに存在するこれらの緑は，恒常的に適切な管理下に置かれるべき存在である．その意味で，管理強度を高めた場合においても，バイオマスの適切な利用がなされる限り，ほぼ同等の二酸化炭素を削減可能であるという本研究の結論は，低炭素型の緑地管理計画の可能性を示すものとして意義深い．

5.2.7　都市と「農」が共鳴する社会へ

　わずか1世紀ほど前まで，物資の交易が限定的であった世界の地域の大半は，資源の多くがローカルに産し消費される，半閉鎖的な資源循環システムを前提として成立していた．都市の近在に広がる農地や里山はそうした時代，都市で消費される食料やエネルギー源としての薪炭材の供給地だった．その後，食料や化石燃料の交易が活性化するなかで，都市の近在の農地や里山は食料や燃料の供給地としての機能を次第に失い，都市的な土地利用に転用され，また放棄されるようになった．しかし，持続的な社会の究極の姿は，系外からの資源への依存度をできる限り減らし，資源のローカルな循環利用を図ることにあろう．農地や里山を核に，都市に「農」を織り込み，出来る限り食料やエネルギー資源の生産と消費をローカルにまわすシステムを確立することは，古いようで新しい，未来を展望した新たな都市の姿といえる．

　特に，欧米諸国や日本のようなポスト成長社会を迎えた国々では，成長期にストックした社会資本を糧に，持続性を規範としつつ，生産と成長の論理だけに支配されたのでは達成し得ない，様々な要因の最適バランスを図った社会の形成が，共通の課題となっている．仕事や余暇，伝統文化の継承などを互いに峻別することなく，それらを適宜ブレンドし，上手くバランスさせながら持続的な社会を形成していく発想と術が問われているわけだ．都市のなかに「農」を織り込むことは，こうしたポスト成長社会における新たな課題に対する解答の1つともなる．

　もちろん，コストや労働力の問題をはじめ，こうしたシステムの実現に向けてはハードルも多い．しかし，馬力やスピードを競っていたクルマが，今や燃費を競うハイブリッド車の時代となったように，社会はあるきっかけのもと，意外にすんなりと，新たなシステムを受容するのかもしれない．では，その「きっかけ」はなにか．システムの裏付けとなる新たな技術や，コスト的なフィージビリティも確かに重要ではある．しかし，それがすべてではないだろう．資源のローカルな循環利用は，様々な意味で手間がかかるし，手間の割に得られる食料やエネルギー量も限定的である．循環利用システムを受け入れることが，日々の生活に対して「我慢」だけを強いるものだとしたら，コスト・ベネフィット比が妥当なレベルに達したとしても，社会はそれを容易には受け入れないだろう．

むしろ，資源のローカルな循環利用を，楽しみや達成感，充足感へと結びつけるしくみや，さらには，そうしたしくみを社会的な正義へと昇華させる価値観・倫理観の確立こそが必要なのではなかろうか．急速な経済成長が終わり，ゼロサム社会を迎えたわが国にあっては，金銭に代わる対価をいかに社会が共有するかが重要となる．

　制度的にも，こうした新たな都市像を上手にサポートする施策の展開が望まれる．従来，日本の都市政策は，都市から農業を排除することを都市計画上の目標とされてきた．農政もまた，都市を農業とは無縁の存在としてきた．しかし今後は，都市政策と農業政策の両面において，都市のなかに「農」を織り込むことを積極的に受け止める必要がある．都市に残る農地を単なる開発予備地と見なすのではなく，永続させるべき都市の緑地の1つととらえ，政策のなかに「農」を的確に位置づける必要があろう．

　農が都市を取り込み，都市が農を取り込む．空間と社会の両面において都市と「農」が共鳴する．両者のフュージョンを積極的に位置づけた新たな都市のあり方を提示することは，世界の人口の2/3が都市に暮らすようになる21世紀にあって，日本のみならず世界の都市の未来をも占う，とても大きな意味を持つものとなろう．　　［横張　真］

参 考 文 献

第1章

淡路敏之・蒲地政文・池田元美・石川洋一編（2009）：データ同化―観測・実験とモデルを融合するイノベーション―，京都大学学術出版会．
Brough, H. (1992): Environmental Studies: Is It Academic? *Worldwatch*, 5(1).
Burroughs, W. J. (2001): Climate Change, Cambridge University Press（松野太郎監訳，大淵　済ほか訳（2003）：気候変動―多角的視点から―，シュプリンガー・フェアラーク東京）．
江守正多（2008）：地球温暖化の予測は「正しい」か？―不確かな未来に科学が挑む―，化学同人．
藤垣裕子・廣野喜幸編（2004）：科学コミュニケーション論，東京大学出版会．
藤沢令夫（1980）：ギリシア哲学と現代―世界観のありかた―（岩波新書），岩波書店．
Graedel, T. E. and Crutzen P. J. (1995): Atmosphere, Climate and Change, AT&T BELL Laboratories（松野太郎監修，塩谷雅人ほか訳（1997）：気候変動―21世紀の地球とその後―，日経サイエンス社．
平凡社（1971）：哲学事典，平凡社．
IPCC (2007): Climate Change 2007: The Physical Science Basis. Contribution of Working Group I to the Fourth Assessment Report of the International Panel on Climate Change, Solomon, S., Qin, D., Manning, M., Chen, Z., Marquis, M., Averyt, K. B., Tignor, M. and Miller, H. L. eds., Cambridge University Press,（気象庁による政策決定者向け要約，技術要約，各章の概要およびよくある質問の日本語訳：http://www.data.kishou.go.jp/climate/cpdinfo/ipcc/ar4/index.html）.
石　弘之（1996）：エコロジー運動の成立とその展開．世界政治の構造変動 4，坂本義和編，岩波書店．
石　弘之（2002）：環境学は何を目指すのか．環境学の技法，石　弘之編，pp. 3-39，東京大学出版会．
巖佐　庸（1998）：数理生物学入門―生物社会のダイナミックスを探る―，共立出版．
Kauffman, S. (1995): At Home in the Universe: The Search for Laws of Self-Organization and Complexity, Oxford University Press（米沢富美子監訳（1999）：自己組織化と進化の論理―宇宙を貫く複雑系の法則―，日本経済新聞社）．
川幡穂高（2008）：海洋地球環境学―生物地球化学循環から読む―，東京大学出版会．
児玉真史・小松幸生・田中勝久（2009）：河川負荷の変動が沿岸海域環境に及ぼす影響．アサリと流域圏環境―伊勢湾・三河湾での事例を中心として―（水産学シリーズ第161巻），生田和正ほか編，pp. 101-114，恒星社厚生閣．
小松幸生（2006）：数値漁海況予報の実現へ向けて．月刊海洋，38(7)：455-459．

Komatsu, K., Matsukawa, Y., Nakata, K., Ichikawa, T. and Sasaki, K. (2007): Effect of advective processes on planktonic distribution in the Kuroshio region by a 3-D lower trophic model with data assimilated OGCM. *Ecological Modeling*, **202**: 105-119.
近藤洋輝（2009）：地球温暖化予測の最前線，成山堂書店．
国際科学振興財団編（1985）：科学大辞典，丸善．
Kuhn, T. S. (1962): The Structure of Scientific Revolutions, The University of Chicago Press（中山　茂訳（1971）：科学革命の構造，みすず書房）．
蔵本由紀（2003）：新しい自然学—非線形科学の可能性—，岩波書店．
三俣　学・森元早苗・室田　武編（2008）：コモンズ研究のフロンティア—山野海川の共的世界—，東京大学出版会．
宮下　直・野田隆史（2003）：群集生態学，東京大学出版会．
村井俊治・宮脇　昭・柴崎亮介編（1995）：リモートセンシングから見た地球環境の保全と開発，東京大学出版会．
村上陽一郎（1994）：科学者とは何か，新潮社．
永田淳嗣（2002）：個別現象限りの知見に終わらせない工夫．環境学の技法，石　弘之編，pp. 79-124，東京大学出版会．
野崎義行（1994）：地球温暖化と海，東京大学出版会．
Odum, E. P. (1983): Basic Ecology, CBS College Publishing（三島次郎訳（1991）：基礎生態学，培風館）．
小野佐和子・宇野　求・古谷勝則編（2004）：海辺の環境学—大都市臨海部の自然再生—，東京大学出版会．
大森博雄（2005）：閾値と人間の活動可能領域．自然環境の評価と育成，大森博雄ほか編，pp. 119-140．東京大学出版会．
Polanyi, M. (1967): The Tacit Dimension, The University of Chicago Press（高橋勇夫訳（2003）：暗黙知の次元，筑摩書房）．
Ruelle, D. (1991): Chance and Chaos, Princeton University Press（青木　薫訳（1993）：偶然とカオス，岩波書店）．
阪口　秀・草野完也・末次大輔編（2008）：階層構造の科学—宇宙・地球・生命をつなぐ新しい視点—，東京大学出版会．
斎藤　馨（2005）：自然環境の情報化．自然環境の評価と育成，大森博雄ほか編，pp. 231-245，東京大学出版会．
佐藤　仁（2002）：「問題」を切り取る視点．環境学の技法，石　弘之編，pp. 41-75，東京大学出版会．
新村　出編（2008）：広辞苑第六版（普通版），岩波書店．
須貝俊彦（2005）：環境のダイナミクス．自然環境の評価と育成，大森博雄ほか編，pp. 3-31，東京大学出版会．
武内和彦・鷲谷いづみ・恒川篤史編（2001）：里山の環境学，東京大学出版会．
寺本　英（1997）：数理生態学，朝倉書店．
鳥越皓之（2004）：環境社会学—生活者の立場から考える—，東京大学出版会．
von Bertalanffy, L. (1968): General System Theory: Foundations, development, applications, George Braziller（長野　敬・太田邦昌訳（1973）：一般システム理論—その基礎・発展・応用—，みすず書房）．

参 考 文 献　　　　　　　　　　　　　　　187

鷲谷いづみ・鬼頭秀一編（2007）：自然再生のための生物多様性モニタリング，東京大学出版会.
渡邊欣雄（1997）：思想がはぐくまれる環境意識．環境の人間史，青木　保ほか編，岩波書店．
吉田善章（2008）：非線形とは何か，岩波書店．

第 2 章

2.1

Anazawa, K. (2006) : Fluorine and Coexisting Volatiles in the Geosphere : The Role in Japanese Volcanic Rocks. *In* Advances in Fluorine Science (1 st ed.), Tressaud, A., ed., Vol. 1, pp. 189-226, Elsevier Science.

Anazawa, K., Tomiyasu, T. and Sakamoto, H. (2001) : Simultaneous determination of fluorine and chlorine in rocks by ion chromatography in combination with alkali fusion and cation-exchange pretreatment. *Analytical Sciences*, **17** : 217-219.

Ando, A., Kamioka, H., Terashima, S. and Itoh, S. (1989) : 1988 values for GSJ rock reference samples," Igneous rock series. *Geochemical Journal*, **23** : 143-148.

Balcone-Boissard, H., Michel, A. and Villemant, B. (2009) : Simultaneous determination of fluorine, chlorine, bromine and iodine in six geochemical reference materials using pyrohydrolysis, ion chromatography and inductively coupled plasma‐mass spectrometry. *Geostandards and Geoanalytical Research*, **33** : 477-485.

Bower, N., Gladney, E., Hagan, R., Trujillo, P. and Warren, R. (1985) : Elemental concentrations in Japanese silicate rock standards JA-1, JR-1 and JB-2. *Geostandards Newsletter*, **9** : 199-203.

Imai, N., Terashima, S., Itoh, S. and Ando, A. (1995) : 1994 compilation values for GSJ reference samples, "igneous rock series". *Geochemical Journal*, **29** : 91-95.

Kamada, J., Anazawa, K., Sakamoto, H. and Tomiyasu, T. (2006) : Evaluation method for analytical data of land water using corrected electrical conductivity with ionic strength. *Bunseki Kagaku*, **55**, 815-819.

環境省（2003）：CD-ROM 酸性雨対策調査総合とりまとめデータ集（昭和 58 年度～平成 14 年度）．環境省，日本環境衛生センター酸性雨研究センター．

環境省（2005）：陸水モニタリング手引書，p. 65, 日本環境衛生センター酸性雨研究センター．

Mori, P., Reeves, S. and Teixeira, C. (1999) : M. Haukka Development of a fused glass disc XRF facility and comparison with the pressed powder pellet technique at Instituto de Geociencias. *Revista Brasileira de Geociências*, **29** : 441-446.

大島　峰・吉田　稔（2005）：地質調査所（GSJ）作成火成岩標準試料中のフッ素，塩素の定量．火山，**50**：243-246.

Randle, K. and Croudace, I. W. (1989) : Rapid non-destructive determination of fluorine in seventy-one geological and other reference samples using fast-neutron activation analysis. *Geostandards and Geoanalytical Research*, **13** : 69-73.

Roelandts, I., Robaye, G., Weber, G. and Aloupogiannis, P. (1987) : Delbrouck-Habaru, J. Fluorine in fifteen GSJ geochemical reference samples as determined by proton induced gamma ray emission spectrometry /PIGE. *Journal of Radioanalytical and Nuclear*

Chemistry, **108**: 175-181.
Roelandts, I., Robaye, G., Weber, G. and Delbrouck, J.-M. (1985): Determination of fluorine in eighty international geochemical reference samples by proton induced gamma ray emission spectrometry (PIGE). *Geostandards and Geoanalytical Research*, **9**: 191-192.
Second Interim Scientific Advisory Group Meeting of Acid Deposition Monitoring Network in East Asia (2000): Quality Assurance/Quality Control (QA/QC) Program for Wet Deposition Monitoring in East Asia.
Shimizu, K., Itai, T. and Kusakabe, M. (2006): Ion chromatographic determination of fluorine and chlorine in silicate rocks following alkaline fusion. *Geostandards and Geoanalytical Research*, **30**: 121-129.
Tsuchiya, K., Imagawa, T., Yamaya, K. and Yoshida, M. (1985): Separation of microamounts of fluoride coexisting with large amounts of aluminum and silica by improved trimethylsilylating distillation. *Anal. Chim. Acta*, **176**: 151-159.
Yoshida, M. (1963): The volatilization of chlorine and fluorine compounds from igneous rocks on heating. *Bull. Chem. Soc. Japan*, **36**: 773-782.
Yoshida, M., Makino, I., Yonehara, N. and Iwasaki, I. (1965): The fractionation of halogen compounds through the process of the volatilization and the sublimation from volcanic rocks on heating. *Bull. Chem. Soc. Japan*, **38**: 1436-1443.

2.2.1
藤原章雄・斎藤　馨（1998）：映像情報のデジタル化によるランドスケープ情報の共有に関する研究．ランドスケープ研究，**61**(5)：601-604．
藤原章雄・斎藤　馨（2005a）：ロボットカメラによる森林映像の長期連日アーカイブス．第1回デジタルコンテンツシンポジウム講演予稿集，pp.3-7．
藤原章雄・斎藤　馨（2005b）：ロボットカメラによる定点長期連日映像データの樹木フェノロジー観察への応用．ランドスケープ研究（造園学会誌），**68**(5)：927-930．
藤原章雄・斎藤　馨・熊谷洋一（1996）：森林モニタリングビデオシステムの開発．日本林学会論文集，**107**：103-104．
中村和彦・浜　泰一・斎藤　馨・米谷法子・藤原章雄（2010）：森林映像アーカイブにおける樹木フェノロジー情報の整備と小学校理科授業への応用．ランドスケープ研究，**73**(5)：577-580．
斎藤　馨・熊谷洋一（1988）：カラーコンピュータグラフィックス（CCG）による景観予測手法の開発に関する研究．造園雑誌，**51**(5)：257-262．
斎藤　馨・藤原章雄・熊谷洋一（1998）：ランドスケープ情報基盤構築のための景観モニタリング手法．ランドスケープ研究，**61**(5)：597-600．
斎藤　馨・藤原章雄・熊谷洋一・塚口馨介（2002）：森林景観ロボットカメラの新機能開発と環境音記録に関する研究．ランドスケープ研究，**65**(5)：689-692．
斎藤　馨・岩岡正博・藤原章雄（2008）：ブナ林内の景観と環境情報の定時伝送蓄積によるインターネット環境学習教材の作成．平成16～19年度文部科学省科学研究費補助金基盤研究（B）研究成果報告書（課題番号16380023）．

2.2.2

足立恭一郎 (2003)：食農同源―腐食する食と農への処方箋―, コモンズ．

Diaz, R, J. and Rosenberg, R. (2008)：Spreading dead zones and consequences for marine ecosystems. *Science* **321** (5891)：926-929.

European Commission (2002)：Implementation of Council Directive 91/676/EEC concerning the protection of waters against pollution caused by nitrates from agricultural sources. Synthesis from year 2000 Member States reports. COM (2002) 407 final.

藤原建紀・宇野奈津子・多田光男・中辻啓二・笠井亮秀・坂本 亘 (1997)：紀伊水道の流れと栄養塩輸送．海と空, **73**：31-40.

GESAMP (2001)：A sea of troubles. GESAMP reports and studies, 70.

Goolsby, D. A. and Battaglin, W. A. (2000)：Nitrogen in the Mississippi Basin―Estimating Sources and Predicting Flux to the Gulf of Mexico：U. S. Geological Survey Fact Sheet 135-00.

Grantham, B. A., Chan, F., Nielsen, K. J., Fox, D. S., Barth, J. A., Huyer, A., Lubchenco, J. and Menge, B. A. (2004)：Upwelling driven nearshore hypoxia signals ecosystem and oceanographic changes in the northeast Pacific. *Nature*, **429**：749-754.

環境庁水環境研究会 (1996)：内湾・内海の水環境, 63-65.

環境省 (2005)：第6次総量規制の在り方．

西尾道徳(2005)：農業と環境汚染―日本と世界の土壌環境政策と技術―, 農文協．

中田英昭(2005)：海洋環境モニタリングの現状と課題．海洋白書, 海洋政策研究財団．

高橋鉄哉 (2007)：閉鎖性海域の富栄養化問題に対する人為影響と天然影響の評価．海洋政策研究, **4**：1-13.

東京湾再生推進会議 (2008)：平成20年東京湾水質一斉調査結果について．

東京湾モニタリング研究会 (2008)：東京湾モニタリングに対する政策助言．

UNEP (2004)：ENV/DEV/758 UNEP/213.

Weeks, S. J., Currie, B. and Bakun, A. (2002)：Satellite imaging：Massive emissions of toxic gas in the Atlantic. *Nature*, **415**：493-494.

Yanagi, T. and Ishii, D. (2004)：Open ocean originated phosphorus and nitrogen in the Seto Inland Sea. *J. Oceanogr. Soc. Japan*, **60**：1001-1005.

第3章

3.1

Carbery, K., Owen, R., Frrickers, T., Otero, E. and Readman, J. (2006)：Contamination of Caribbean coastal waters by the antifouling herbicide Irgarol 1051. *Mar. Pollut. Bull.*, **52**：635-644.

Brodie, J., Fabricius, K., De'ath, G. and Okaji, K. (2004)：Are increased nutrient inputs responsible for moreoutbreaks of crown-of-thorns starfish? An appraisal of the evidence. CRC Reef Research Centre Technical Report, No. 53.

Haynes, D., Muller, J. and Carter, S. (2000)：Pesticide and herbicide residues in sediments and seagrasses from the Great Barrier Reef World Heritage Area and Queensland coast. *Mar. Pollut. Bull.*, **41**：297-287.

Japan Plant Protection Association (JPPA) (2004)：Annual statistics on Pests and

Pesticide (in Japanese).
Kashiwada, S., Ishikawa, H., Miyamoto, N., Ohnishi, Y., Magara, Y. (2002) : Fish test for endocrine-disruption and estimation of water quality of Japanese rivers. *Water Res* **36** : 2161-2166.
川幡穂高 (2008) : 海洋地球環境学—生物地球化学循環から読む—. 東京大学出版会.
Kawahata, H., Suzuki, A., Ayukai, T. and Goto, K. (2000) : Distribution of the fugacity of carbon dioxide in the surface seawater of the Great Barrier Reef. *Marine Chemistry*, **72** : 257-272.
Kawahata, H., Ohta, H., Inoue, M. and Suzuki, A. (2004) : Endocrine disrupter nonylphenol and bisphenol A contamination in Okinawa and Ishigaki Islands, Japan—within coral reefs and adjacent river mouths—. *Chemosphere*, **55** : 1519-1527.
Kawahata, H., Suzuki, A. and Goto, K. (1997) : Coral reef ecosystems as a source of atmospheric CO_2 : evidence from PCO_2 measurements of surface waters. *Coral Reefs*, **16** : 261-266.
Kitada, Y., Kawahata, H., Suzuki, A. and Oomori, T. (2008) : Distribution of pesticides and bisphenol A in sediments collected from rivers adjacent to coral reefs. *Chemosphere*, **71** : 2082-2090.
Kuroyanagi, A. Kawahata, H., Suzuki, A., Fujita, K. and Irie, T. (2009) : Impacts of ocean acidification on large benthic foraminifers : Results from laboratory experiments. Marine Micropaleontology, in press.
Lam, K. H., Wai, H. Y., Leung, K. M.Y., Tsang, V. W.H., Tang, C. F., Cheung, R. Y.H. and Lam, M. H. W. (2006) : A study of the partitioning behavior of Irgarol-1051 and its transformation products. *Chemosphere*, **64** : 1177-1184.
McMahon, K., Bengston Nash, S. M., Eagelshman, G., Muller, J. F., Duke, N. and Winderrich, S. (2005) : Herbicide contamination and the potential impact to seagrass meadows in Harvey Bay, Queensland, Australia. *Mar. Pollut. Bull.*, **51** : 325-334.
Omata, T., Suzuki, A. and Kawahata, H. (2006) : Kinetic and metabolic isotope effects in coral skeletons. *Proceedings of the 10 th International Coral Reef Symposium*, 557-566.
Orr, J. C., Fabry, V. J., Aumont, O., Bopp, L., Doney, S. C., Feely, R. A., Gnanadesikan, A., Gruber, N., Ishida, A., Joos, F., Key, R. M., Lindsay, K., Maier-Reimer, E., Matear, R., Monfray, P., Mouchet, A., Najjar, R. G., Plattner, G. K., Rodgers, K. B., Sabine, C. L., Sarmiento, J. L., Schlitzer, R., Slater, R. D., Totterdell, I. J., Weirig, M. F., Yamanaka, Y. and Yool, A. (2005) : Anthropogenic ocean acidification over the twenty-first century and its impact on calcifying organisms. *Nature*, **437** : 681-686.
Raven, J., Caldeira, K., Elderfield, H., Hoegh-Guldberg, O., Liss, P., Riebesell, U., Shepherd, J., Turley, C. and Watson, A. (2005) : Ocean acidification due to increasing atmospheric carbon dioxide. Policy Document 12/05, Royal Society, London.
Suzuki, A., Nakamori, T. and Kayanne, H. (1995) : The mechanism of production enhancement in coral reef carbonate systems : model and empirical results. *Sedimentary Geology*, **99** : 259-280.
Suzuki, A. and Kawahata, H. (2003) : Carbon budget of coral reef systems : an overview of observations in fringing reefs, barrier reefs and atolls in the Indo-Pacific regions.

Tellus B, **55**: 428-444.
Suzuki, A., Kawahata, H., Tanimoto, Y., Tsukamoto, H., Gupta, L. P. and Yukino, I. (2000): Skeletal isotopic record of a Porites coral during the 1998 mass bleaching event. *Geochemical Journal*, **34**: 321-329.
Suzuki, A. and Kawahata, H. (2003): Oceanic CO_2 system and carbon budget of coral reef systems: an overview of observations in the fringing reefs, barrier reefs and atolls in the Indo-Pacific regions. *Tellus B*, **55**: 428-444.
Tabata, A., Kashiwada, S., Ohnishi, Y., Ishikawa, H., Miyamoto, N., Itoh, M. and Magara, Y. (2001): Estrogenic influences of estradiol-17 beta, p-nonylphenol and bis-phenol-A on Japanese Medaka (Oryzias latipes) at detected environmental concentrations. *Water Science and Technology*, **43**: 109-116.
Tarrant, A. M., Atkinson, M. J. and Atkinson, S. (2004): Effects of steroidal estrogens on coral growth and reproduction. *Mar. Ecol. Pro.*, Ser., **269**; 121-129.
Thiele, B., Gunther, K. and Schwuger, W. J. (1997): Alkyphenol ethoxylates: trace analysis and environmental behavior. *Chemcal Review*, **97**: 3247-3272.
Veron, J. E. N. (1995): Corals in Space and Time: Biogeography and Evolution of Scleractinia, UNSW Press.
Watanabe, T., Suzuki, A., Kawahata, H., Kan, H. and Ogawa, S. (2004): A 60-year isotopic record from a mid-Holocene fossil giant clam (Tridacna gigas) in the Ryukyu Islands: physiological and paleoclimatic implications. *Palaeogeography, Palaeoclimatology, Palaeoecology*, **212**: 343-354.
West, K. and Van Woesik, R. (2001): Spatial and temporal variance of river discharge on Okinawa (Japan): inferring the temporal impact on adjacent coral reefs. *Mar Pollut Bull*., **42**: 864-872.
Zellenr, A. and Kalbfus, W. (1997): In Munchener Beitrage zur Abwasser-, Fischerei- und Flussbiologie, Bayerisches Landesamt fur Wasser-wirtschaft. Ed.; Oldernbourg, R, Munchen, Germany 50, 55.

3.2
相生啓子（2003）：藻場生態系と地球環境．遺伝，**57**(2)：53-58．
相生啓子（2004）：アマモ場造成と環境保全機能．海洋と生物，**26**(4)：303-309．
原沢英夫・西岡秀三（2003）：地球温暖化と日本—自然・人への影響予測（第3次報告）—，古今書院．
平塚純一・山室真澄・石飛　裕（2003）：アマモ場利用法の再発見から見直される沿岸海草藻場の機能と修復・再生．土木学会誌，**88**(9)：79-82．
平塚純一・山室真澄・石飛　裕（2006）：里湖モク採り物語—50年前の水面下の世界—，生物研究社．
石川英輔（1994）：大江戸リサイクル事情，講談社．
木村妙子（2000）：人間に翻弄される貝たち—内湾の絶滅危惧種と帰化種—．月刊海洋/号外，**20**：66-73．
国土交通省（2007）：国土交通白書〈2007〉平成18年度年次報告—地域の活力向上に資する国土交通行政の展開—，ぎょうせい．

水草繁茂に係る要因分析等検討会（2009）：水草繁茂に係る要因分析等検討会―検討のまとめ―，滋賀県水政課．
森　和紀（2000）：地球温暖化と陸水環境の変化―とくに河川の水文特性への影響を中心に―．陸水学雑誌，**61**：51-58．
森田健二（2004）：アマモ場造成の実践からみた生物多様性保全とアマモ場成立条件の検証．海洋と生物，**26**(4)：330-335．
中尾　徹・松崎加奈恵（1995）：地形形状による富栄養化の可能性．海の研究，**4**：19-28．
小倉紀雄編（1993）：東京湾―100年の環境変遷―，恒星社厚生閣．
Scheffer, M., Carpenter, S., Foley, S., Folke, C. and Walker, B. (2001) : Catastrophic shifts in ecosystems. *Nature*, **413**: 591-596.
島根県水産試験場（1923）：中海調査．島根県水産試験場事業報告（大正9年），pp. 71-109.
白鳥孝治（1996）：印旛沼における「モク取り」の実態．印旛沼―自然と文化―，**3**：35-40．
竹村公太郎（2003）：新・江戸開府物語．日本文明の謎を解く，pp. 3-19，清流出版．
玉井信行編（1999）：河川工学，オーム社．
上　真一（2002）：瀬戸内海生態系の変化―クラゲが魚を駆逐する？―．公開シンポジウム「瀬戸内圏の環境・技術研究の現状と未来」要旨集，p. 9．
山室真澄（2001）：沿岸域の環境保全と漁業．科学，**71**：921-928．
Yamamuro, M., Hiratsuka, J. and Ishitobi, Y. (2000) : Seasonal change in a filter-feeding bivalve Musculista senhousia population of a eutrophic estuarine lagoon. *Journal of Marine Systems*, **26**: 117-126.
Yamamuro, M., Hiratsuka, J., Ishitobi, Y., Hosokawa, S. and Nakamura, Y. (2006) : Ecosystem shift resulting from loss of eelgrass and other submerged aquatic vegetation in two estuarine lagoons, Lake Nakaumi and Lake Shinji, Japan. *Journal of Oceanography*, **62**: 551-558.

3.3

Bondevik, S., Lovholt, F., Harbitz, C., Mangerud, J., Dawson, A. and Svendsen, J. I. (2005) : The Storegga slide tsunami-comparing field observations with numerical simulations. *Marine and Petroleum Geology*, **22**: 195-20.
Bugge, T., Befring, S., Belderson, H., Eidvin, T., Jansen, E., Kenyon, N. H., Holtedahl, H. and Sejrup, H. P. (1987) : A giant three-stage submarine slide off Norway. *Geo-Marine Letters*, **7**: 191-198.
Cloos, M. and Shreve, R. L. (1996) : Shear-zone thick : ness and the seimicity of Chilean -and Marianas-type subduction zones. *Geology*, **24**: 107-110.
Hyndman, R. D., Yamano, M. and Oleskevich, D. A. (1997) : The seismogenic zone of subduction thrust faults. *Island Arc*, **6**: 244-260.
International Year of Planet Earth (2009) : http://yearofplanetearth.org/index.html.
石橋克彦・佐竹健治（1998）：古地震研究によるプレート境界巨大地震の長期予測の問題点―日本付近のプレート沈み込み帯を中心として―．地震，**2**(50) 別冊：1-21．
Ito, Y. and Obara, K. (2006) : Dynamic deformation of the accretionary prism excites very low frequency earthquakes. *Geophysical Research Letters*, **33**: L 02311, doi:10.1029/2005 GL 025270.

Kanamori, H. (1972): Tectonic implications of the 1944 Tonankai and the 1946 Nankaido earthquakes. *Phys, Earth Planet Inter.*, **5**: 129.
木村　学・木下正高編 (2009)：付加体と巨大地震発生帯，東京大学出版会.
Kodaira, S., Takahashi, N., Nakanishi, A., Miura, S. and Kaneda, Y. (2000): Subducted seamount imaged in the rupture zone of the 1946 Nankaido earthquake. *Science*, **289**: 104.
Kvenvolden, K. and Lorenson, T. (2000): The global occurrence of natural gas hydrate. *In* Paull, C. and Dillon, W. eds., Natural Hydrate, 3-18.
松本　良 (2009)：メタンハイドレート—海底下に氷状巨大炭素リザバー発見のインパクト—. 地学雑誌，**118**：7-42.
松本　良・奥田義久・青木　豊 (1994)：メタンハイドレート，日経サイエンス社.
Moore, G. F., Bangs, N. L., Taira, A., Kuramoto, S., Pangborn, E. and Tobin, H. J. (2007): Three-dimensional splay fault geometry and implications for tsunami generation. *Science*, **318**: 1128-1131. doi: 10.1126/science.1147195.
Paull, C. K., Buelow, W. J., Ussler W., III, and Borowski, W. S. (1996): Increased continental-margin slumping frequency during sea-level lowstands above gas hydrate-bearing sediments. *Geology*, **24**: 143-146.
Popenoe, P., Schmuck, E. A. and Dillon, W. P. (1993): The Cape Fear landslide: Slope failure associated with salt diapirism and gas hydrate decomposition. *U. S. Geological Survey Bulletin*, **B2002**: 40-53.
Ruff, L. and Kanamori, H. (1980): Seismicity and the subduction process. *Physics of the Earth and Planetary Interiors*, **23**: 240-252.
Tanioka, Y., Ruff, L. and Satake, K. (1997): What controls the lateral variation of large earthquake occurrence along the Japan Trench. *Island Arc*, **6**: 261-266.
Tanioka, Y. and Satake, K. (2001 a): Detailed coseismic slip distribution of the 1944 Tonankai earthquake estimated from tsunami waveforms. *Geophy. Res. Lett.*, **28**: 1075.
Tanioka, Y. and Satake, K. (2001 b): Coseismic slip distribution of the 1946 Nankai earthquake and asismic slips caused by the earthquake. *Earth Planets Space*, **53**: 235.
Vogt, P. R. and Jung, W.-Y. (2002): Holocene mass wasting on upper non-polar continental slopes-Due to post-glacial ocean warming and hydrate dissociation? *Geophysical Research Letters*, **29**: doi:10.1029/2001 GL 013488.

3.4

赤澤　威・南川雅男 (1989)：炭素・窒素同位体に基づく古代人の食生活の復元．新しい研究法は考古学になにをもたらしたか：講演収録集，第3回「大学と科学」公開シンポジウム組織委員会編, pp. 132-143, クバプロ.
Biraben, J. (2003): The rising numbers of humankind. *Population and societies*, **394**: 1-4.
Blum, M. D. and Roberts, H. H. (2009): Drowning of the Mississippi Delta due to insufficient sediment supply and global sea-level rise. *Nature Geosciences*, **1**: 488-491.
Dadson, S. J., Hovius, N., Chen, H., Dade, W. B., Hsieh, M., Willett, S. D., Hu, J., Horng, M., Chen, M., Stark, C. P., Lague, D. and Line, J. (2003): Links between erosion, runoff variability and seismicity in the Taiwan orogen. *Nature*, **426**: 648-651.

参 考 文 献

Day, J. W., Gunn, J. D., Folan, W. J., Yanez-Arancibia, A. and Horton, B. P. (2007): Emergence of complex societies after sea level stabilized. *Eos Trans. AGU*, **88**: 169-171.
遠藤邦彦・関本勝久・高野　司・鈴木正章・平井幸弘 (1983):関東平野の沖積層. アーバンクボタ, **21**: 26-43.
Fritz, H. M., Blount, C. D., Thwin, S., Thu, M. K. and Chan, N. (2009): Cyclone Nargis storm surge in Myanmar. *Nature Geosciences*, **2**: 448-449.
Gehrels, W. R., Hughes, C. W. and Tamisiea, M. E. (2009): Identifing the causes of sea-level change. *Nature Geosciences*, **2**: 471-478.
Gibbard, P. L., Head, M. J., Walker, M. J. C. and the subcommission on Quaternary stratigraphy (2009): Formal ratification of the Quaternary system/ period and the Pleistocene series/epoch with a base at 2.58 Ma. *Journal of Quaternary Science*, doi: 10. 1002.
Hansom, J. D. and Hall, A. M. (2009): Magnitude and frequency of extra-tropical North Atlantic cyclones: A chronology from cliff-top storm deposits. *Quat. Internat.*, **195**: 42-52.
Hilton, R. G., Galy, A., Hovius, N., Chen, M-C., Horng, M-J. and Chen, H. (2008): Toropical-cyclone-driven erosion of the terrestrial biosphere from mountains. *Nature Geoscience*, **1**: 759-762.
本多啓太・須貝俊彦 (2007):第四紀後期における日本島河川の縦断面曲線の変化. 日本地理学会講演要旨集.
堀　和明・斎藤文紀 (2003):大河川デルタの地形と堆積物. 地学雑誌, **112**: 337-359.
石関隆幸・隈元　崇 (2007):地震調査委員会の活断層評価の結果を基にした地震発生間隔のばらつきの解析. 活断層研究, **27**: 63-73.
貝塚爽平 (1998):発達史地形学, 東京大学出版会.
梶山彦太郎・市原　実 (1972):大阪平野の発達史. 地質学論集, **7**: 101-112.
河田恵昭 (1998):環境変化と開発による将来の災害. 水循環と流域環境 (岩波講座地球環境学7), 高橋　裕・河田恵昭編, pp. 161-210, 岩波書店.
Knox, J. C. (2003): North American paleofloods and future floods: responses to climatic change. *In* Paleohydrology, Gregory, K. J. and Benito, G. eds., John Wiley & Sons.
Knutson, T. R., Sirutis, J. J., Garner, S. T., Vecchi, G. A. and Held, I. M. (2008): Simulated reduction in Atlantic hurricane frequency under twenty-first-century warming conditions. *Nature Geosciences*, **1**: 359-364.
国立天文台編 (2010):理科年表, 丸善.
Koppes, M. N. and Montgomery, D. R. (2009): The relative efficacy of fluvial and glacial erosion over modern to orogenic timescales. *Nature Geosciences*, **2**: 644-647.
Leroy, S. A. G. and Niemi, T. M. (2009): Editorial: Hurricanes and typhoons: From the field records to the forecast. *Quat. Internat.*, **195**: 1-3.
Li, X., Dodson, J., Zhou, J. and Zhou, X. (2009): Increases of population and expansion of rice agriculture in Asia, and anthropogenic methane emissions since 5000 BP. *Quat. Internat.*, **202**: 41-50.
Liu, K. (2007): Paleoclimate reconstruction. Encyclopedia of Quaternary Science, 1974-1985.

町田　洋・新井房夫（2003）：新編火山灰アトラス―日本列島とその周辺―，東京大学出版会．
松田磐余（2009）：江戸・東京地形学散歩（増補改訂版），之潮．
Mann, M. E., Woodruff, J. D., Donnelly, J. P. and Zhang, Z. (2009) : Atlantic hurricanes and climate over the past 1,500 years. *Nature*, **460** : 880-883.
守屋以智雄（1983）：日本の火山地形（UPアースサイエンス），東京大学出版会．
Naruhashi, R., Sugai, T., Fujiwara, O. and Awata, Y. (2008) : Detecting Vertical Faulting Event Horizons from Holocent Synfaulting in Shallow Marine Sediments on the Western Margin of the Nobi Plain, Central Japan. *Bull. Seismological Society of America*, **98** : 1447-1457.
丹羽雄一・須貝俊彦・大上隆史・田力正好・安江健一・斎藤龍郎・藤原　治（2009）：濃尾平野西部の上部完新統に残された養老断層系の活動による沈降イベント．第四紀研究, **48**：339-349．
Nott, J. and Hayne, M. (2001) : High frequency of 'super-cyclones' along the Great Barrier Reef over the past 5,000 years. *Nature*, **413** : 508-513.
小野映介・大平明夫・田中和徳・鈴木郁夫・吉田邦夫（2006）：完新世後期の越後平野中部における河川供給土砂の堆積場を考慮した地形発達史．第四紀研究, **45**：1-14．
大上隆史・須貝俊彦・藤原　治・山口正秋・笹尾英嗣（2009）：ボーリングコア解析と14C年代測定にもとづく木曽川デルタの形成プロセス．地学雑誌, **118**：665-685．
大矢雅彦（1996）：高潮を知る・防ぐ．自然災害を知る・防ぐ（第2版），大矢雅彦ほか編，pp. 124-160，古今書院．
Saegusa, Y., Sugai, T., Kashima, K. and Sasao, E. (2009) : Reconstruction of Holocene environmental changes in the Kiso-Ibi-Nagara compound river delta, Nobi Plain, central Japan, by diatom analyses of drilling cores. *Quat. Internat.*, in press.
佐藤照子（2009）：ハリケーンカトリーナによるニューオーリンズ水没から学ぶ．温暖化と自然災害，平井幸弘・青木賢人編，pp. 11-33，古今書院．
佐藤洋一郎（1996）：DNAが語る稲作文明―起源と展開―，日本放送出版会．
Siddall, E. J., Rohling, A., Almogi-Labin, Hemleben, Ch., Meischner, D., Schmelzer, I. and Smeed, D. A. (2003) : Sea-level fluctuations during the last glacial cycle. *Nature*, **423** : 853-858.
Skinner, B. J., Poter, S. C. and Park, J. (2003) : Dynamic Earth, John Wiley & Sons.
須貝俊彦（2005）：気象災害と発達史地形学．日本地理学会講演要旨, pp. 3-31．
Syvitski, J. P. M. and Milliman, J. D. (2007) : Geology, geography, and humans battle for dominance over the delivery of fluvial sediment to the coastal ocean. *Journal of Geology*, **115** : 1-19.
Syvitski, J. P. M., Kettner, A. J., Overeem, I., Hutton, W. H. E., Hannon, M. T., Brakenridge, G. R., John Day, J., Vorosmarty, C., Saito, Y., Giosan. L. and Nicholls, R. J. (2009) : Sinking deltas due to human activities. *Nature Geosciences*, **2** : 681-686.
Syvitski, J. P. M. and Saito, Y. (2007) : Morphodynamics of deltas under the influence of humans. *Global and Planetary Change*, **57** : 261-282.
高橋　学（2003）：平野の環境考古学，古今書院．
高橋　裕（2008）：新版河川工学，東京大学出版会．
武村雅之（2003）：関東大震災―大東京圏の揺れを探る―，鹿島出版会．

武村雅之・諸井孝文・八代和彦 (1998)：明治以後の内陸浅発地震の被害から見た強震動の特徴―震度Ⅶの発生条件―. 地震, **2**(50)：485-505.
田村俊和 (1978)：地震により表層滑落型崩壊が発生する範囲について. 地理学評論, **51**：662-672.
Tornqvist, T. E. and Meffert, A. D. J. (2008)：Sustaining coastal urban ecosystems. *Nature Geosciences*, **2**：805-807.
辻誠一郎 (1987)：最終間氷期以降の植生史と変化様式. 百年・千年・万年後の日本の自然と人類, 第四紀学会編, pp. 157-183, 古今書院.
海津正倫 (1985)：沖積平野の形成. 新版自然環境の生い立ち, 田渕 洋編著, pp. 137-162, 朝倉書店.
Washington, P. A. (2007)：Comment on "Emergence of complex societies after sea level stabilized" by J. W. Day, *et al.*, *Eos Trans. AGU*, **88**：429.
山口正秋・須貝俊彦・藤原 治・大上隆史・大森博雄 (2006)：木曽川デルタにおける沖積最上部層の累重様式と微地形形成過程. 第四紀研究, **45**：451-462.
米田 穣 (2004)：炭素・窒素同位体による古食性復元. 環境考古学ハンドブック, 安田喜憲編, pp. 411-418, 朝倉書店.
Yoshida, H., Sugai, T. and Ohmori, H. (2008)：Quantitative study on catastrophic sector collapses of Quaternary volcanoes compared with steady denudation in non-volcanoc mountains in Japan. *Transactions Japanese Geomorphological Union*, **29**：377-385.
Zong, Y., Chen, Z., Innes, J. B., Chen, C., Wang, Z. and Wang, H. (2007)：Fire and flood management of coastal swamp enabled first rice paddy cultivation in east China. *Nature*, **444**：459-462.

第4章

4.1.1
Badano, E. (2006)：Asociaciones de especies a plantas en cojin：sus consecuencias sobre la diversidad de especies vegetales en comunidades alto-Andinas. *Ecosistemas*, **15**(1)：109-112.
Cavieres, L. *et al.* (2002)：Nurse effect of Bolax gummifera cushion plants in the alpine vegetation of the Chilean Patagonian Andes. *Journal of Vegetation Science*, **13**：547-554.

4.1.2
Nara, K. and Hogetsu, T. (2004)：Ectomycorrhizal fungi on established shrubs facilitate subsequent seedling establishment of successional plant species. *Ecology*, **85**：1700-1707.
奈良一秀 (2008)：菌根菌による植生遷移促進機構. 撹乱と遷移の自然史, 重定南奈子・露崎史郎編, pp. 95-111, 北海道大学出版会.
Ochimaru, T. and Fukuda, K. (2007)：Changes in fungal communities in evergreen broad-leaved forests across a gradient of urban to rural areas in Japan. *Canadian Journal of Forest Research*, **37**：247-258.
Yamashita, S., Ugawa, S. and Fukuda, K. (2007)：Ectomycorrhizal communities on tree roots and in soil propagule banks along a secondary successional vegetation gradient. *Forest Science*, **53**：635-644.

4.2.1
Cooke, J. G., de la Mare, W. K. and Beddington, J. R. (1983) : An extension of the sperm whale model for the simulation of the male population by length and age. *Report of the International Whaling Commission*, **33**: 731-733.

平松一彦 (2007) : オペレーティングモデルを用いた管理方式開発の現状. 東京大学海洋研究所共同利用研究シンポジウム「シミュレーションを用いた水産資源の管理—不確実性への挑戦—」講演要旨集, pp. 3-8.

IWC (1983) : Report of the Special Meeting on western North-Pacific sperm whale assessments, Cambridge, 1982. *Report of the International Whaling Commission*, **33**: 685-721.

Kai, M. and Shirakihara, K. (2008) : Effectiveness of a feedback management procedure based on controlling the size of marine protected areas through catch per unit effort. *ICES Journal of Marine Science*, **65**: 1216-1226.

粕谷敏雄 (2008) : 日本のスナメリの現状—瀬戸内海個体群を中心に—. 勇魚, **48**: 52-70.

Kasuya, T., Yamamoto, Y. and Iwatsuki, T. (2002) : Abundance decline in the finless porpoise population in the Inland Sea of Japan. *The Raffles Bulletin of Zoology*, **10** (Suppl): 57-65.

松田紀子・白木原美紀・白木原国雄 (印刷中) : 天草下島周辺海域に生息するミナミハンドウイルカの行動に及ぼすイルカウォッチング船の影響. 日本水産学会誌.

白木原国雄 (1991) : 体長組成データを用いたマッコウクジラの資源動態解析. 鯨類の資源の研究と管理, 桜本和美ほか編, pp. 147-158, 恒星社厚生閣.

白木原国雄 (2005) : 鯨類の個体数調査と保全. 海の生物資源—生命は海でどう変動しているか— (海洋生命系のダイナミクス・シリーズ第4巻), 渡邊良朗編, pp. 393-412, 東海大学出版会.

白木原国雄 (2009 a) : 海からみた生命. 海と生命—「海の生命観」を求めて—, 塚本勝巳編, pp. 470-485, 東海大学出版会.

白木原国雄 (2009 b) : 海洋保護区と資源管理. 月刊海洋, **41**: 535-542.

Shirakihara, K. and Tanaka, S. (1983) : An alternative length-specific model and population assessment for the western North Pacific sperm whales. *Report of the International Whaling Commission*, **33**: 287-294.

Shirakihara, K., Shirakihara, M. and Yamamoto, Y. (2007) Distribution and abundance of finless porpoise in the Inland Sea of Japan. *Marine Biology*, **150**: 1025-1032.

Shirakihara, M., Shirakihara, K., Tomonaga, J. and Takatsuki, M. (2002) : A resident population of Indo-Pacific bottlenose dolphins (*Tursiops aduncus*) in Amakusa, western Kyushu, Japan. *Marine Mammal Science*, **18**: 30-41.

田中昌一 (1960) : 水産生物の population dynamics と漁業資源管理. 東海区水産研究所研究報告, **28**: 1-200.

Tanaka, S. (1980) : A theoretical consideration on the management of a stock-fishery system by catch quota and on its dynamical properties. *Bulletin of the Japanese Society of Scientific Fisheries*, **46**: 1477-1482.

Wade, P. R. (1998) : Calculating limits to tha allowable human-caused mortality of cetaceans and pinnipeds. *Marine Mammal Science*, **14**: 1-37.

渡邊良朗 (2005):自然変動する生物資源. 海の生物資源—生命は海でどう変動しているか—(海洋生命系のダイナミクス・シリーズ第4巻), 渡邊良朗編, pp.1-18, 東海大学出版会.

4.2.2

Baumgartner, T. R., Soutar, A. and Ferreira-Bartrina, V. (1992) : Reconstruction of the history of Pacific sardine and northern anchovy populations over he past two millennia from sediments of the Santa Barbara basin. *California Cooperative Oceanic Fisheries Investigations Reports*, **33**: 24-40.

Cury, P. and Roy, C. (1989) : Optimal environmental window and plelagic fish recruitment success in upwelling areas. *Can. J. Fish. Aquat. Sci.*, **46**: 670-680.

Cushing, D. H. (1972) : The production cycle and the numbers of marine fish. *Symposia of the Zoological Society of London*, **29**: 213-232.

Dower, J. F., Miller, T. J. and Leggett, W. C. (1997) : The role of microscale turbulence in the feeding ecology of larval fish. *Adv. Mar. Biol.*, **31**: 169-220.

平本紀久雄 (1991):私はイワシの予報官, 草思社.

Hjort, J. (1914) : Fluctuations in the great fisheries of northern Europe viewed in the light of biological research. *Rapports et Procès-Verbaux des Reúnions du Conseil International pour l'Exploration de la Mer*, **20**: 1-228.

Kato, Y., Takebe, T., Masuma, S., Kitagawa, T. and Kimura, S. (2008) : Turbulence effect on the survival rate and ingedtion rate of bluefin tuna, *Thunnus orientalis*, larvae on the basis on a rearing experiment. *Fisheries Science*, **74**: 48-53.

Kim, H., Kimura, S., Shinoda, A., Kitagawa, T., Sasai, Y. and Sasaki, H. (2007) : Effect of El Nino on migration and larval transport of the Japanese eel (*Anguilla japonica*), *ICES Journal of Marine Science*, **64**: 1387-1395.

木村伸吾・中田英昭・Daniel Margulies・Jenny M. Suter・Sharon L. Hunt (2004):海洋乱流がキハダマグロ仔魚の摂餌に与える影響. 日本水産学会誌, **70**: 175-178.

Kimura, S. and Tsukamoto, K. (2006) : The salinity front in the North Equatorial Current : A landmark for the spawning migration of the Japanese eel (*Anguilla japonica*) related to the stock recruitment. *Deep-Sea Research II*, **53**: 315-325.

Kimura, S., Kato, Y., Kitagawa, T. and Yamaoka, N. (2010) : Impacts of environmental variability and global warming scenario on Pacific bluefin tuna (Thunnus orientalis) spawning grounds and recruitment habitat. *Progress in Oceanography*, **86**: 39-44.

Kitagawa, T., Kimura, S., Nakata, H. and Yamada, H. (2006) : Thermal adaptation of Pacific bluefin tuna *Thunnus orientalis* to temperate waters. *Fisheries Science*, **72**: 149-156.

Lough, R. G.and Mountain, D. G. (1996) : Effect of small-scale turbulence on feeding rates of larval cod and haddock in stratified water on Georges Bank. *Deep-Sea Res. II*, **43**: 1745-1772.

MacKenzie, B. R. and T. Kiorboe (1995) : Encounter rates and swimming behavior of pause-travel and cruise larval fish predators in calm and turbulent laboratory environments. *Limnol. Oceanogr.*, **40**: 1278-1289.

MIROC (2004) : K-1 Coupled GCM (MIROC) Description. Hasumi, H., Emori, S. eds.,

Center for Climate System Research, University of Tokyo.
Sanford, L. P. (1997) : Turbulent mixing in experimental ecosystem studies. *Mar. Ecol. Prog. Ser.*, **161** : 265-293.
Zenimoto, K., Kitagawa, T., Miyazaki, S., Sasai, Y., Sasaki, H. and Kimura, S. (2009) : The effects of seasonal and interannual variability of oceanic structure in the western Pacific North Equatorial Current on larval transport of the Japanese eel (*Anguilla japonica*), *Journal of Fish Biology*, **74** : 1878-1890.

4.2.3
Block, B. A. (2005) : Physiological ecology in the 21th century : Advancements in biologging science. *Integ. Comp. Biol.*, **45** : 305-320.
北川貴士（2004）：クロマグロの遊泳行動とそれに及ぼす海洋要因．海流と生物資源，杉本隆成編著，pp. 224-236，成山堂．
北川貴士（2005）：マグロ類の遊泳と回遊．海の生物資源―生命は海でどう変動しているか―（海洋生命系のダイナミクス・シリーズ第4巻），渡邊良朗編，pp. 37-53，東海大学出版会．
Kitagawa, T., Nakata, H., Kimura, S. and Tsuji, S. (2001) : Thermoconservation mechanisms inferred from peritoneal cavity temperature in free-swimming Pacific bluefin tuna *Thunnus thynnus orientalis*. *Mar. Ecol. Prog. Ser.*, **220** : 253-263.
Kitagawa, T., Nakata, H., Kimura, S. and Yamada, H. (2006) : Thermal adaptation of Pacific bluefin tuna *Thunnus orientalis* to temperate waters. *Fish. Science*, **72** : 149-156.
Kitagawa, T., Nakata, H., Kimura, S. and Yamada, H. (2004) : Diving behavior of immature, feeding Pacific bluefin tuna (*Thunnus thynnus orientalis*) in relation to season and areas : the East China Sea and the Kuroshio-Oyashio transition region. *Fish. Oceanogr.*, **13** : 161-180.
Kitagawa, T., Nakata, H., Kimura, S., Itoh, T., Tsuji, S. and Nitta, A. (2000) : Effect of ambient temperature on the vertical distribution and movement of Pacific bluefin tuna *Thunnus thynnus orientalis*. *Mar. Ecol. Prog. Ser.*, **206** : 251-260.
中田英昭（1990）：北欧における水産海洋研究．水産海洋研究，**54**：174-180．
中田英昭（1994）：漁場環境．現代の水産学，pp. 230-236，恒星社厚生閣．
中田英昭（1997）：海洋生物資源の環境研究の視点から．月刊海洋（号外），**12**：85-89．
宇田道隆（1960）：海洋漁場学，恒星社厚生閣．

第5章
5.2
環境省（1992）：第4回自然環境保全基礎調査．生物多様性情報システムホームページ，http://www.biodic.go.jp/kiso/fnd_f.html.
環境省（1994）：環境基本計画，（旧）環境庁編．
Marland, G. and Schlamadinger, B. (1997) : Forest for carbon sequestration or fossil fuel substitution? A sensitivity analysis. *Biomass and Bioenergy*, **13**(6) : 389-397.
松本成夫・三輪叡太郎（1989）：森林動態モデルを用いた平地林管理評価．農業環境技術研究所 資源・生態管理科 研究集録，**5**：54-66．
寺田　徹・横張　真・田中伸彦（2009）：大都市郊外部における緑地管理及び木質バイオマス

利用による二酸化炭素固定量/排出削減量の推定. ランドスケープ研究, **72**(5):723-726.
Terada, T., Yokohari, M., Bolthouse J. and Tanaka, N.: "Refueling" Satoyama Woodland Restoration in Japan: Enhancing Restoration Practice and Experiences through Wood Fuel Utilization. *Nature and Culture*, **5**(3): in print.
横張　真・加藤好武・山本勝利 (1998):都市近郊水田の周辺市街地に対する気温低減効果. ランドスケープ研究, **61**:731-736.
Yokohari, M., Brown, R. D., Kato, Y. and Yamamoto, S. (2001): The cooling effect of paddy fields on summertime air temperature in residential Tokyo, Japan. *Landscape and Urban Planning*, **53**:17-28.
横張　真・栗田英治・清水章之 (2009):都市が取り込む農, 農が取り込む都市―環境保全, 食糧自給を視座に据えた持続的な都市形成へ向けて―. *BioCity*, **41**:60-65.

索　引

あ 行

青潮　40, 72
赤潮　40
赤土　49, 53
圧密　102
アマモ　67, 69
アメリカウナギ　140
アリストテレス（Aristotelēs）　2
アリューシャン低気圧　136
アルカリ度　52
r 戦略　74
α 多様性　113
安政地震　77

イオンクロマトグラフ法（IC）　24
イオン選択性電極法（ISE）　20
イオンバランス　25
イガイダマシ　73
閾値　16
石垣島（沖縄県）　58
遺跡　98
伊勢湾　92
伊勢湾台風　95
イソギンチャク　50
一次生産者シフト　69
稲作の起源　97
イルガロール1051　55, 60
インド洋津波　102

ウスエダミドリイシ　50
ウナギ　142

埋め立て　64

栄養塩　54, 67, 136
エコシステム（生態系）　4
エコロジー（生態学）　4
エルニーニョ　139
援農ボランティア　173, 174

大阪湾　92
沖縄本島　56
オニヒトデ　49, 54
溺れ谷　93
親潮　136
温室効果　89
温室効果ガス　167
温暖化　73
音波ドップラー流速プロファイラ（ADCP）　143

か 行

開芽　35
海溝型巨大地震　78
海水準上昇期の地すべり　87
海水準低下期の地すべり　87
海水準変動　95
外水氾濫　100
階層構造　14
海底擬似反射面（BSR）　85-87
海面上昇　74, 98
回遊　144
海洋環境　130
海洋環境保護の科学的側面に関する専門家会合（GESAMP）　39

海洋研究科学委員会（SCOR）　45
海洋酸性化　53
海洋生態系　126
海洋生物資源　124
海洋保護区　133
海洋モニタリング　45
外来種　68
カオス　5
科学知　15
河床縦断面形　95
柏市（千葉県）　181
ガス化発電・廃熱利用（CHP）　182
カスミザクラ　37
カスリーン台風　101
活断層　103
褐虫藻　51
家庭用園芸　60
カトリーナ（ハリケーン）　101
花粉化石　97
環境　1
　——の健康診断と検診　20
環境学　1, 2, 3
環境計測　20
環境傾度　107, 113
環境状況　7
環境当事者　3
環境と開発に関する国際連合会議（地球サミット）　13, 106
〈環境の世界〉創成　14
環境変化　7
環境ホルモン　49, 57
環境モニタリング　19
環境問題　8, 9, 11, 13

岩石循環 91
関東大震災 104
γ多様性 113
管理方式（資源管理方策評価）
　132
管理理論 125

機器中性子放射化分析法
　（INAA） 25
危険化学物質 53
気候変化 91
気候変動枠組条約 13, 166
気象災害 89, 100
北赤道海流 139
北大西洋振動指数（NAOI）
　141
キノコ 117, 119-121
木の文化 154
胸高断面積合計 109
共生藻 51
京都議定書 12, 167
漁獲圧 132
漁獲可能量（TAC） 132, 141,
　151
極相 121
巨大地震 76, 80
巨大分岐断層 82
菌根 120, 122, 124
菌根菌 118, 120-122
均等性 107
均等度 108, 112
禁漁区 133
菌類 117
菌類相 118

クッション植物 115
グレートバリアリーフ 52
黒潮 138, 148
黒潮フロント 148
クロマグロ 138, 145, 146
クロルピリホス 55, 60
クロロフィル 54

群集 107
群落分化 113

景観法 13
蛍光X線分析装置（XRF）
　25
K戦略 75
堅果 37
原子吸光光度法（AA） 21

洪水氾濫 93, 95, 98
後背湿地 95, 100
後氷期 96
甲府盆地（山梨県） 99
コウロエンカワヒバリガイ 73
古環境復元 7, 16
国際捕鯨委員会（IWC） 129
国土利用計画法 162
国分寺市（東京都） 173
国連海洋法条約 39, 141
コースタルプリズム（CP） 96
個体群動態 125
古地理 92
コミュニケーション 15, 17
古文書 134
古文書記録 102
混獲 128

さ 行

災害脆弱性 102, 105
災害文化 90, 105
最終氷期極大期 87
最終氷期最寒冷期 92
最大持続生産量（MSY） 126
最大無影響濃度（NOEC） 62
サイバーフォレスト 28
殺虫剤 60
殺虫剤汚染 49
サトウキビ畑 60
里海 18
里湖 67
里山 18, 66, 176

――の二酸化炭素削減ポテン
　シャル 177, 179
――のバイオマス 177
里山管理スキーム 178
サーベイ（センサス）法 107
サルガッソー海 139
サンゴ 50
サンゴ礁 49
産卵適水温 138
三陸沖 136

ジュゴン 55, 60
ジオハザード 75, 76
資源管理方策評価（管理方式）
　132
資源変動 126
資源量変動 134
子実体 119
自主耕作 175
地震・火山災害 89
地震発生帯 83
システム 4, 5
地すべり 76, 86-88, 104
　海水準上昇期の―― 87
　海水準低下期の―― 87
自然 1
自然学 1, 2
自然環境 2
自然環境学 1, 2
自然災害 89, 98
自然増加量 125
自然堤防 95, 100
持続可能性 106
持続可能な開発のための世界サ
　ミット（WSSD） 39
市町村森林整備計画 164
地盤沈下 90
地盤変動 103
シマメノウフネガイ 73
市民農園 171
市民農業大学 174
死滅回遊 139

索　引

社会的共有財産　162
シャノン（Shannon）　110
　　──の情報量指数　111
種数　108
主すべり面（デコルマ面）　82
主体的環境管理創成モデル　18
種多様性　107
順応的管理　131
商業伐採　156
縄文海進　104
初期減耗　137
食料供給　170
女性ホルモン　57
除草剤　49, 69
除草作業　60
シロアリ駆除剤　60
深海掘削　83
人口爆発　97, 98
人工林　158
宍道湖（島根県）　69
浸食　91
シンドローム　12
シンプソン（Simpson）　111, 112
　　──の優占指数　112
森林
　　──の安定的管理　164
　　──の減少　152, 156
　　──の多面的機能　155, 162
　　──の文化的価値　154
　　──の劣化　156
森林映像記録によるモニタリング　34
森林管理システム　162
森林経営　167
森林計画制度　160
森林景観記録ロボットカメラ　29
森林原則声明　153
森林資源　153
森林資源モニタリング調査　164

森林認証制度　161
森林評価基準　164
水温躍層　149
水害地形分類図　101
水害防備林　99
水圏　5
水質総量規制　44
水循環　91
数値シミュレーション　8, 9, 11, 16, 141
スダジイ　118, 119
ストレッガ地すべり　87
スナメリ　127, 128
スプルース　158
すべり面　78

生活環境項目　20
生活排水　49
生態学（エコロジー）　4
生態系（エコシステム）　4, 106, 117
精度管理（QC）　26
精度保証（QA）　26
生物化学的酸素消費量（BOD）　58
生物学的許容漁獲量（ABC）　142
生物学的除去可能量　128
生物観　125
生物季節（フェノロジー）　35
生物圏　5
生物資源管理　124
生物多様性　16, 106
生物多様性条約　13, 16, 49, 106
生物地球化学循環　5
世界
　　──の森林資源　155
　　──の森林蓄積　157
　　──の森林面積　155
　　──の木材消費量　157
　　──の木材生産量　157

石灰化　51, 52
石灰藻　51
ゼニイシ　51
遷移　121, 122, 124
センサス（サーベイ）法　107
素因　90
相対優占度　109
測定技術　19
測定値
　　──の信頼性　25
　　──の品質管理　26

た　行

第五次水質総量規制　72
体温調節機構　139
大気圏　5
大規模山体崩壊　103
台風　100
第四紀　92
多獲性浮魚類　135
高潮　100
ダグラスファー　158
ダフリカラマツ　159
ダム　100
多様性　117
多様性指数　110, 111
多様度　112
炭酸塩（$CaCO_3$）　51
炭素循環　91
地域コミュニティ　165
地域社会　165
地域文化　166
地温勾配　84, 85
地球温暖化　49, 139
地球サミット（環境と開発に関する国際連合会議）　13, 106
地球表層システム　5
地球物理災害　75
蓄積変化法　180
地形改変　90

地形地質記録　102
地圏　5
地質学的物質循環　6
地質災害　75
治水技術　100
窒素　40
窒素肥料消費量　42
沖積平野　89, 90, 92
超低周波地震　82
地理情報システム（GIS）　7, 164
沈水植物　69
沈水植物帯　67

津波　81, 89

泥質層　82
デカルト（Descartes）　1
滴定法　20
デコルマ面（主すべり面）　82
デルタ　93, 100
デルタフロント　93
電気伝導度（EC）　26
天然林樹冠部ロボットカメラ　29

東京湾　92
東京湾一斉調査　48
東京湾再生推進会議　46
東南海地震　77, 78
特異動の作用（SDA）　150
都市化　118, 168
都市と農　169
都市文明　98
土砂流出　91
都市林　120
利根川　64
鞆の浦（広島県）　13
渡洋回遊　148
トランスフォーム断層　76
トランセクト　107
努力量当たり漁獲量（CPUE）　132

な 行

内水氾濫　100
中海（島根県・鳥取県）　67
ナルギス（サイクロン）　102
南海地震　77, 78
南海トラフ　77, 81, 83
南方振動指数（SOI）　140

二酸化炭素の放出　52
二次遷移　121
ニホンウナギ　139
日本海溝　80
日本の森林資源　158
日本の木材消費量　158

熱帯林　152

農地還元　66
濃尾平野　93, 101, 103
ノニルフェノール（NP）　55, 57

は 行

バイオマスエネルギー　167
バイオマス発生量　178
バイオマニピュレーション　66
バイオロギング　144
排出権取引　167
排他的経済水域　141
パタゴニア地方　114
ハタハタ　141
白化現象　49, 54
ハーバー—ボッシュ　40
ハマサンゴ　50
パラオ堡礁　52
バルサムボグ　114
反射法地震探査　82
半数致死濃度（LC_{50}）　61

東シナ海　146

干潟　73
ビスフェノールA（BPA）　55, 57
非線形システム理論　5
ビテロジェニン　57
被度　109
ヒートアイランド現象　170
氷河性海水準変動　92
表層混合層　149
漂流ブイ　143
肥料藻文化　67
琵琶湖　68
檜皮　154
貧酸素化　74

フィードバック管理　132
フィヨルド　97
富栄養化　39, 41, 44
フェノロジー（生物季節）　35
不確実性　130
付加プリズム　82
複雑系　5
フッ素　22
プレート　76
プレート沈み込み帯　77-79
フレーミング　15
プロット法　107
文明　89, 97

閉鎖度指標（EI）　65
β多様性　113, 114
ヘドロ化　72
ホイッタカー（Whittaker）　114
包接化合物　84
防藻剤　58
宝暦治水工事　64
星砂　51
ホトトギスガイ　70
ポリカーボネイト樹脂　57
ポリプ　51

索　引

ホワイトウッド　158

ま 行

マイクロデータロガー　144, 145
マイワシ　134
マグロ　142
マジュロ環礁　52
マッコウクジラ　127, 129

ミズクラゲ　73
水屋　100
ミドリイガイ　73
ミナミハンドウイルカ　127
南マレ環礁　53
明神礁　75
ミンダナオ海流　139

ムラサキイガイ　73

メダカ　61
メタンガス　89
メタンハイドレート　84, 87, 88

木材生産量　159
木造建造物　154
モニタリングネットワーク　16, 17
森下-ホーンの類似度指数　114
問題解決　11
問題認識　10
モントリオールプロセス　154

や 行

焼畑農業　156
宿主特異性　124
ヤマトシジミ　69

誘因　89
有光層　136
優占度　107-109
誘導結合プラズマ質量分析法 (ICP-MS)　21
誘導結合プラズマ発光分析法 (ICP-AES)　21
陽子励起γ線放出法 (PIGE)　25
予防原理　131
ヨーロッパウナギ　140

ら 行

ラジアータマツ　159
乱流混合　137

陸上活動からの海洋環境の保護の世界行動計画 (GPA)　39
陸水　26
リービッヒ　40
リモートセンシング　143
流域住民　163
流出量減少　74
リン　40
林地開発許可制度　160
林地開発行為　162

類似度　117
類似度指数　114

レジームシフト　90, 102, 126, 135
レッドウッド　158
レッドデータブック (RDB)　106
レプトセファルス幼生　139

ローカルノレッジ　15
ロボットカメラ　29

わ 行

輪中　100
ワシントン条約 (CITES)　142

欧 文

AA (Atomic Absorption Spectrometry)　21
ABC (Allowable Biological Catch)　142
abundance　107, 109
adaptive management　131
ADCP　143
atmosphere　5

bifurcation　139
biodiversity　106
biogeochemical cycle　5
biosphere　5
BOD (Biochemical Oxygen Demand)　58
BPA (bisphenol A)　55, 57
BSR (Bottom Simulating Reflector)　85-87

$CaCO_3$　51
chaos　5
CHP (Combined Heat and Power)　182
CITES　142
climax　121
community　107
complex system　5
COP 10　49
CP (Coastal Prism)　96
CPUE　132

diversity index　110
dominance　109

EC (Electrical Conductivity)　26
ecology　4
ecosystem　4
EI (Enclosed Index)　65
environmental monitoring

19
evenness 107, 108

fluorine 22
FSC (The Forest Stewerdship Council) 161

geohazard 75
geological cycle 6
geosphere 5
GESAMP 39
GIS (Geographical Information Sysyem) 7, 164
GPA (Global Programme of Action) 39

hydrosphere 5

IC (Ion Chromatography) 24
ICP-AES (Inductively Coupled Plasma Atomic Emission Spectrometry) 21
ICP-MS (Inductively Coupled Plasma Mass Spectrometry) 21
INAA (Instrumental Neutron Activation Analysis) 25
ISE (Ion Selective Electrode) 20
IWC 129

LC_{50} (Medium lethal concentrations) 61
local knowledge 15

management procedure 132
management strategy evaluation 132
match-mismatch 137
MSY (Maximum Sustainable Yield) 126

NAOI (North Atlantic Oscillation Index) 141
natural disaster 89
NOEC (No Observed Effect Concentration) 62
NP (nonylphenol) 55, 57

optimal environmental window 137

PEFC (Pan-European Forest Certification Scheme) 161
PIGE (Proton Induced Gamma Ray Emission Spectrometry) 25
Population Biological Removal 128

QA (Quality Assurance) 26
QC (Quality Control) 26

RDB 106
regime shift 135

SCOR 45
SDA (Specific Dynamic Action) 150
secondary succession 121
similarity index 114
SOI (Southern Oscillation Index) 140
species richness 107, 108
sulfur plume 45
sustainability 106

TAC (Total Allowable Catch) 132, 141, 151
The Declaration of Forest Principle 153
titration 20
transect 107

United Nations Framework Convention on Climate Change 166

WSSD 39

XRF 25

シリーズ〈環境の世界〉1
自然環境学の創る世界　　　　　　定価はカバーに表示

2011年3月20日　初版第1刷

　　　　　　　編集者　東京大学大学院新領域創成
　　　　　　　　　　　科学研究科環境学研究系
　　　　　　　発行者　朝　倉　邦　造
　　　　　　　発行所　株式会社　朝　倉　書　店
　　　　　　　　　　　東京都新宿区新小川町6-29
　　　　　　　　　　　郵便番号　162-8707
　　　　　　　　　　　電話　03(3260)0141
　　　　　　　　　　　FAX　03(3260)0180
〈検印省略〉　　　　　　http://www.asakura.co.jp

© 2011〈無断複写・転載を禁ず〉　　　　中央印刷・渡辺製本

ISBN 978-4-254-18531-7　C 3340　　　Printed in Japan

東京大学大学院環境学研究系編 シリーズ〈環境の世界〉2 **環境システム学の創る世界** 18532-4 C3340　　A 5 判 192頁 本体3500円	〔内容〕環境世界創成の戦略／システムでとらえる物質循環（大気，海洋，地圏）／循環型社会の創成（物質代謝，リサイクル）／低炭素社会の創成（CO_2排出削減技術）／システムで学ぶ環境安全（化学物質の環境問題，実験研究の安全構造）
東京大学大学院環境学研究系編 シリーズ〈環境の世界〉3 **国際協力学の創る世界** 18533-1 C3340　　A 5 判 216頁 本体3500円	〔内容〕環境世界創成の戦略／日本の国際協力（国際援助戦略，ODA政策の歴史的経緯・定量的分析）／資源とガバナンス（経済発展と資源断片化，資源リスク，水配分，流域ガバナンス）／人々の暮らし（ため池，灌漑事業，生活空間，ダム建設）
前農工大 渡邉　泉・前農工大 久野勝治編 **環　境　毒　性　学** 40020-5 C3061　　A 5 判 260頁 本体4200円	環境汚染物質と環境毒性について，歴史的背景から説き起こし，実証例にポイントを置きつつ平易に解説した，総合的な入門書。〔内容〕酸性降下物／有機化合物／重金属類／生物濃縮／起源推定／毒性発現メカニズム／解毒・耐性機構／他
日本陸水学会東海支部会編 **身近な水の環境科学** ―源流から干潟まで― 18023-7 C3040　　A 5 判 176頁 本体2600円	川・海・湖など，私たちに身近な「水辺」をテーマに生態系や物質循環の仕組みをひもとき，環境問題に対峙する基礎力を養う好テキスト。〔内容〕川（上流から下流へ）／湖とダム／地下水／都市・水田の水循環／干潟と内湾／環境問題と市民調査
西村祐二郎編著　鈴木盛久・今岡照喜・ 高木秀雄・金折裕司・磯崎行雄著 **基　礎　地　球　科　学**（第2版） 16056-7 C3044　　A 5 判 232頁 本体2800円	地球科学の基礎を平易に解説し好評を得た『基礎地球科学』を，最新の知見やデータを取り入れ全面的な記述の見直しと図表の入れ替えを行い，より使いやすくなった改訂版。地球環境問題についても理解が深まるように配慮されている。
前東北大 浅野正二著 **大　気　放　射　学　の　基　礎** 16122-9 C3044　　A 5 判 280頁 本体4900円	大気科学，気候変動・地球環境問題，リモートセンシングに関心を持つ読者向けの入門書。〔内容〕放射の基本則と放射伝達方程式／太陽と地球の放射パラメータ／気体吸収帯／赤外放射伝達／大気粒子による散乱／散乱大気中の太陽放射伝達／他
前首都大 小野　昭・前首都大 福澤仁之・九大 小池裕子・ 首都大 山田昌久著 **環　　境　　と　　人　　類** ―自然の中に歴史を読む― 18005-3 C3040　　A 5 判 192頁 本体3300円	堆積学・地質学・花粉分析・動物学など理系諸学と，考古学・歴史学など人文系諸学の協同作業により，自然の中に刻まれた人類史を解説する試み。基礎編で理論面を解説し，通史編で，日本を中心に具体的に成果を披露
鳥取大 恒川篤史著 シリーズ〈緑地環境学〉1 **緑地環境のモニタリングと評価** 18501-0 C3340　　A 5 判 264頁 本体4600円	"保全情報学"の主要な技術要素を駆使した緑地環境のモニタリング・評価を平易に示す。〔内容〕緑地環境のモニタリングと評価とは／GISによる緑地環境の評価／リモートセンシングによる緑地環境のモニタリング／緑地環境のモデルと指標
C.タッジ著　和光大 野中浩一・京産大 八杉貞雄訳 **生物の多様性百科事典** 17142-6 C3545　　B 5 判 676頁 本体20000円	生物学の教育と思考の中心にある分類学・体系学は，生物の理解のために重要であり，生命の多様性を把握することにも役立つ。本書は現生生物と古生物をあわせ，生き物のすべてを網羅的に記述し，生命の多様性を概観する百科図鑑。平易で読みやすい文章，精密で美しいイラストレーション約600枚の構成による魅力的な「系統樹」ガイドツアー。"The Variety of Life"の翻訳。〔内容〕分類の技術と科学／現存するすべての生きものを通覧する／残されたものたちの保護

上記価格（税別）は 2011 年 2 月現在